정보 인류 2
homo informaticus

정보 인류 2
homo informaticus

정보과학과 인문학

성인덕

목차

머리말 · 6

1 정보와 인문학
우리는 정보에 대해 얼마나 알고 있는가?·14 | 정보시대의 인류 · 17 | 정보란 무엇인가? · 20 | 정보의 차원 · 27 | 정보와 인문학 · 30 | 정보의 보존성과 해체성 · 33 | 정보의 균형과 대사의 장애 · 36 | 고차성 정보의 회복 · 39 | 정보인류의 미래 ·41

2 정보의 과학
정보의 열역학 · 44 | 정보처리 방식에 따라 다른 정보 열역학 · 46

3 정보의 차원성
정보처리 방식에 따라 달라지는 정보의 질 · 49 | 뇌 정보처리의 차원 · 51 | 알고리즘 계산정보 · 53 | 복잡성정보 · 54 | 양자정보 · 56 | 영역에 따라 다른 정보처리 차원 · 58 | 인지 내용에 따른 정보의 차원 · 63

4 정보의 보존성
정보의 자기성 · 66 | 뇌의 자기보존성 · 67 | 신경망의 정보보존 · 69 | 손상정보와 삼각동맹 · 71

5 정보의 해체성
우주의 보존력보다 우세한 해체력 · 75 | 정보의 해체를 통한 확장 · 77 | 고차정보의 해체성 · 78

6 정보이론으로 본 정신병리
정신분석와 뇌과학의 통합 · 82 | 신경면역학 · 83 | 뇌의 내부 자기정보 · 86 | 내적 중심정보 · 88 | 외적 중심정보 · 90 | 정신병리의 발생 · 91 | 중간 중심정보 · 94 | 정신질환의 통합적 이해 · 96

7 정보의학으로 본 신체질환
물질만을 다루는 현대의학 · 98 | 정보의학이란 · 100 | 신체질환의 신경면학적 이해 · 102 | 암의 정보의학 · 103 | 성인병의 정보의학 · 105

8 철학과 정보이론

철학, 고차에서 저차정보로 · 108 | 고대철학, 고차와 저차정보의 이분화 · 111 | 이성, 고차와 저차정보의 연결 · 113 | 근대철학, 인간 정보에 대한 회의와 탐구 · 114 | 스피노자와 라이프니츠, 열린 저차정보의 발견 · 116 | 칸트, 저차와 고차정보의 분리 · 118 | 헤겔, 정보의 갈등을 통한 고차정보로의 상승 · 120 | 니체, 모든 것이 저차정보로 붕괴되는 철학 · 121 | 현대철학, 정보의 단위인 기호와 언어에 대한 탐구 · 123 | 상대적이고 자의적인 저차정보 · 125 | 구조주의와 구성주의 · 126 | 해체를 통한 돌연변이 정보 · 128 | 의식과 존재를 통한 고차정보 살리기 · 130 | 몸과 정서 정보를 통한 고차성 회복 · 132 | 열린 물질을 통한 이분법의 극복 · 133 | 정보에 대한 자가비판 · 134

9 기호, 단자 그리고 양자정보

기호, 눈에 보이는 모든 것 · 136 | 인문학과 과학을 아우르는 '정보' 개념 · 137 | 스피노자, 라이프니츠 그리고 단자론 · 139 | 단자와 양자의 유사성 · 140 | 단자의 설계와 목적론 · 142 | 가장 강력한 열역학적 동력인 뇌 · 144 | 단자가 꿈꾸는 진정한 통합의 세계 · 146

10 기호, 언어, 상징과 정보이론

정보과학과 인문학 · 147 | 자연기호와 인공기호 · 149 | 뇌와 언어 · 151 | 음성언어와 문자언어 · 153 | 인공기호의 열역학 · 154 | 보존적 동일정보의 지배 · 157 | 고차정보로 열린 상징 · 159 | 저차와 고차정보의 주름 운동 · 161

11 양자, 우주, 정보 그리고 인간

우주와 정보인류의 미래 · 164 | 양자와 우주 · 167 | 양자에 대한 정보이론적 해석 · 173 | 상대성 우주와 정보 · 179 | 초끈 이론과 정보 · 182 | 양자중력과 정보 · 186 | 차원에 따른 물질과 정보 · 189 | 양자, 우주와 인간 · 197 | 우주와 의식의 양자적 접촉 · 199 | 의식과 양자 · 202 | 의식과 자유의지 · 208 | 우주진화와 정보 · 211 | 관계적 정보와 실재성 · 217 | 철학에서 존재와 정보의 운동 · 221 | 실재에 대한 통합적 이해 · 225 | 우주 속의 정보인류 · 229

12 동양사상과 정보이론

1. 불교사상과 정보이론 · 233 | 2. 유학과 정보이론 · 240 | 3. 도가와 정보이론 · 244 | 4. 주역과 동양의학의 정보이론적 이해 · 248

각주와 참고 문헌 · 258

머리말

프로이드는 정신분석 이론을 발전시키기 전에 정신의 신경세포에 입각한 신경생물학적 에너지 이론에 관심을 가지고 연구한 바 있다. 그 결과 '과학적 심리학을 위한 프로젝트' The Project for a Scientific Psychology라는 논문을 작성하였지만, 아직 이를 입증할만한 과학이 발달되지 않아 가설로만 간직한 채 정식 논문으로는 발표하지 않았다. 그러나 그의 정신분석 이론은 이 논문이 기초가 되어 정신을 에너지를 보고 분석하는 리비도 이론을 탄생시켰다. 이러한 프로이드의 통합적 관심과 배경은 아마도 대부분의 정신의학을 전공하는 사람들 속에 자리 잡고 있을 것이다. 나도 그러한 사람 중에 하나라고 생각한다. 그래서 대학 시절부터 정신세계가 뇌에서 구체적으로 어떻게 일어나는지에 관심을 갖게 되었고 이것이 정신의학을 전공하게 된 가장 큰 동기가 되었다. 그리고 프로이드가 제시한 대로 정신 현상을 설명하는데 가장 적합한 과학이론이 에너지 이론이라 생각이 들어 나름 열역학을 공부하기 시작하였다. 그러던 중 네겐트로피와 막스웰 도깨비Maxwell demon란 개념을 접하게 되고 이를 통해 '정보'란 개념을 처음 알게 되었다.

정신 현상을 이해하는 여러 개념 중에 하나로 생각하고 지나칠 수도 있겠지만, 이상하게도 그 이후부터 정보라는 언어는 나를 끌어당겼고 나는 그 속에 계속 갇혀 살 수밖에 없었다. 모든 것의 중심에는 항상 '정보'가 있었다. 그런 사유의 노마드를 즐기며 지금까지 지내왔다. 그러던 중 2년 전, 안식년을 가질 수 있어 그동안의 유목 생활을 한번 정리하고 싶은 마음으로 글을 쓰기 시작하였다. 그 모든 사유를 하나로 묶는 용어가 '정보인류'였다. 정보시대를 살며 정보를 먹고사는 인간에 대한 생각이었다. 그동안 물질과 에너지로 살아온 인류가 앞으로 정보를 먹고 대사시킴으로 어떠한 인류로 진화되어갈 것인가에 관심을 가지고 써본 글이었다. 이러한 내용을 전개하면서 새롭게 '정보'라는 개념을 사용하게 되었고 이 개념을 학문적으로 정착시키기 위해서는 정보에 대한 학문적인 배경과 이론을 정리하지 않을 수 없었다. 정보가 학문적으로 사용되고 있는 것은 물리학과 수학 정도이나, 이 분야에서도 조차 아직 주류의 학문으로 다루어지지 못하고 있다. 그러니 다른 분야에서는 더더욱 학문적 개념으로 정립되지 못하고 있다. 정보 사회에 발맞추어 정보란 용어가 많이 사용되고는 있지만, 그저 실용적 의미에서 사용되는 정도이다. 그래서 과학적인 정보개념을 여러 다른 분야에도 학문적으로 사용하기 위해서는 정보란 개념의 학제간 확장이 필요했다.

이러한 목적에서 정보와 관련된 여러 분야를 여행하게 되었고 그 속에서 연관된 부분을 찾아내어 정보와 연결시키는 작업을 해보았다. 그 결과 이 책이 나오게 된 것이다. 이 책은 사실 정보인류란 현상을 설명하기 위해서 부차적으로 쓰인 책이다. 그래서 이 책을 쓰게 된 배경을 소개하는 글을 제1장에 '정보와 인문학'이란 제목으로 실었다. 거기서 정보인류를 소개하고 정보인류의 문제를 접근하는데, 새로운 정보개념이 왜 필요하고 어떤 방식으로 접근할 것인지를 설명하였다. 정보인류와 정보에 대한 이야기를 요약적으로 설명하였기에 더 자세한 내용을 알기 원하면 정보인류 시리즈의 가장 먼저 나온 책인 '정보인류, 뇌정보와 몸정보'를 참고하기 바란다. 그리고 그다음 2장은 정보에 대한 과학이론을 소개하는 '정보의 과학'이다. 정보과학에 대한 다양한 이론들이 있지만, 이 책에서는 가장 유력한 이론인 정보의 열역학을 중심으로 이를 간략하게 소개하였다. 그리고 정보과학과 인문학을 연결하기 위해서는 가장 중요한 것이 정보의 정성적인 면을 어떻게 과학적인 개념과 연결시키느냐이다. 그래서 이를 위해 도입된 것이 정보의 차원인데, 이 내용이 3장에 소개되었다. 이것이 이 책의 정보이론의 가장 중심이 되는 개념이다. 그리고 인문학의 여러 정보현상을 설명하는데 정보의 차원과 함께 가장 중요한 두 개념이 있는데, 이것이 '정보의 보존력과 해체력'이다. 4, 5장에서 각각 설명하였다. 이러한 정보에 대한 기본적인 이해를 바탕으로 인문학적 개념들과의 연결을 시도해 보았다.

그 첫 번이 정신분석을 기초로 한 정신의학의 병리적 현상에 대한 정보이론적 이해인데, 6장에 '정보이론으로 본 정신병리'라는 제목으로 이를 설명하였다. 이를 통해 늘 평행선을 달리던 정신분석과 뇌과학이 정보이론을 통해 만날 수 있길 기대해본다. 인문학은 아니지만, 기존 의학을 정보의학으로 확장하여 신체질환을 이해하고 설명해 보는 시도를 그다음 7장에서 하였다. 이를 통해 기존 과학도 정보과학을 받아들임으로 더 풍부하고 다양한 이해와 발전이 가능할 수 있다는 것을 제언하고 싶다. 그리고 인문학의 가장 중심에 있는 철학과의 만남을 8장에서 시도하였다. 철학사의 흐름을 정보이론으로 이해하고 정리해 보는 시도이다. 비전공자로서 적지 않은 한계를 느끼지만, 철학 자체에 대한 분석보다는 정보이론과의 만남의 가능성에 의미를 두고 용기를 내어 시도해 본 것이다. 전공자들의 너그러운 이해를 바라는 마음 간절하다. 그리고 9장에서는 라이프니츠의 단자와 양자정보를 연결함으로 실제적으로 과학과 인문학이 어떻게 통합할 수 있는지를 타진해 보았다. 10장에서는 특별히 정보와 긴밀히 연관된다고 생각되는 언어, 기호와 상징 등에 대해 정보이론과의 연관성을 분석해 보았다.

11장에서는 정보가 기존의 학문들을 연결하는 개념으로 어떻게 가능할 수 있으며 또 이를 어떻게 활용할 수 있을지에 대해 '양자, 우주, 정보 그리고 인간'이란 제목으로 종합적 분석을 해보았다. 정보이론이 과학에서 출발하였음에도 아직 기존 과학에서조차 정보이론은 명확한 자리를 찾지 못하고 있다. 단지 실용적인 면에서만 활용되고 있을 뿐이다. 그러나 이 장에서 정보가 여러 분야 핵심적인 개념이 될 수밖에 없는 이유를 찾으면서 정보의 자리를 확실하게 다져보려는 시도를 해보았다. 정보가 과학 특히 물리학에서 기존의 물질과 에너지에 더하여 물질을 이해하는데 얼마나 중요한 의미를 가지고 있는지에 대해 분석하였다. 기존 양자역학에서 정보의 의미와 상대성 이론에서의 정보의 의미, 그리고 초끈과 양자중력 이론에서의 정보의 의미를 정리하면서 정보가 가장 핵심이 될 수밖에 없는 이유를 제시해 보았다. 그리고 그 속에서 물질과 정보의 일관되면서도 상대적인 관계의 변화를 추적해 보았다.

그리고 물질과 우주 속의 정보와 인간의 정보가 어떻게 접촉하며 교류할 수 있을지에 대해서도 고찰하였다. 특히 의식과 우주가 양자장을 통해 어떻게 접촉하며 상호 연관되는지를 생각해 보았다. 이러한 가능성 위에서 정보인류가 어떠한 방향으로 진화될지에 대해서도 고찰해 보았다. 그리고 마지막으로 가장 중요한 난제인 우주와 형이상학적 존재의 실재성에 대한 논의를 해보았다. 현대 물리학은 모든 보이는 우주의 실제적 현상을 상대적인 가상으로 보고 있다. 이러한 맥락에서 모든 형이상학의 실재를 부정하고 해체를 추구하는 현대철학과의 만남이 가능할 수 있을 것으로 판단되었다. 이 속에서 과연 초월적 고차정보의 실재가 가능한지 그리고 보이는 저차정보의 의미는 무엇인지 그 속에서 정보인류는 어떠한 방향으로 나아가야 하는지를 탐구해 보았다. 이를 통해 자연히 과학과 인문학이 만나게 되고, 하나의 언어와 내용으로 통합될 수 있는 가능성을 제시하고 싶었다.

과학과 인문학의 통합 이상으로 관심을 가지고 연구하는 분야가 동양사상과 서양사상 그리고 과학에 대한 통합적인 이해라고 생각된다. 정보이론으로 동양사상을 이해해보는 시도를 배제하기에는 정보이론으로 볼 때 동양사상은 너무도 매력적인 분야이다. 그래서 마지막 장에 동양사상, 불교, 유학, 도가, 주역과 동양의학에 대한 정보이론적 이해와 적용을 해보았으며 서양사상과의 통합적인 가능성을 찾아보았다. 동양사상을 전반적으로 다루기보다는 정보이론과 관련된다고 생각되는 핵심 부분만 다루었고 또 정보과학에 대해서도 앞서 설명한 부분들은 과감하게 생략하고 개념적인 연관성만을 다루었기에 다소 비약적인 부분이 어쩔 수 없이 있을 것으로 생각된다.

이러한 시도를 하면서 역시 비전공자로서의 한계를 뼈저리게 느낀다. 정신의학이란 자신의 전공 분야를 넘어 물리학과 인문학과 동양사상의 깊은 분야까지 들어가 이를 다시 아우른다는 것이 무모한 시도가 될 수 있다는 것을 잘 안다. 제대로 파악하지 못하면서 성급하게 정보와 줄긋기를 시도한 점이 분명 있을 것이다. 이러한 점에서 비판의 쓴소리는 당연하다고 생각하며 이를 겸허하게 받아드려 이를 계기로 더 발전하는 기회가 되었으면 한다. 또 하나의 걱정은 학제간의 통합의 필요성은 누구나 동의하지만, 실제로 들어가게 되면 결코 쉬운 일이 아니라는 것이다. 정치에서 중도를 이상적으로 생각하지만, 현실적으로는 그 존재를 유지되기가 어려운 것처럼, 학문도 오랫동안 형성되어온 전통이 있기에 새로운 융합과 통합이 실제적으로는 쉽지 않다는 것이다. 이것도 사실 정보의 자기 보존성의 연장으로 생각한다. 그럼에도 불구하고 정보가 학제간의 통합적인 개념으로 가능할 수 있다는 것을 제시해 보는 것은 충분한 의미가 있는 일이라 생각하기 무모하게 여길지라도 이렇게 용기를 내어본 것이다.

상당한 부분이 가설적인 추론이고 해석이다. 그러나 가능한 과학적인 용어와 지식에 근거를 두면서 정합적인 분석과 사고를 통해 이를 시도해 보려고 하였다. 그러나 어쩔 수 없이 많은 공백을 안고 있는 불연속적 사고가 있다는 것을 인정하지 않을 수 없다. 그러나 이러한 한계와 문제에도 불구하고 이러한 시도를 감행해본 것은 정보라는 개념과 이론을 통해 이러한 시도가 가능할 수 있다는 것에 의미를 두고 있기 때문이다. 그리고 이러한 불연속적 내용에 대해서는 추후 많은 수정과 보충이 계속되길 기대한다.

    이러한 개념의 발전과 이해를 갖는 데는 혼자의 힘만으로는 결코 가능할 수 없었다. 많은 분들과의 대화와 조언이 없이는 불가능하다고 생각한다. 새로운 도전이기에 더욱 그러하다. 특별히 이러한 방향을 잡아나가는데, 가장 큰 도움과 힘을 실어주신 원로 교수님들이 계신다. 먼저 전 연세대학 총장님이시고 은사님이신 김병수 교수님이다. 정신의학과 의학에서 정보과학을 확립하고 다른 학문과의 융합적인 노력에 많은 지도와 격려를 해주셨다. 그리고 전 연세대학교 대학원장이신 신학과 한태동 교수님 역시 어려운 과학과 인문학의 통합에 많은 격려와 지도를 해주셨다. 특별히 우주와 현대 물리학과 정보이론의 관계에 대해 구체적으로 방향을 잡아주셨다. 마지막으로 초대 문화부 장관을 역임하셨던 이어령 교수님께서도 정보와 언어, 기호에 대한 구체적인 지도와 함께 새로운 시도에 대해 많은 격려를 해주셨다. 그리고 대학 시절부터 지금까지 늘 새로운 뇌과학의 주제들에 대해 폭넓은 대화를 할 수 있었던 아주대학 의과대학 신경과 허균 교수에게도 감사를 드린다. 그 외 여기서 일일이 밝히지는 못하지만, 여러분들의 관심과 참여에 깊은 감사를 드린다. 앞으로 지속적인 관심과 대화를 통해 정보이론의 지속적인 발전이 있길 바란다.

    그리고 이 책은 정보인류라는 큰 주제의 일환으로 시도된 책이기에 '정보인류2'라는 제하에서 '정보과학과 인문학'이란 이름으로 출간하였다. 그리고 정보인류의 세 번째 시리즈가 '바닥에서 본 영화 이야기'인데, 이는 최근 몇 년 사이에 개봉된 영화들에 정보인류의 개념들을 적용하고 해석해본 글이다. 여기서 바닥이란 정신과 물질의 심층적인 기초가 되는 바닥을 의미한다. 상호 연관되어 있기에 구체적인 적용을 원하는 분들에게 이 책을 권하고 싶다.

  이 책을 준비하고 발간하는데, 가장 큰 힘이 되어준 가까운 친지와 가족에게 깊은 감사를 드리며 그분들에게 이 책을 바치고 싶다. 그분들의 섬김과 희생에 큰 빚을 졌고 이 책으로 조금이라도 그 빚을 갚을 수 있다면 큰 위로가 될 것이다. 그리고 '정보'를 알게 해준 '정보'에게도 깊은 감사를 드리며 앞으로도 계속 '정보'와의 만남을 기대해본다. 이 책으로 가능한 많은 분이 이 '정보'와 친밀한 만남과 교류를 할 수 있으면 그 이상 좋을 것이 없을 것이다.

1. 정보와 인문학

우리는 정보에 대해 얼마나 알고 있는가?

정보란 무엇일까? 정보가 있으면 유익하다. 가성비가 높은 물건에 대한 정보, 맛집에 대한 정보, 좋은 교육에 대한 정보, 부동산정보, 주식정보, 북한 미사일과 핵에 대한 정보, 사람과 개인들에 대한 정보, 과학과 여러 학문에 대한 정보 등 우리는 무수한 정보들 속에서 산다. 정보를 많이 알면 도움이 된다. 쓸데없이 들어가는 에너지와 비용을 줄일 수 있고 이익을 얻는다. 한 마디로 말하면 정보는 에너지가 된다. 정보를 통해 얻는 모든 것들을 에너지로 환산할 수 있다. 돈도, 시간도 결국 에너지이다. 정보는 이 에너지를 절약하게 해주고 많이 얻게 해준다. 결국, 정보는 에너지 효율성을 높여 주는 것이다. 그러나 이런 경우는 좋은 정보일 때만 그렇다. 나쁜 정보일 때는 반대로 에너지를 잃는다. 그 효율성이 떨어진다. 그래서 좋은 정보를 얻어야 한다. 이처럼 정보는 양보다 질이 더 중요하다.

아무리 좋은 정보라도 때를 잘못 맞추면 효용 가치가 없을 때가 있다. 자기만 알고 있어야 정보의 가치가 높다. 모든 사람이 다 알면 그 정보의 가치가 떨어진다. 공급과 수요의 법칙처럼 정보의 희소가치가 중요하다. 그리고 정보의 타임이 중요하다. 그때가 지나면 쓸모없는 정보도 많다. 너무 빨리 알거나 너무 늦어도 오히려 해가 될 수도 있다. 정보도 생명체처럼 시간에 따라 변하는 것처럼 보인다. 일생과 주기를 갖기도 하고 역동성을 갖기도 한다.

그리고 어떤 정보에 말려들면 헤어나지 못하는 경우도 있다. 보이스 피싱이 대표적인 예이다. 한번 그 정보에 노출된 다음 평생 그 속에서 헤어나지 못하는 사람도 있다. 종교도 그렇고 사상과 이념도 그렇다. 게임이나 중독정보에 들어가면 끝장날 때까지 그만두지 못하기도 한다. 소설이나 드라마 속의 정보에 노출되어 그 속에 빠지기도 한다. 정보의 구속력이나 지배력이 있는 것 같기도 하다.

어떤 정보는 사람을 살리기도 하고 어떤 정보는 반대로 사람에게 치명적인 해를 입히기도 한다. 어떤 정보는 비밀로 있어야 하고 어떤 정보는 공개되어도 문제가 없다. 어떤 정보는 과학적으로 분명한 내용을 갖고 있어 누가 보아도 동일한 내용을 갖는다. 그러나 어떤 정보는 모호하고 흐릿하다. 이렇게 볼 수도 있고 저렇게 볼 수도 있는 정보도 있다. 보는 사람에 따라 달라 보이는 그런 정보도 있다.

정보도 어떤 소문처럼 스스로 퍼져 나가고 변해간다. 그리고 진화해간다. 더 고도하고 치밀한 정보로 발전해간다. 정보들이 스스로 학습하며 인공지능으로 또한 집단 지능으로 발달해간다. 그리고 사람의 정보와 지능을 넘어서 발달해간다. 그리고 인간은 정보를 의지한다. 음식을 먹고 에너지를 공급받듯 정보를 먹어 에너지를 공급받는다. 음식을 먹는 데는 한계가 있지만, 정보는 무진장 먹는다. 자기가 소화 못 시키면 기계를 통해 정보를 저장하고 쌓는다. 내가 정보를 먹는지 정보가 정보를 먹는지 혼동될 때가 있다. 내가 정보를 다스리는지 정보가 나를 다스리는지 그 경계가 불분명할 때도 있다. 누가 과연 더 주인일까? 의심이 들 때도 있다. 음식이 우리 몸에 들어오면 어떠한 대사를 진행하듯이 정보도 우리 몸속에서 어떠한 처리 과정을 밟는다. 그러나 정보가 우리 속에서 어떠한 대사 작용을 하는지 우리는 잘 모른다.

이처럼 정보도 알고 보면 간단하지 않다. 물질이나 에너지보다는 훨씬 더 복잡하다. 사람만큼이나 복잡하다. 아니, 사람 이상으로 복잡하다. 그런데 우리는 정보를 잘 모른다. 인간은 그동안 에너지와 물질에 대해서는 많은 연구를 하여, 미세한 영역에서부터 거대한 우주에 이르기까지 많은 지식과 경험을 가지고 있다. 우리 몸에 음식이 들어오면 어떤 화학작용을 거쳐 그 에너지가 어떻게 대사하는지를 우리는 잘 안다. 그러나 아직 정보에 대해서는 잘 모른다. 이제 겨우 정보에 대해 눈을 떠가고 있다. 아직 대부분 과학자들은 정보를 과학의 대상으로 두려고 하지도 않는다.

정보는 모든 분야에 다 관여하고 있다. 그러나 정보를 어느 분야에서 연구해야 할지도 잘 모른다. 전통적으로는 수학과 물리학에서 가장 많이 연구해 왔다. 그 외 철학, 심리학, 사회학, 생물학, 뇌과학, 전산학, 미디어학 등에서 연구하고 있지만, 아직 제대로 된 학문으로 자리 잡지 못하고 있다. 워낙 갑작스럽게 발달해가고 있어, 아직 학문적인 대상으로서 충분히 연구할 시간적인 여유가 없었다. 우리가 제대로 파악하기도 전에 정보는 이미 우리를 지배하기 시작하고 있어 더욱 이를 제대로 연구하기가 쉽지 않다. 이미 우리는 정보 속에 들어와 있어서 정보를 객관적으로 볼 수 있는 위치를 상실하였는지도 모른다.

이것이 정보의 시대에 살고 있는 우리들의 모습이다. 정보의 시대는 우리가 파악하기도 전에 이미 시작되었다. 그것도 거의 쓰나미 정도의 위력으로 우리에게 다가와서 우리는 이를 조절하고 선택할 틈도 없이 우리는 그 속에

휩쓸려 가고 있다. 인간은 이제 정보를 떠나 살 수 없다. 그 속에 이미 빠져 있다. 이제 인류는 어쩔 수 없이 정보의 인류가 되어버렸다. 인류는 정보 덩어리다. 그리고 사는 세상도 정보가 난무하는 공간이다. 그 속에서 좋든 싫든 정보를 호흡하고 먹고 살아야 한다. 이미 정보의 바다에 던져졌다. 우리는 그 속에서 이제 살아가야 한다. 어떻게 살아야 할까? 매일 부딪히는 정보는 더 이상 무생물적인 단순한 정보가 아니다. 너무도 복잡하고 강한 힘을 가지고 있다. 그리고 생물 이상으로 움직이고 강한 자기 보존력과 지배력을 가지고 있다. 우리가 이미 알고 있는 물질이나 에너지와는 차원이 다른 대상이다.

정보는 너무도 많으나 정보 자체에 대한 정보는 너무도 부족하다. 이제 정보에 대해 생각하고 정보가 무엇인지 알아보아야 한다. 정보에 대해 정보를 통해 정보를 알아보아야 한다. 그래서 쉽지 않다. 그러나 정보를 알아야 인간을 알고 인류의 미래를 알 수 있다. 작은 시도라도 이러한 정보들이 모여야 정보에 대한 좋은 정보를 알아갈 수 있을 것이다. 그래서 정보에 대한 작은 이야기들을 시작해보려고 한다.

정보시대의 인류

이 시대가 정보의 시대이고 미래도 정보가 지배하는 시대가 될 것이라는 데는 누구도 반대하지 않을 것이다. 앞으로 다가올 제 4차 산업혁명의 핵심도 정보이다. 그리고 정보시대 이전부터 이미 우주와 세상 그리고 생물체는 물질 이전에 정보로 되어있고 정보를 서로 교환하고 처리함으로 존재하고 변화해 왔다. 이처럼 만물의 중심에 정보가 있다. 특별히 인간은 물질과 에너지만을 먹고사는 것이 아니라 정보를 먹고 산다. 정보는 영양소처럼 온몸과 뇌를 돌면서 대사하며 축적되고 배설된다. 그리고 4차 산업시대의 정보는 과거의 정보와는 수준과 격이 다르다. 빅 데이터와 인공지능의 출현으로 인간의 지능을 추월하게 되고 대신하게 된다. 그래서 자의 반 타의 반 인류는 그 정보와 지능을 이용해야 한다. 이로 인해 인간은 편리해지고 발전한다. 과거에 할 수 없는 놀라운 일들을 이 정보를 통해서 이루어갈 수 있다. 마치 신이 된듯한 전지전능함도 느낀다.[1]

그런데 이것은 공짜는 아니었다. 모든 것에는 대가가 있다. 인간은 정보로부터 이를 얻는 대신 자신의 중요한 정보를 제공해야 한다. 이러한 정보제공을 통해 자기도 모르게 자신의 주도성을 정보에게 양도해간다. 그리고 정보에 대한 의존도가 점점 늘어나기 시작한다. 인공지능 비서, 로봇, 인공지능과 빅 데이터 등이 삶 속에 깊이 침투한다. 무엇이든 물어보고 정보가 스스로 선택하고 결정한다. 그리고 인간은 이를 믿고 따른다. 지능만이 아니라 정서의 영역까지 스며들어온다. 정보에 대한 의존도가 거의 종교적 혹은 중독적인 수준에까지 도달하게 된다.

인간은 정보로 되어있고 자연과 인간 사회는 정보의 망이다. 정보가 없이는 살 수 없는 존재이다. 인간이 만들었고 아무 생각 없이 주인에게 복종하며 주인을 섬기고 도와주는 정보라고 생각했는데, 알고 보니 정보의 정체는 인간이 생각하는 만큼 그렇게 단순하지 않다. 정보는 단순한 무생물적 대상이나 도구가 아니었다. 정보는 바이러스처럼 살아있는 생물이었다. 정보는 우리 속에 들어와서 마냥 인간을 섬기고 도와주지만은 않는다. 뇌 속에 형성된 정보와 외부의 정보는 서로 정보적 연합을 이루며 그들의 보존력과 지배력을 더욱 강화하고 확장해간다. 인간을 이용하여 자신을 보존하고 확장하려고 한다. 처음에는 인간을 숙주로 이용하다가 이제는 정보가 주인이 되고 인간은 종속된다.

이것이 정보시대와 4차 산업혁명을 맞는 정보인류의 모습인 것이다. 너무 공상소설같이 지나친 우려나 상상이 아니냐고 반문하겠지만, 이러한 분석과 반론도 결국 인간의 정보처리를 통해 되는 것을 우리는 인정해야 한다. 데카르트가 말한 인간 존재의 핵심인 사고 속에 이미 정보가 들어와 있기에 우리의 사고가 그렇게 안전하거나 인간 고유의 것만은 아닐 수 있다는 것이다. 내가 하는 생각일까? 정보가 나를 이렇게 생각하게 하는 것일까? 데카르트는 생각하는 자신만은 의심할 수 없는 존재cogito ergo sum라고 생각했지만, 이 생각도 과연 자신의 존재인지 정보인지 모른다. 우리는 그 안을 들여다볼 수 없다. 그저 생각만 한다. 그리고 판단하고 결정한다. 의식이란 화면에 떠오른 생각이 나인 줄 안다. 그래서 우리는 근본적인 질문을 해 보아야 한다. 과연 나는 누구인가? 나는 나인가? 정보인가? 그래야만 정보시대를 살아가야 하는 인간의 바른 모습을 찾을 수 있고 또 인간이 나아가야 할 길도 바로 볼 수 있다.

정보인류는 과연 누구인가? 그 정체성이 무엇인가? 정보인류는 호모사피엔스인가 아니면 진화된 새로운 인류인가? 인간이 정보를 다루고 지배하는가? 아니면 인간이 정보의 지배를 받게 되는가? 정보인류는 인간인가? 정보인가? 아니면 인간과 정보의 하이브리드인가? 그렇다면 과거의 인간은 도태되는가? 같이 조화하며 살아갈 수 있는 길은 없는가? 인간은 정보를 거부해야 하는가? 정보를 인간이 다스릴 수 있는 길은 없는가? 정보를 이길 수 없다면, 정보인류는 정보 바이러스에 감염된 좀비처럼 살아가야 하는가? 아니면 정보와 인간이 공생하며 인간이 기대하는 신적인 존재로 행복해질 수 있을 것인가? 공생하며 새롭게 진화하는 신인류가 가능할 것인가? 이 속에서 인류가 스스로 할 수 있는 일이 있는 것인가 아니면 그저 정보에게 인류의 진화를 맡기고 기다려야만 하는가? 인간이 할 수 있는 것이 있다면 무엇일까?

이런 질문들이 바로 정보의 시대를 살아가야 하는 정보인류가 직면하고 풀어야 할 문제인 것이다.

이를 위해서는 가장 필요한 것은 핵심이 되는 정보와 인간을 바로 아는 것이다. 무엇보다 인간을 정보적 차원에서 이해하고 탐구하는 것이 필요하다. 먼저 정보에 대한 정의와 과학적인 이해가 있어야 한다. 특히 인간에게 영향을 주는 정보의 내용과 질에 대한 과학적 연구가 시급하다. 그리고 이를 기초로 정보가 인간 속에 들어와서 어떤 대사와 처리 과정을 밟는지를 알아보는 것도 중요하다. 그러나 이러한 것에 대한 연구가 많이 부족하다. 정보라는 개념이 너무도 갑자기 출현하고 정보의 기술과 현상에 대한 연구가 급하다 보니 진작 정보 자체에 대한 연구는 많이 하지 못했다. 정보와 인간의 관계에 대한 과학적 연구는 더욱 부족하다. 그래서 이 책은 먼저 정보가 무엇이며 이 정보가 인간에게 들어와서 어떠한 영향을 미치는지를 과학적으로 규명해보려는 것이다. 이를 위해 먼저 정보가 무엇인지에 대해 정의와 함께 이를 간단히 설명해 보려고 한다.

정보란 무엇인가?

정보의 아버지라 불리는 섀넌 Claude Shannon은 정보의 정의는 적용분야에 따라 다르게 사용되기에 하나로 정확하게 내리기가 어렵다고 했다.[2] 섀넌의 동료이면서 그와 함께 정보이론을 발전시킨 위버 Warren Weaver는 정보에 대해서 세 가지 측면으로 접근할 수 있다고 했다.[3] 첫 번이 정보의 기술적이면서도 정량적인 면이다. 이에 대해서는 섀넌의 이론으로 충분히 설명되고 정의된다. 이에 대해서는 다음 장에 자세히 다룰 것이다. 그다음이 정보의 의미론이다. 앞서 이를 정보의 정성적인 면이라고 했다. 이에 대해서는 아직 정확한 이론이 정립되어 있지 않다. 마지막으로 정보가 인간에게 미치는 영향력에 대한 것이다. 이에 대해서는 실용적인 면 외에 정보와 인간의 교류와 상호영향과 같은 본질적인 관계에 대해서는 거의 연구되어 있지 않다. 이 글에서는 이를 정보의 대사metabolism로 설명하고 있다. 최근 정보에서 가장 중요하게 연구되는 부분은 의미론이다. 정보가 의미를 어떻게 가지게 되고 바른 정보가 되어가는 것에 대한 연구가 가장 활발히 연구되고 있다. 정보철학의 창시자인 프로리디Luciano Floridi도 최근 이 부분에 대해 집중적으로 연구하고 있다.[4,5] 그래서 정보의 정의도 의미론적인 측면을 강조하고 있다. 그래서 정보를 의미 있는 자료data로 정의하는데 많은 학자들이 동의하고 있다.[6,7] 이를 기초로 하여 프로리디는 정보를 세 가지 측면으로 정의하고 있다.[8] 즉 정보는 자료로 구성되면서 바른 형식을 갖추고 또 의미를 가지고 있어야 한다는 것이다.

이글도 이러한 정보의 정의에 대해 동의하면서, 정보의 개념과 정의를 더 확장시켜보려고 한다. 정보라는 말이 언제부터 사용되기 시작했는지 정확하지는 않지만, 그렇게 오래된 것 같지는 않다. 정보에 대해 가장 많이 알려진 사전적 정의는 관찰이나 측정을 통하여 수집한 자료를 실제 문제에 도움이 될 수 있도록 정리한 지식. 또는 그 자료로 되어있다.(네이버 국어사전) 상식적으로 간단히 말하면 인간에게 유용한 어떤 내용이라고 볼 수 있다. 프로리디가 말한 정보의 의미도 결국은 유용성을 의미한다. 인간에게 도움이 되기 때문에 의미가 있다고 보아야 한다. 과거에는 이를 지식이라는 개념이나 상식, 잡식, 소문, 소식, 비밀 등으로 표현해 왔다. 그런데 왜 정보라는 말이 새롭게 등장하게 되었을까? 과거의 개념 중에서 지식과 그리고 상식과 소문 등으로 불리는 것들과는 어떠한 내용적인 차이가 있다. 지식은 어느 정도 안정적이고 보편적으로 알려지고 또 그 유용성도 인정이 된 내용이다. 그러나 상식이나 소문 같은 것은 조금 단편적이고 지속적이질 않다. 아직 보편적이지 않고 상황적이고 단편적이고 유동적일 수 있다. 정보는 이처럼 아직 지식으로의 안정성, 보편성, 유용성 등이 충분히 갖추어지지 못한 과정의 내용을 통칭하여 부르기 위해 나오게 된 개념이다. 그래서 정보는 지식으로 가는 과정에 있는 것들이나, 금방 있다가 사라지는 것, 특수한 사람들에게 은밀하게 유통되는 그러한 내용을 말한다고 볼 수 있다. 군사정보, 교육정보, 부동산정보, 과학정보, 언론정보, 쇼핑정보, 증권정보, 교통정보, 맛집정보 등이 그러한 것의 성격을 가진 정보라고 볼 수 있을 것이다. 프로리디도 그의 연구에서 정보가 어떻게 안정적이고 바른 정보로 확정되어가는 과정을 자세히 설명하고 있다.[5]

과거에는 이러한 정보들은 개인적이고 상황적 경우에 한해서 유통되었다. 그리고 정식교육 과정에서는 배우지 못하는 상식이나 잡식같이 가벼운 것들이었다. 그런데 통신과 전산이 발달하면서 특히 인터넷과 통신이 보편화되면서 이러한 내용이 정상적인 지식보다 더 많이 떠돌게 되었다. 주류의 지식보다 비주류적인 지식이 더 많이 유통되기 시작하니, 이를 통칭하여 정보라고 부르게 되면서 이에 대한 중요성이 부각되기 시작한 것이다. 그리고 정규적인 지식보다 더 중요한 위치에서 인간에게 영향을 주기 시작하였다. 그래서 정보를 변두리 지식이 아닌, 학문의 주류적인 대상으로 중요시하며 연구하게 된 것이다.

정보에 대한 관심과 연구가 진행되면서 새롭게 발견한 것은 정보는 새롭게 떠도는 것만이 아니라 그동안 간과한 모든 것들 속에 이미 있어왔다는 것이다. 물질로 된 우주, 사람들이 사는 세상, 그리고 자연과 인간 모두가 알고 보면 정보로 되어있고 정보를 서로 주고받으며 살아가고 있다는 것이다. 그러다 보니 모든 것 속에 정보가 있고 이를 연구하는 대부분 학문이 기초적으로 정보와 연관된다는 것도 알게 된 것이다. 정보는 지식으로 가는 과정의 미성숙한 임시적인 그러한 정보가 아니라 모든 지식, 사고, 사상, 이념, 진리, 이성 등 대부분의 인문학적 지식 속에 이미 그 기초로 자리 잡고 있는 것이다. 특히 모든 지식과 사고는 뇌의 정보처리를 통해서 가능하기에 사고의 기초가 되는 정보를 인정하지 않을 수 없게 된 것이다. 이는 마치 우주와 생명체가 분자나 원자 그리고 양자와 같은 기초적인 물질로 된 것을 알고 인정하는 것과 같은 것이다. 그래서 인간의 사고가 바탕이 되는 모든 인문학과 인간의 문화에 정보가 기초적으로 존재하고 있는 것을 이해하게 될 것이다.

그리고 정보에 대한 과학을 연구하는 과정에서도 이 정보 역시 과학의 가장 기초가 된다는 것을 알게 되었다. 특히 과학의 가장 기초분야인 수학과 물리학에서 이를 연구하면서 만물의 기초인 물질 속에 이미 기본적으로 정보가 내재되어있다는 것을 알게 되었다.[9] 그동안의 물리학은 에너지와 질량에 대한 것이었다. 이것이 물질의 기본으로 생각하고 연구했지만, 이미 에너지와 물질의 교류 속에 정보가 있다는 것을 알게 되면서 정보를 에너지와 물질보다 더 근원적인 존재로 인정하게 되었다. 이처럼 정보는 정보시대에 접어들면서 자연과학과 인문학의 가장 기초가 되는 단위의 존재로 밝혀진 것이다.

그렇다면 정보란 무엇인가? 우선 삶 속에서 만나는 정보의 정의가 있다. 정보는 우선 새로운 것이어야 한다. 동일한 것은 정보가 될 수 없다. 정보를 만물의 기초라고 했지만, 정보를 이루는 또 다른 작은 기초가 있다. 이를 자료 곧 데이터라고 한다. 정보는 데이터에서 시작한다. 정보가 발생하기 위해서는 먼저 과거와 다른 새로운 데이터가 나타나야 한다. 물론 빅 데이터처럼 늘 있는 자료일 수도 있다. 그러나 이런 자료가 정보가 되기 위해서는 이런 자료들끼리 뭔가 연관되어 엮여야 한다. 그래서 그 속에서 의미 있는 새로운 것이 출현해야 한다. 다른 데이터라고 모두가 정보가 될 수 있는 것은 아니다. 그 속에 의미가 있고 새로운 내용이 있어야 한다. 겉으로는 새롭지만, 알고 보면 아무 연관성이 없는 쓰레기나 소음 같은 것일 수도 있다.

새롭다고 다 가치가 있는 것은 아니다. 새로운 내용 속에 어떠한 가치나 의미가 있어야 한다. 그 가치는 곧 인간에 대한 유용성이다. 자신과 인간에게 도움이 되고 유익한 면이 있어야 의미가 있고 가치가 있는 것이다. 그리고 이러한 유용성은 검증되어야 한다. 자연과 현실 속에서 그 타당성과 유용성이 입증되어야만 정보라고 말할 수 있다. 그리고 이를 다른 사람들도 같이 동의하고 공감해주어야 한다. 과학자들이 자료를 가지고 새로운 정보를 얻는 과정과 같다. 이 책에서 기술하는 정보에 대한 이야기도 비슷한 과정을 밟아 나왔다. 그리고 다른 사람들의 동의와 공감을 받기 위해 책으로 출간되고 있다.

이를 열역학적으로 설명하면 정보는 과거의 질서가 깨어지고 새로운 내용이 부가되는 것이기에 엔트로피entropy의 증가로 볼 수 있다. 그렇지만 일시적으로는 엔트로피는 증가하지만, 전체적으로는 엔트로피의 감소가 일어나야 한다. 정보는 새로운 내용과 함께 타당성과 유용성이 입증되어야 하는데 이를 입증하는 과정이 바로 정보처리이다. 이를 위해서는 어떠한 알고리즘algorism적 관계성과 타당성이 검증되어야 한다. 이러한 정보처리를 열역학적으로 말하면 엔트로피의 감소를 의미한다. 흔히 이를 마이너스 엔트로피 즉 네겐트로피negentropy라 한다. 이를 통해 자유에너지가 증가하게 되고 이 자유에너지의 증가가 곧 유용성이 되는 것이다. 그래서 정보는 새롭고 인간과 자연에 유용한 것이 되는 것이다. 인간은 자유에너지가 있어야 일을 할 수 있고 이것이 가장 생존에 필수적인 도움이 된다. 그래서 이를 유용성이라 할 수 있다. 이것이 대체적인 정보의 정의라고 말할 수 있을 것이다.

이러한 정보에 대한 과학에 대해서는 2장에 더 자세히 기술될 것이다. 그러나 이것만으로 모든 정보가 정의된다고 볼 수는 없다. 이를 정보의 실용적인 정의라면 좀 더 근원적인 정보의 정의가 있다.

정보의 기원은 아직 잘 모르지만, 정보는 만물의 기초가 되는 가장 작은 단위이다. 만물의 물질적 기초 단위는 양자이다. 양자는 물질이지만 소립자와 같은 물질의 단위와는 다르다. 양자는 물질자체라기보다는 연속 값을 취하지 않는 어떤 물리량의 덩어리나 묶음을 의미한다. 이를 정보라고 말하는 물리학자도 있다. 미국에서 가장 존경받는 물리학자인 휠러John Archibald Wheeler는 '비트에서 존재'라는 유명한 말을 남겼다.[10] 모든 것의 존재가 물질과 에너지가 아닌 바로 정보에서 시작한다는 것이다. 그리고 정보의 열역학 연구로 유명한 물리학자 란다우어Rolf Landauer는 '정보는 물리적'이라고 했다.[11] 정보는 물리적 매개가 필요하며 그래서 물리적인 법칙을 따른다는 것이다. 이를 다른 말로 하면 모든 물리에는 정보가 있다는 뜻이기도 하다. 그래서 물리의 기초를 정보라고 본 휠러의 말과 상통하는 것이다.

그러면서 정보는 정신적인 것이다. 정보는 물리적이면서 동시에 정신적인 내용을 갖는다. 그래서 정보는 인간 정신세계의 기초가 된다. 정신은 곧 정보에서 시작하고 정보는 정신의 시원이 된다. 그래서 정보는 물질과 정신 모두의 기초가 되는 뿌리와 같은 것이다. 이것이 정보의 더 본질적인 정의가 될 것이다. 정보는 새롭고 인간에게 유용한 내용을 가진 실용성과 함께 물질과 정신의 기초가 되는 본질성이 있다는 것이 정보에 대한 총체적인 정의가 될 수 있을 것이다. 특별히 정보에 대한 본질적인 정의는 놀랍게도 인류가 그동안 늘 갈등하던 이원론의 가치관과 세계관을 관통하는 새로운 세계로 우리를 안내해 줄 수도 있을 것이다.

인간에게는 늘 물질과 정신, 과학과 인간, 우주와 영성, 생명과 죽음 등과 같이 결코 하나로 쉽게 접근할 수 없는 이원론적 갈등이 있었다. 물론 이를 정보가 모두 풀어줄 수 있다는 뜻은 아니지만, 과거의 그 어떠한 개념과 언어보다 정보가 이 둘을 연결하는데 더 효율적이고 본질적일 수 있다는 것이다. 그래서 정보를 통해서 이러한 연결을 시도해보려는 것이다. 그러기 위해서는 이와 같은 정보에 대한 기본적인 이해와 개념 그리고 새로운 접근 방식들이 필요하다. 이 책은 바로 이를 위해 시작된 하나의 작은 시도라고 볼 수 있다.

정보를 통해 과학과 인문학을 통합적으로 이해하기 위해서는 지금까지 말한 정보의 과학적 이해만으로는 부족하다. 지금까지의 정보에 대한 연구의 대부분은 정보의 정량적인 것에 대한 것이기 때문이다. 인문학과 정신 분야의 정보는 사실 대부분 정보의 질에 대한 정성적인 부분이기 때문에 이를 과학적으로 이해하고 설명하기가 쉽지 않았다. 그래서 이 책에서는 정보의 정성적인 부분을 과학적으로 이해하기 위해 정보의 새로운 개념을 몇 가지 도입하려고 한다. 그 첫 번 개념이 정보의 차원에 대한 이야기이다. 정보의 열역학적인 정의로는 정보의 정량적인 면은 설명할 수 있지만, 정성적인 면 즉 그 내용과 질에 대해서는 충분히 설명하기 어렵다. 그래서 정보의 차원이라는 새로운 개념을 도입하려는 것이다. 그러나 이는 정보의 과학에 기초를 두고 조금 더 확장시키는 개념이다. 그러면서 정보의 내용에 대해 더 용이하게 설명할 수 있게 해준다. 이제 이에 대해 간단히 설명해보려고 한다. 프로리디도 정보의 내용을 다루기 위해서 정보의 차원을 도입하나, 자료가 의미 있는 정보로 처리되어가면서 자료가 변화되어가는 차원만을 다루고 있다. 즉 일차, 이차자료, 메타자료, 작동자료. 부수자료 등으로 분류하고 있는 것이다.[12] 이글에서 도입된 차원은 이러한 차원과는 다르다.

정보의 차원

정보는 모든 물질이 상호작용을 하며 에너지를 교류할 때 동시에 일어나는 현상이다. 그런데 물질의 교류방식에 따라 그 정보처리의 내용과 질이 달라질 수 있다. 그래서 물질의 교류방식의 차원에 따라 정보의 질도 달라질 것으로 생각해보자는 것이다. 물질의 교류를 역학이라고 한다. 가장 큰 물질계의 역학은 거시세계에 적용되는 뉴턴의 고전역학과 미시세계에 적용되는 양자역학이 있다. 각각의 세계에서 물질이 교류하는 방식은 전혀 다르다. 그래서 그 안의 정보도 다른 방식으로 처리되며 이에 따라 그 내용과 질도 다르다고 볼 수 있다. 그런데 이 두 세계의 경계가 되는 세계가 있는데, 이것이 카오스와 복잡성의 세계이다. 대부분 자연의 물리적, 생물학적 세계가 여기에 속한다. 복잡성은 기본적으로는 고전역학의 지배를 받지만, 내용적으로 양자와 유사한 성향을 보인다. 그래서 이 복잡성을 두 역학의 경계에 있다고 볼 수 있으며 그 안에서 처리되는 정보 역시 두 역학의 경계적인 성격을 가진다.

기본적으로는 이 세 가지 정보적 차원을 생각할 수 있다. 물론 이 책에서 정보의 차원을 3장에서 더 자세하게 6차원 정보로까지 확장하였지만, 기본은 이 세 차원의 정보이다. 정보에 차원을 도입한 것은 단순한 차이와 편리한 설명만을 위한 것이 아니라 어떠한 계통과 질서의 관계를 설정하기 위함이다. 고전적 정보에서 복잡성과 양자정보로 갈수록 저차에서 고차정보가 된다. 그리고 정보는 고차에서 저차정보로 순환하는 일생을 갖는다. 정보는 고차인 양자에서 태어나 저차인 고전적 정보로 일생을 마친다는 가정이다. 그리고 이 정보는 다시 순환할 수도 있을 것이다. 우주의 역사는 바로 이 정보의 일생의 역사이기도 하다. 우주는 진공이라는 양자장에서 시작되어 고전적 역학의 우주로 진화하여 결국은 블랙홀로 그 수명을 다한다.

그런데 왜 양자를 고차정보로 보는 것인가? 그리고 가장 첨단적인 과학의 고전적 역학정보를 저차로 보아야 하는가? 양자계의 정보처리 용량에 대해서는 이미 양자컴퓨터의 처리 용량을 통해 잘 알려져 있다. 기존 컴퓨터와 비교할 수 없는 속도와 용량이다. 아직 기술이 못 미쳐 이 정도이지 그 가능성은 우리가 상상할 수 없을 정도이다. 고용량은 자연히 높은 지능을 의미한다. 고용량의 정보는 지능만이 아니라 더 넓은 광역의 정보 그리고 전체를 통합하는 새로운 차원의 정보를 제공해 줄 수 있다는 점에서도 고차적이다. 저차적인 정보는 정확하고 세밀할 수는 있지만, 그 용량의 한계로 광역과 전체의 정보를 다루는 데는 한계와 약점이 있다. 그래서 양자정보는 내용과 질에서도 고차일 수밖에 없다. 고차정보란 과학적인 언어로는 접근하기는 어렵지만, 고전역학적 세계보다 더 많은 양질의 내용의 정보가 있고 이것이 전체적으로 인간에게 유익할 수 있다는 의미이기도 하다.

우연이든 아니든 그 과정은 잘 모르나 결과적으로 보면 양자장으로부터 현재의 우주가 진화된 것은 사실이기 때문에 이 우주의 정보를 시작한 그 양자장 속에 상상할 수 없는 고차적인 정보가 있다고 보는 것은 무척 자연스럽다. 이를 모두 우연적 발생으로만 돌리는 것은 수학적으로 불가능한 일이다. 우연적 발생이 분명히 있지만 동시에 고차적 정보가 중첩되어 있을 가능성을 배제할 수 없다. 그리고 과학적인 정보를 저차로 보는 것은 실용적이고 과학적인 면에서는 막강하지만, 전체적으로 보면 인간에게 해로울 수도 있고 차원적인 제한이 있기 때문이기도 하다.

그런데 이 과학적인 정보의 차원이 구체적으로 정보의 어떠한 내용과 연결되는 것인가? 우리는 이 정보의 차원을 각기 어떠한 인문학적인 현상과 연결시킬 수 있다. 고전역학을 통해 얻어지는 정보는 시간에 따라 인과적으로

운동하는 선형적이고 논리적인 정보이다. 과학적이고 윤리적인 정보나 세상을 평가하고 비교하는 대부분의 합리적인 정보들이 여기에 속한다. 이는 대부분 뇌를 통해서 얻어지는 논리적이고 인과적인 사고이다. 이를 통칭하여 알고리즘 정보라고 부를 수 있을 것이다. 그러나 혼돈과 복잡성의 정보는 이러한 논리적인 사고에 다 담을 수 없다. 그래서 이미지, 상징 등의 추상적인 사고나 정서가 필요하다. 특히 더 복잡하고 거대한 정보는 사고로 표현되기 어렵고 정서나 느낌과 같은 막연한 정보로 표현된다.

양자적 정보를 인간이 직접 인지할 수 있는지 아직 정확하게 말할 수는 없지만, 뇌와 몸속에 양자정보가 분명히 존재하고 이를 어떤 식으로든 인지할 수 있기에 생명체로서 생존하고 있다. 양자의 결맞음이든 방금 붕괴된 양자이든 인간이 이를 인지할 수 있다면, 이는 결코 고전적인 언어나 사고 등으로는 불가능할 것이다. 그리고 어떤 분명한 정서도 아닐 것이다. 이보다 더 막연하고 흐릿한 어떤 배경적인 느낌 등으로 나타날 것으로 생각된다. 그래서 인간이 느끼는 형이상학적이고 미학적 또는 영성적인 정보가 이와 연관된다고 볼 수 있을 것이다. 이들은 대부분 중첩적이고 다중적이다. 그리고 비개체적이고 불연속적인 비약이 심하고 불확실한 상태의 정보들이어서 양자의 과학적인 성격과 유사한 면을 갖는다. 물리학자 데이비드 봄David Bohm은 양자와 인간의 사고가 동시적으로 일어날 수 있는coincident 유사성을 보인다고 했다.[13] 생각도 입자처럼 위치를 알 수 있는 집중적인 사고가 있는 반면에 파동처럼 모호하고 중첩적인 명상적 생각도 가능하다. 그러나 이를 양자의 이중성처럼 동시에 경험할 수 없다.[14] 부분적으로 보면 다양하고 명확하지는 않을 수 있지만, 양자의 여러 특징들(결맞음, 얽힘, 터널)처럼 더 넓고 깊은 심연과 큰 세계를 하나로 인지하는 특별한 정보를 제공하는 점도 양자의 성격을 많이 닮았다.

이처럼 정보의 과학적인 차원에 따라 인간이 인지하는 내용과 양상이 달라질 수 있는 것이다. 물론 그동안 우리는 정보라고 하면 논리적인 언어정보가 그 중심에 있었다. 그러나 인간의 다양한 분야에서 일어나는 정신 현상들도 그 기초에는 정보가 있어 같은 정보적 관점에서 이해하고 설명할 수 있다는 것이다. 그리고 과거에는 정신과 과학이 이분법적 평행선 속에 있었지만, 정보라는 관점을 도입하면 하나의 물질적 정보 현상으로 교류할 수 있는 가능성이 열린다. 이러한 정보차원에 대한 자세한 내용은 3장에 자세히 기술되어 있다.

정보와 인문학

정보의 차원은 인문학적 내용을 과학적으로 설명할 수 있는 기본 개념을 제공한다. 그러나 복잡한 인문학적 현상을 이 개념만으로 다 설명하기는 어렵다. 인문학에서의 여러 문제과 갈등을 정보이론적으로 이해하는데 또 다른 개념이 필요하다. 인문학이라는 광범위한 세계에서 일어나는 많은 문제를 여기서 다 다룰 수는 없을 것이다. 그러나 그 속에 있는 핵심적인 문제를 유출하여 그 핵심의 문제가 무엇인지를 정보이론적으로 다루는 것은 가능할 수 있다고 생각한다. 인문학이란 인간의 학문이다. 인간을 어떻게 보느냐에 따라 여러 방향의 접근이 가능하다. 이 책에서는 물론 인간을 정보로 보고 접근할 것이다. 우주와 세상과 인간 모두에 정보가 가장 기초적으로 있고 정보가 구성되고 처리되면서 그 현상들이 전개된다. 그래서 인간이 자연과 세상 속에서 살면서 발생하는 모든 문제를 그 기초가 되는 정보로 이해하고 풀어볼 수 있다는 것이다. 특별히 인문학의 가장 기초가 되는 학문이 철학이다.

철학의 여러 문제를 정보이론으로 분석하고 이해해보는 것도 무척 흥미로울 것이다. 그래서 철학사의 흐름을 정보로 이해하고 분석하는 작업을 8장에서 해보았다. 특히 근대철학에서 인간의 바른 인식을 통해 진리를 찾아가는 과정을 정보의 차원과 정보처리 과정으로 설명해보는 것은 무척 의미 있는 시도로 생각된다. 특별히 현대철학으로 들어가면서 인간 인식과 사고의 가장 핵심적인 기초를 언어로 보고 있는데, 언어야말로 뇌에서 발생하는 정보이다. 그래서 언어를 뇌의 정보로 보고 정보차원의 분석을 통해 이해할 수 있다면 언어의 문제를 이해하는 데 다른 어떤 개념보다 적합하고 효율적으로 할 수 있을 것이다. 이러한 언어의 더 미세한 부분인 기호로 내려가면 정보이론과 더 밀접하게 만날 수 있다. 그래서 기호와 현대문화에 대한 문제도 더 세밀하고 정확하게 볼 수 있을 것이다. 이러한 언어와 기호에 대한 정보이론적 분석은 9, 10장에 자세히 기술되어 있다.

    인문학의 가장 큰 주제가 되는 인간의 주체와 소외 문제에 대해서도 정보이론적인 접근이 가능하다. 인간의 주체성이 과연 정보이론적으로 어떠한 의미가 있는지 분석하는 동시에 이를 극복하기 위해서도 새로운 정보이론적 접근이 가능하다고 생각한다. 그동안 인간은 주체성을 뇌의 정보에서 찾아왔는데 뇌의 알고리즘 정보가 주체가 될 때 인간의 여러 문제, 즉 소외가 발생할 수 있다. 그래서 고차정보가 많이 존재하고 있는 몸이 주체가 되어야 소외의 문제를 진정으로 극복할 수 있다. 뇌와 몸의 정보에 대해서는 저자의 또 다른 책 '정보인류, 뇌 정보와 몸 정보'에 자세히 소개한 바 있기에 이 책을 참고해주길 바란다. 그러나 간단히 이글에서 이를 소개하려고 한다.

    지금까지 인간은 이성과 합리적인 과학적 정보를 최고의 수준으로 이상화해 왔다. 그리고 정서와 몸의 정보 그리고 막연하고 불확실한 정보들을 사이비 정보 등으로 비하해 왔다. 그런데 이 책에서는 합리적인 사고보다 비합리적인 정서와 막연한 느낌 등을 더 고차적인 정보로 격상시킨다. 그리고 뇌보다 저능하고 미성숙할 것 같은 몸을 더 상위에 둔다. 일종의 반란이고 혁명적인 내용이다. 이해는 할 수 있을 것 같지만, 실제적으로는 무척 위험하고 무모한 시도가 될 수 있다. 이를 프로이드와 마르크스가 말하는 억압된 것들의 폭발로서 이해할 수 있을 것인가? 그리고 다시 제자리로 돌아가서 잠잠해지면 뇌가 다시 다스려야 하는 그런 삽화적인 사건으로 보아야 하는가? 결코, 그렇지 않다. 그래서 이를 차근히 설명하기 위해서 정보의 과학 이야기를 도입하는 것이다.

물론 스피노자, 니체 이후 현대철학과 미학에서도 뇌와 몸 그리고 사고와 감정에 대해 적지 않은 연구를 해오고 있다. 그리고 전통적인 인식의 전환을 실험하며 시도하고 있다. 그러나 이를 정보의 과학으로 설명하게 되면 더 타당하고 견고한 근거를 마련할 수 있을 것이다. 최근의 뇌과학은 정서가 뇌만이 아니라 몸에서 주로 발생하고 있음을 밝혀주고 있다. 그리고 최근 생물학은 몸은 단순한 물질과 에너지로 되어있는 것이 아니라, 그 속에 복잡성과 양자의 정보가 활발하게 작동하고 있는 고차성 정보망이라는 사실도 밝혀내고 있다.

물론 양자생물학은 아직 소개하기에는 이른 감이 있다. 양자는 생물학적으로 쉽게 접근할 수 있는 성격의 것이 아니기 때문이다. 그러나 부분적이지만, 상당한 연구의 진척이 있다. 특히 미토콘드리아의 에너지 생산, 유전자와 진화, 결합조직의 정보망, 효소의 작용, 뉴런의 전기 전달, 의식 현상과 미세소관, 감각기관의 정보, 면역계 등에 복잡성과 양자현상에 대한 과학적 연구가 보고되고 있어 몸의 고차적 정보에 대한 과학적 근거로서 부족하지 않을 것으로 생각된다.

정보의 보존성과 해체성

그럼에도 불구하고 몸과 정서의 고차성이 왜 뇌의 저차 정보에 압도당하고 말았을까? 이를 설명하기 위해서 이 책은 '정보의 보존성'이라는 개념을 끌어낸다. 이와 함께 그 반대되는 개념으로서 '정보의 해체성'도 도입될 것이다. 이제 이 두 개념이 정보의 차원성과 함께 정보를 이해하는 아주 중요한 개념이 된다. 같은 정보이지만 물질계의 정보와 생물계의 정보 특히 그중에서도 인간 속의 정보는 다르다. 그리고 인간 속에서도 몸과 뇌의 정보의 성격도 많이 다르다. 또한, 정보는 물질과 에너지와 동격으로 교류되지만, 많이 다른 특성이 있다. 이로 인해 인간은 다른 생물과 자연계와 다른 현상을 보인다. 이 중심에 바로 정보의 보존성이란 개념이 있다.

물질과 에너지도 자기성自己性을 가지면서 자기를 보존하려는 성향이 있지만, 그렇게 두드러지지는 않다. 이 뜻은 스스로 보존성을 의미하지 대상을 변형시키거나 지배, 통제하면서까지 자기를 보존하려고 하는 것은 아니라는 뜻을 내포한다. 상당히 수동적이기에 물질과 에너지를 거의 무생물적 대상으로 취급한다. 그래서 과학적인 대상이 되는 것이다. 그러나 정보는 상당히 자기보존이 능동적이다. 특히 인간의 뇌 속으로 정보가 들어오면 정보는 더욱 적극적인 영향력을 행사하며 방어와 공격성까지 갖춘다. 마치 정보가 하나의 생명체처럼 살아 움직인다. 정보로만 살아가는 바이러스와 유사하다. 바이러스는 온전한 생명체는 아니지만, 숙주에 기생하며 자기를 보존해 나갈 수 있다. 때로는 바이러스가 막강한 영향을 행사하며 주인 노릇을 하기도 한다. 인간은 원래 모습을 잃고 바이러스 좀비가 되기도 한다. 이처럼 정보도 그러한 면을 갖는다. 정보가 과학의 대상이 될 수 있지만, 단순한 물리학적 대상이기보다는 생물학적이고 심리학적인 대상이 되기도 하는 것이다.

왜 정보의 이러한 특징이 나타날까? 특히 인간의 뇌에서 이런 보존성이 두드러진 이유는 무엇일까? 이는 정보의 자기성과 보존성이 정보의 차원에 따라 달라지기 때문이다. 자연계의 정보가 자기보존성이 약한 것은 양자와 복잡성과 같은 고차정보가 우세하기 때문이다. 그리고 몸의 정보도 자연의 정보처럼 자기보존성이 약하다. 이는 복잡성과 양자의 고차적 정보가 많기 때문이다. 이처럼 고차정보는 자기성과 자기보존성이 약하다. 물론 뇌도 다양한 차원의 정보처리가 있지만, 특히 저차정보가 두드러지게 나타난다. 뇌에서 저차정보가 우세할 수밖에 없는 이유는 외부의 변화에 대해 신속하고 정확하게 적응해야 하기 때문이다. 이를 위해서는 알고리즘에 의해 계산 가능한 정보가 가장 효율적이다. 그런데 이 알고리즘 정보는 알고리즘에 의해 대칭적인 복제가 가능하기에 그 보존성이 높을 수밖에 없다.

그리고 뇌가 적응을 통해 개체에 주는 가장 중요한 효과는 열역학적인 안정과 최소 에너지 상태이다. 이 안정적인 상태란 바로 정보의 자기 보존적인 상태를 말하는 것이다. 정보가 변화되면 불안정해지고 에너지가 증가하게 된다. 그래서 자기를 강하게 보존해야지만 그 환경이 열역학적으로 안정된다. 그래서 뇌는 알고리즘적 저차정보를 통해 자기의 정보를 강하게 보존하려는 성향을 보이는 것이다.

그러나 안정이 다 좋은 것만은 아니다. 생명체는 불안정해야 하는 양면성이 있다. 그래야 새로운 반응을 할 수 있고 새로운 환경에 잘 적응할 수 있다. 자기의 기존 정보로만 현실을 보려고 하면 현실의 정보를 왜곡하거나 빠트릴 수도 있어, 결과적으로는 현실에 잘못 적응할 수 있다. 복잡한 현실을 자기의 계산적 틀 안에서만 보기 때문에 안정성과 편리성은 있지만, 적응에 적지 않은 문제를 일으킬 수 있다. 그래서 저차정보가 되는 것이다. 물론 저차정보는 실용적이고 편리한 장점이 분명히 있지만, 전체적으로 보면 인간의 정보를 한 평면에만 가두어 놓음으로 인간에게 오히려 해가 될 수 있다. 그래서 이 정보들을 보완하기 위해서 정보의 해체성이 요구된다. 이 해체성은 보존성과 대치되는 개념이다.

이 해체성은 정보의 보존력을 해체하여 신속성은 다소 떨어지더라도 더 많은 넓은 계의 정보를 받아 처리할 수 있게 해준다. 그래서 고차정보로 갈수록 이 해체성이 증가한다. 카오스의 복잡성과 양자정보는 이 해체성이 더 강하다. 그래서 비논리적이고, 명확한 개체적인 정보의 성격을 갖지 않고 확률로서 존재한다. 양자정보는 일시적이긴 하지만 에너지 보존과 엔트로피의 법칙도 따르지 않는다. 예측할 수 없고 불확실하다. 그래서 개체적인 정보나 언어로 표현하기 어렵다. 뇌는 이처럼 저차에서 고차까지 다양한 정보 형태를 갖는다. 이러한 정보의 보존성과 해체성에 대해서 3, 4장에 각각 자세히 서술되고 있다.

그러나 뇌는 현실적응에 특화된 기관이라 저차정보의 실용성이 가장 우세하다. 고차정보는 국소적으로는 복잡하고 느리고 막연해 보이기 때문에 뇌가 이를 체질적으로 싫어한다. 그리고 자신의 우세한 저차정보를 보존하기 위해 높은 차원의 정보를 오히려 비효율적이라고 격하시킨다. 그래서 뇌와 같은 저차정보가 없는 몸을 뇌는 낮은 수준으로 비판한다. 그래서 몸은 늘 뇌에 비해 지능도 부족하고 미성숙하고 저급한 수준으로 취급당한다. 그리고 몸의 주 언어인 정서와 느낌도 같이 도매금으로 넘어간다. 그래야만 뇌의 저차정보를 더 확실히 보존하면서 자기를 확장시켜 나갈 수 있기 때문이다. 그런데 몸과 정서가 뇌가 말하는 대로 진짜 저급한 수준일까? 결코 그렇지 않다. 이는 뇌의 저차정보의 보존과 지배 욕구 때문에 발생하는 왜곡이고 편견이다. 오히려 몸에는 뇌보다 더 고차적인 정보가 많다. 눌린 몸을 지지해주기 위해 정서적으로 편드는 것만은 아니다. 그럴 수밖에 없는 과학적 근거가 있기 때문이다. 몸은 뇌와 같은 저차적인 알고리즘 정보가 없는 반면에 대부분 복잡성과 양자의 고차정보로 되어있기 때문이다.

정보의 균형과 대사의 장애

뇌는 사고를 통해 정보처리를 주로 하지만, 몸은 정서와 느낌으로 정보처리를 하기에 몸의 언어인 정서와 느낌이 중요하다. 그런데 뇌의 언어와 그 에너지 수준이 높고 강하다 보니 몸의 언어는 대부분 묵살된다. 인간의 문제는 사실 이러한 뇌와 몸의 정보 소통이 차단되고 억압되는 데서 시작한다. 인간은 원래 다차원적인 정보를 가지고 있으면서 그때마다 정보의 차원적인 균형을 잘 유지하며 정보를 소통할 수 있어야 하는데, 이것이 막히게 되므로 인간의 문제가 발생하는 것이다. 뇌는 발생학적으로 외배엽 출신으로 현실과 몸을 잘 연결하여 현실에 잘 적응하도록 보조하는 역할을 담당한다. 그런데 현실적응이 너무도 중요하게 부각되고 뇌의 과학적 정보가 효율적이고 강력하다 보니 뇌가 원래의 위치를 잊고 몸 전체를 지배하는 형태로 발전하게 된다. 그래서 뇌는 자기의 저차정보를 최고로 내세우며 다른 몸의 고차정보를 억압하고 무시하게 된다. 여기서 바로 정보의 다차원적인 소통과 균형이 깨어지는 것이다. 그리고 여러 가지 인간과 사회의 문제가 발생하게 되는 것이다. 그 문제 중에 가장 심각한 것이 정보의 대사 문제이다.

인류는 지금까지 물질과 에너지를 잘 개발하고 활용하며 큰 발전을 이루어 왔다. 물론 인류가 물질과 에너지를 아주 잘 활용한 것만은 아니다. 인간의 욕심과 과잉개발로 생태계가 많이 병들고 파괴되었다. 그리고 그 피해는 자녀들의 세대에 고스란히 넘겨지고 있다. 이제는 에너지 시대를 지나 정보의 시대가 되었다. 인류는 에너지를 통해 이룩한 발전과 비교할 수 없을 정도의 혁명적 변화를 이루고 있다. 우리는 이러한 정보가 무엇인지도 모르고 매일 엄청나게 먹어치운다. 하루 종일 깨어 있는 동안 거의 컴퓨터나 모바일폰에서 눈과 귀를 떼지 못한다. 이는 마치 음식으로 치면 하루 종일 음식을 먹는 것과 다를 바 없다. 음식은 많이 먹으면 금방 문제가 발생한다. 배가 부르든지, 소화에 문제가 생길 수 있다. 그래도 계속 먹으면, 비만과 대사 장애 등의 문제가 생긴다. 그래서 음식을 조심한다. 그러나 정보는 별로 그렇지 않다. 뇌는 무제한으로 정보를 받는다. 물론 피로도가 있지만 잠시 쉬면 또다시 먹을 수 있다. 내가 못 먹으면 다른 연장 도구에다 저장한다. 그러나 이 정보는 사실 음식보다 더 심각한 문제를 일으킬 수 있다. 그러나 이를 잘 인지하지 못한다. 음식이 몸에 들어와 어떤 대사를 일으키는지 우리는 잘 안다. 그러나 우리는 정보가 우리 몸에 들어와 어떠한 대사과정을 밟는지 잘 모른다.

외계의 정보도 다양한 차원을 가지고 있다. 인간들이 인공적으로 만든 것들에는 대부분 합리적이고 윤리적인 저차정보가 많다. 대신에 예술이나 자연에는 고차정보들이 많다. 음식을 다양하게 골고루 섭취해야 하듯 정보도 그렇게 섭취해야 한다. 그러나 인간은 심한 정보 편식을 한다. 자기가 좋아하는 것들만 먹는다. 정보는 주로 뇌가 취한다. 뇌는 열역학적 안정을 위해 기존의 정보의 틀을 보존하고 강화하려고 한다. 그래서 기존 정보를 닮은 것들을 중심으로 그 정보를 더욱 안정적으로 구성하는데 필요한 정보의 조각들을 찾아 섭취한다. 우리가 정보를 탐색하는 것은 마치 맛집을 고르는 것과 다를 바 없다. 뇌는 자기 입맛에 맞는 것만 편식한다. 그리고 자기 정보의 세계에 빠져 산다. 그리고 자기와 다른 정보들을 심하게 거부하고 비난한다. 그리고 자기와 유사한 정보들과 연합하며 집단화한다. 편견과 편 가르기가 나타나며 더 오래 굳어지게 되면 이분법적 투쟁으로 발전하기도 한다.

이는 사상과 이념의 문제 같아 보이지만, 사실 뇌의 정보에서 시작한다. 인간이 그렇게 하는 것이 아니라 뇌 속의 정보가 인간을 그렇게 조종하고 지배하기 때문이다. 결국, 서로 상처를 입고 병드는 것은 사람이다. 정보는 마치 바이러스처럼 인간 속에 들어와 자신의 정보보존을 통해 인간을 병들게 하는 것이다. 정신질환과 신체질환도 이러한 정보의 대사장애로 볼 수 있다. 이에 대해서는 6, 7장에 자세히 설명되어 있다. 이러한 의학적인 질병이 아니더라도 인간의 많은 문제가 저차정보의 보존성에서 나오는 정보대사의 장애에 기인한다는 것을 인지할 필요가 있다.

저차정보가 사라지지 않고 인간을 지배하는데도 인간은 스스로 자기가 그렇게 생각한다고 믿는다. 그래서 인간은 자기도 모르는 사이에 자신의 주체성을 잃고 정보의 좀비처럼 정보가 조종하는 대로 자동으로 움직이게 된다. 사실 인간의 대부분 판단과 선택이 인간 스스로 하는 것처럼 보이지만, 사실은 그 속에서 은밀하게 정보가 주인이 되어 인간은 꼭두각시처럼 부리고 있는 것이다. 우리가 인공지능이 인간을 지배하는 시대를 걱정하고 있지만, 사실 정보는 이미 인간을 장악하고 지배하기 시작했다. 정치도 정보가 하고, 언론, 학문, 종교도 인간이 아니라 그 속에 있는 정보가 한다. 인터넷도 모바일 폰도 정보가 이미 장악하고 있다. 계층과 정치적 갈등도, 종교와 민족 간의 갈등도, 심지어 전쟁까지도 깊이 따지고 보면 결국 정보가 일으킨다. 인간은 정보와 자신을 구분할 수 있어야 하는데, 이것이 쉽지 않다. 인간은 정보로 되어있고 모든 것을 정보를 통해서 생각하고 판단하기에 인간은 착각하고 사는 것이다. 이러한 정보의 문제를 어떻게 해결할 수 있을 것인가?

고차성 정보의 회복

이를 해결하는 지혜와 힘도 결국 정보 속에 있다. 정보의 고차성을 회복하는 것이다. 정보의 저차성 속에 있는 강한 보존력 때문에 생기는 문제이기에 이를 해체할 수 있는 고차적 정보를 도입하여 정보의 균형을 맞추는 것이 필요한 것이다. 그래야 정보보존성의 구속에서 해방되어 인간의 주체성을 회복할 수 있다. 지금까지 인간은 모든 것을 뇌를 통해서 이루어 왔다. 이것까지도 뇌를 통해서 시도하다가는 착각에 빠지거나 똑같은 문제를 반복할 수밖에 없다. 뇌는 이미 저차 정보로 너무 많이 오염되어 있기 때문이다. 그래서 뇌가 아닌 몸으로 내려와 몸속의 고차정보의 도움을 받아야 한다. 몸의 정보로 내려오는 가교의 역할이 바로 정서이다. 그래서 합리적 사고보다는 정서와 몸을 중시해야 한다.

이를 위해서 먼저 뇌가 만든 정서와 몸에 대한 잘못된 편견을 허물어야 한다. 정서와 몸은 저급하다는 편견을 허무는 것이다. 물론 정서와 몸속에 저급한 정보들도 있다. 정보에는 자기와 인격이 있다. 그 품격대로 대접을 받지 못하게 되면 정보적 손상을 입게 된다. 그동안 뇌로 인해 정서와 몸은 많은 인격적인 상처와 손상을 입었다. 이로 인해 몸의 손상정보는 충동적이고 이기적인 저급성을 드러낸다. 그래서 우리는 정서와 몸을 싫어한다. 그러나 이를 무조건 싫어하고 덮어두기만 해서는 안 된다. 왜 이러한 문제가 생겼는지를 이해하고 이러한 오해를 풀어주어야 한다. 그리고 원래대로의 정서와 몸의 정보를 회복시켜 주어야 한다.

몸에 고차성 정보가 많다고 해도 뇌의 저차정보가 필요하지 않은 것은 아니다. 뇌의 효율성과 합리성은 여전히 필요하다. 뇌의 모든 기능이 저차적 정보로만 되어있는 것은 아니다. 뇌 속에 뇌와 몸의 소통과 균형을 잡아주는 기능이 이미 있다. 뇌 속에 있는 수면과 의식이 바로 그러한 기능을 한다. 수면은 뇌를 쉬게 하고 몸을 회복하여 몸과 뇌의 균형을 조절하는데 아주 중요한 역할을 한다. 그리고 억압된 몸의 정서와 막힌 몸의 정보망을 회복시켜 준다. 낮 동안에 가장 수면의 기능과 닮은꼴이 바로 명상이다. 잠을 자지 않고도 수면의 효과를 볼 수 있는 것이 명상이다. 이를 명상의 과학이 입증하고 있다. 그리고 명상은 수면과 의식을 이어주는 역할을 한다.

인간에 있어 가장 중요한 것은 의식이다. 그리고 정보의 문제를 해결하고 균형을 잡아줄 수 있는 것도 의식이다. 의식은 단지 정보의 무대나 화면이 아니다. 의식은 정보와 다른 고유하고 특별한 존재이다. 이 책에서 의식에 대한 뇌과학적 연구들을 소개하지만, 아직 의식은 과학적으로도 심리 철학적으로도 어려운 문제이다. 그런 가운데서도 이 책은 의식이 양자와 관계된다는 이론을 받아들인다. 의식 속에 양자의 결맞음과 같은 전체성과 양자의 비개체적 해체성이 같이 있기 때문이다. 의식의 특징은 고차정보처럼 통합성과 해체성이 공존한다는 것이다. 그런데 의식은 이러한 고차성을 잃고 뇌의 저차적 정보에 잠식당하고 만다.

이 의식을 먼저 깨워야 한다. 저차원에 빠져있는 의식을 다차원적인 의식으로 깨워야 하는 것이다. 이러한 의식의 다차원성을 회복하면 의식은 저차원정보에만 자신을 빼앗기지 않고 몸의 고차적 정보까지 담을 수 있게 된다. 이를 의식의 관통성이라고 한다. 저차정보에서부터 고차정보까지 관통하고 하나로 꿰뚫을 수 있는 의식의 관통성을 말하는 것이다. 인간의 삶의 여러 문제뿐만 아니라 몸의 질병과 정신적인 문제들까지도 결국 뇌와 몸의 정보적인 균형과 소통이 상실되면서 발생한다. 건강한 몸과 마음을 회복하기 위해서는 저차적 정보에 지배를 받고 있는 뇌와 몸을 의식의 관통성을 통해 균형적인 정보 상태로 복원할 수 있어야 한다. 그래서 몸과 정서와 생각이 균형적인 소통을 할 수 있게 되는 것이다.

정보인류의 미래

정보시대가 궁극적으로 추구하는 이상적 인류는 결국 지금의 인간을 초월하여 스스로 신적인 경지에 이를 수 있는 트랜스 휴머니즘이 될 것이다. 트랜스 휴머니즘은 과학에서 오는 것이지만 이를 통해 인간이 추구하는 행복은 인문학적인 내용이다. 그래서 트랜스 휴머니즘에 대한 과학과 인문학 그리고 신학적인 연구와 논쟁이 뜨겁다. 그러나 상호 간에 학문적인 대화와 소통이 쉽지 않다. 가장 큰 이유는 서로가 다른 배경에서 출발한 개념과 용어를 사용하기 때문에 그럴 수밖에 없다고 생각한다. 결국, 과학과 인문학을 연결할 수 있는 적절한 개념과 용어가 나오기 전에는 원활한 대화가 어렵다고 생각한다. 나는 정보가 그 대화의 가장 적절한 용어가 될 수 있을 것으로 생각한다. 정보는 과학에서 시작된 용어이면서도 인문학적인 정신을 담을 수 있는 개념이기 때문이다. 그래서 정보이론과 정보차원을 도입하면 원활한 대화가 가능할 것으로 생각된다. 그래서 이 책은 과거에 만나기 어려웠던 여러 인문학과의 만남을 정보과학을 통해 시도해 보려는 것이다.

인간이 과학을 통해 인공적으로 추구하는 행복은 결국 과학의 저차원적 정보에 의한 것이다. 이로 인해 인간이 행복해질 수 있다면, 인간 스스로 저차원적 정보인류로 변환해야 한다. 이것은 자유의지 안에서 자신이 선택할 문제이다. 그러나 인간의 고차적 정보가 그대로 있는 한, 과학의 정보만으로 인간이 결코 행복해질 수 없는 한계가 분명히 있다. 트랜스 휴머니즘은 몸과 정서의 고차적 정보를 묵살한다. 몸과 정서를 저차적인 정보로 대치하고 뇌의 행복만을 추구한다. 트랜스 휴머니즘은 결국 저차정보의 유토피아를 만들려는 것이다. 결론적으로 말해서 과학이 추구하는 트랜스 휴머니즘은 과학의 저차정보에 의한 것이기에 고차적인 몸과 생명을 가진 인간이 저차적인 정보만으로 얼마나 본질적으로 행복해질 수 있느냐는 것이다. 그렇지만, 그것으로 만족하기를 선택한다면 나름의 행복이 있을 것이다. 그러나 우주와 만물은 고차성이다. 그리고 인간도 역시 본질적으로 고차적 정보로 되어 있다. 내가 선택한다고 해도 그 고유의 고차성이 묵살될 수 있을지 의문이다. 인간은 우주와 고차적인 정보로 연계되어 있다. 이 저차적인 유토피아가 과연 우주에서 고립되지 않고 얼마나 틀을 보존하고 유지할 수 있을지 그 결과도 지켜보아야 할 것이다.

이제 정보의 시대이다. 그리고 이제 인간은 정보인류가 되었다. 정보인류는 과연 어디로 가야 하는가? 저차정보의 발달 자체가 나쁜 것은 결코 아니다. 그 보존성의 문제로 인해 발생하는 정보적 블랙홀 때문에 문제가 되는 것이다. 이를 방지하기 위해서는 정보의 해체성을 회복해야 한다. 우주의 팽창과 수축의 균형이 있듯 정보도 보존성과 해체성이 균형을 잡아주어야 한다. 인간은 그 균형의 중심에 있다. 한민족의 고유 사상인 천지인天地人의 삼재三才의 인人과 삼三이 바로 이 균형의 중심을 의미한다. 해체성은 고차정보 속에 있다. 인류가 저차정보의 편식에서 벗어나 몸과 감성 속에 있는 고차성 정보를 회복할 수 있어야 한다. 이를 위해서는 관통적 의식의 회복이 가장 시급한 것이다. 결국, 정보인류의 미래는 정보를 바로 활용할 수 있는 관통적 의식에 달려있는 것이다.

관통적 의식은 인간에 머물지 않고 자연과 우주 속의 고차적 정보와 교류하며 우주의 진화에 동참한다. 이를 과학의 언어로 11장에 설명해 보았다. 양자, 양자중력과 우주에 대한 정보이론적인 이해를 통해 인간의 의식이 우주와 어떻게 접촉할 수 있는지를 알아보았고 또 어떠한 방향으로 진화해 나갈 수 있는지에 대해서도 설명하였다. 그리고 정보인류의 미래를 우주적 관점에서 살펴보고 우주의 진화와 발맞추어 나가기 위해서 우리가 구체적으로 어떠한 준비를 해나가야 하는지에 대해서도 생각해 보았다. 특별히 이를 위해서 인문학에서 가장 중요하게 생각하는 인간의 존재와 형이상학적 실재에 대한 개념도 과학적인 정보이론으로 어떻게 이해하고 설명할 수 있을지도 논의해 보았다. 그리고 고차정보들로 가득 찬 동양사상과 알고리즘적 저차정보로 발전해온 서양과학과 사상이 정보이론으로 상호 간에 어떻게 만날 수 있는지에 대해서도 12장에서 분석해 보았다. 아울러 동양사상이 정보인류의 문제를 해결하는데, 중요한 방향을 제시해 줄 수 있을 것으로 기대해본다.

물론, 이러한 정보와 정보인류에 대한 더 자세한 설명은 저자의 정보인류 1편인 '정보인류, 뇌정보와 몸정보'에 자세히 기술되어 있다. 그러나 정보인류에 대한 연구와 설명 이전에 더 시급한 것은 그 기초가 되는 정보 자체에 대한 과학적이고 학문적인 연구이다. 그리고 이러한 학문적인 기반을 가지고 정보인류라는 인문학적 현상을 설명할 수 있어야 될 것이다. 그래서 이 책은 정보인류 연구에 대한 기초가 되는 정보에 대한 과학적 설명과 함께 이 정보과학과 인문학이 어떻게 연결되고 서로 대화할 수 있는지에 대해 설명해 보려고 한 것이다.

2. 정보의 과학

정보의 열역학

    정보를 최초로 과학적으로 연구한 사람은 정보이론의 아버지로 불리는 수학자인 섀넌Claude Shannon이다. 전기통신 회사인 벨 연구소에서 경제적인 통신을 연구하던 중에 정보가 곧 에너지라는 것을 수학적으로 밝혀내었다. 즉 한 정보의 단위인 $1\text{bit} = kT\log_2 \text{joule}$라는 정보의 에너지 등식을 밝혀낸 것이다.[1] 정보를 얻고 지우는데 물리적인 에너지가 소요되고 정보를 통해 에너지를 비축하고 절약할 수 있다는 것이다. 뇌에서 새로운 정보를 습득하는 데도 에너지가 소모된다. 그리고 그 정보는 앞으로 많은 에너지를 절약하게 해준다. 유명한 아인슈타인의 $E=mC^2$ 공식을 통해 물질과 에너지가 상호 교환적이라는 것을 이미 잘 알고 있다. 거기에다 섀넌의 정보와 에너지의 등식이 추가되면서 결국 정보와 물질과 에너지가 등가적으로 상호 교환이 가능한 물리적 상태가 되는 것이다.

    그리고 섀넌의 또 하나의 위대한 업적은 정보가 엔트로피라는 것을 밝힌 것이다. 즉 정보 H=-$\Sigma Pilog Pi$라는 등식을 발견하였는데,[2] 이는 이미 밝혀진 엔트로피의 수식과 동일하다. 정보가 엔트로피라는 데는 다소 혼돈스러움이 있다. 여기서부터는 정보의 양만이 아니라 질의 문제가 대두되기 때문이다. 정보는 동일한 것에서는 찾을 수 없다. 동일한 질서가 깨어지고 뭔가 새로운 것이 일어나야 정보가 발생한다. 그러므로 정보는 질서가 깨어진다는 뜻에서 엔트로피의 증가를 의미한다. 그리고 뭔가를 새롭게 설명하기 위해서는 정보가 필요하게 되고 이 정보만큼 엔트로피가 증가하게 된다. 예를 들어 내일의 날씨가 오늘과 똑같다면 '똑같다'는 말 외에 새로운 정보는 필요하지 않다. 그러나 다른 날씨라면 이를 설명하는 새로운 정보가 필요하다. 정보의 증가는 그만큼의 엔트로피의 증가를 의미하는 것이다.

그러나 날씨를 예측할 때 정확하게 알 수 있으면 적은 정보만으로 충분하다. 즉 내일 온도는 몇 도이고 비가 몇 시부터 얼마나 올 것이라고 몇 가지 정보만으로 충분히 설명할 수 있다. 그러나 이를 정확하게 알 수 없을 때는 많은 정보가 필요하다. 이럴 수도 있고 저럴 수도 있고 또 여러 조건에 따라 달라지는 경우를 다 설명하려면 많은 정보가 필요하다. 결국, 정보의 질에 따라 정보의 양이 달라지는 것이다. 흔히 모르면 말이 많다고 한다. 시험을 볼 때도 답을 모르면 많이 적어 놓는다. 그러나 아는 내용이면 그 핵심만 간단하게 말할 수 있다. 잘 모를 때는 정보가 많고 잘 알면 정보가 줄어든다. 그래서 정보는 모름과 앎의 척도가 될 수 있으며, 이러한 측면에서 보면 정보의 내용과 질에 따라 정보의 양도 달라지는 것이다. 이 모름의 척도를 엔트로피라고 한다.[3] 그런데 정보는 모름에서 앎으로 가려는 스스로의 성향을 갖는다. 즉 모름의 높은 엔트로피에서 앎의 낮은 엔트로피로 가려는 성향을 갖는 것이다. 이 성향에 의해서 발생되는 것이 바로 정보처리이다.

정보는 스스로 정보처리를 통해 높은 엔트로피에서 앎이라는 낮은 엔트로피로 가려는 성향을 갖는다는 것이다. 바로 이 성향의 정보처리를 네겐트로피negentropy라 한다. 그래서 정보의 질적인 면에서 보면 정보는 엔트로피의 증가가 아니라 엔트로피를 감소시키는 네겐트로피가 되는 것이다. 이를 발견한 학자가 곧 '사이버네틱스Cybernetics'를 처음으로 주창한 수학자 위너Norbert Wiener이다. 이를 의외성의 척도라고도 한다. 즉 의외성이 많다는 것은 모름의 척도로 볼 수 있는데[4] 이럴수록 많은 예, 아니요의 질문을 해야 한다. 의외성의 척도는 이를 평균한 횟수의 확률을 의미한다.[5] 이는 과거 물리학에서 나온 맥스웰 도깨비Maxwell demon와 동일한 정보의 개념이다.[6] 그리고 이 개념은 생물학의 정보를 말하기도 한다. 생물의 정보는 상황에 대한 앎을 통해 엔트로피를 줄이고 최소의 에너지 상태로 유용한 자유에너지를 얻는데 그 목적이 있다. 생물은 엔트로피가 증가하는 자연의 환경에서 살아남기 위해서 적은 에너지로 가장 효율적인 열역학적 일을 해야 하기 때문에 생물에 있어서 정보가 바로 이 역할을 담당해야만 한다. 생물은 정보처리라는 네겐트로피의 과정을 통해 앎의 네겐트로피의 정보를 얻는다. 그래서 정보는 엔트로피가 되면서도 네겐트로피가 되는 이중적 성격을 갖는다.

정보처리 방식에 따라 다른 정보 열역학

그런데 생물계에서 네겐트로피의 정보처리는 한 가지 방식으로 진행되지 않는다. 크게 세 가지 방식으로 처리된다. 자연계의 역학방식에 따라 그 정보처리의 방식도 달라진다. 그리고 그 방식에 따라 네겐트로피도 달라진다. 먼저 뉴턴의 역학이 지배하는 고전역학의 세계가 있다. 이 세계에서의 정보처리 방식을 알고리즘 방식이라 한다. 가장 강력한 네겐트로피를 보인다. 그리고 양자역학의 세계에서 일어나는 정보처리 방식이 있다. 양자의 정보처리에 대해서는 아직 많이 알려져 있지 않지만, 양자의 정보가 비개체적으로 중첩적이고 불확정적이라는 것은 잘 알려져 있다. 이것만 보면 엔트로피가 아주 높아 보인다. 그렇다면 양자의 정보처리를 통해서는 네겐트로피가 일어날 수 없는 것인가? 결코, 그렇지 않다. 양자의 중첩은 혼돈으로 보기보다는 정보 용량의 증가를 의미한다. 그 이유로 양자 컴퓨터의 정보처리 속도와 용량이 일반 컴퓨터와 비교할 수 없을 정도로 높다. 양자정보는 국소적으로 보면 해체적인 성향으로 인해 엔트로피가 증가할 수 있으나, 양자의 특징적인 현상인 터널, 얽힘과 결맞음과 붕괴 등을 통해 강력한 네겐트로피가 발동함으로 광역적으로는 고전역학보다 더 큰 엔트로피의 감소를 보인다.

　알고리즘과 양자정보 모두가 엔트로피를 감소시키는 정보처리를 하지만, 그 차이는 분명히 있다. 두 정보처리의 기본적인 차이는 정보의 용량이다. 양자 정보처리의 용량은 알고리즘 정보처리와 비교할 수 없을 만큼 월등히 많다. 이 용량의 의미는 결국 정보의 양과 영역을 의미한다. 그래서 알고리즘의 정보처리는 작은 영역에서 작은 수의 정보와 강력한 알고리즘의 영향으로 국소적으로는 네겐트로피가 아주 높다. 그러나 영역이 넓어지고 정보의 용량이 증가하게 되면 알고리즘만으로 소화할 수 없어 결국 엔트로피가 증가하게 된다. 반대로 양자 정보처리에서는 양자정보의 비개체성으로 인해 국소적으로는 엔트로피가 높을 수 있지만, 넓은 영역의 많은 정보들을 효율적으로 처리함으로 광역에서는 아주 높은 네겐트로피를 보일 수 있는 것이다. 결국 두 계에서의 엔트로피는 영역에 따라 달라지는 것이다. 그리고 전체적으로 보면 양자정보 처리가 훨씬 더 효율적이기에 이를 고차정보라고 부를 수 있다.

알고리즘과 양자 정보처리의 중간에 카오스의 복잡성 정보처리가 있다. 이 계의 엔트로피 역시 알고리즘과 양자정보 처리의 중간에 위치한다. 즉 복잡성은 알고리즘보다는 많은 용량의 정보를 처리한다. 많은 용량으로 인해 알고리즘의 정보처리가 어려워져 국소적으로는 혼돈 상태를 보인다. 그래서 국소적으로는 엔트로피가 높아진다. 그러나 더 넓은 영역에서는 자기 조직성을 이루어 강한 네겐트로피를 보인다. 복잡성 정보처리는 알고리즘 정보처리보다는 정보 수가 많으나 양자 정보처리에 비하면 그 수가 적기 때문에 대상이 되는 영역도 중간이다. 그래서 양자에 비해 덜 넓은 영역에서는 엔트로피가 낮지만, 더 넓은 지역에서는 정보 용량이 적어 양자에 비해 엔트로피가 높다. 이 세 가지의 정보처리와 엔트로피의 관계에 대해서 다음 장의 정보의 차원에서 더 자세히 다룰 것이다. 그리고 엔트로피와의 관계에 대해서는 다음 장의 표3-2에 잘 요약되어 있다.

3. 정보의 차원성

정보처리 방식에 따라 달라지는 정보의 질

앞의 정보의 과학에서 정보는 단독으로 존재하지 않고 물질과 에너지와 같이 등가적으로 교환되며 존재한다고 했다. 그래서 정보도 에너지와 물질처럼 과학의 대상이 된다. 그러나 정보는 물질과 에너지와 교환되고 계산될 수 있는 면이 분명 있지만, 그것들과 다른 독특한 면들이 있다.

첫째로 정보의 내용과 질이다. 물질과 에너지는 겉과 속이 비교적 일치한다. 물론 물질의 깊은 속은 양자로서 아직 그 속을 잘 모른다. 도저히 밖에서 접근할 수 없게 닫혀 있다. 밖에서 보는 물질과 다른 어떤 내용과 세계가 분명히 있다. 현재 과학으로서도 풀지 못하는 난제이다. 그러나 대부분의 과학자들은 양자 속은 잘 모르니 일단 덮어두고 겉만을 계산하고 이용한다. 그것만 해도 엄청난 도움이 된다. 마찬가지로 에너지도 속이 있다. 에너지의 총량은 동일해도 그 내용이 다를 수 있다. 특히, 일할 수 있는 에너지의 유용성 혹은 엔트로피라는 내용이 각기 다를 수 있다. 그래서 이 내용이 에너지의 속과 수준이 될 수 있을 것이다.

그렇다면 정보는 어떠할까? 정보도 겉과 속이 있다. 겉은 과학적인 양으로 표시될 수 있다. 그러나 그 내용과 질은 아직 과학적으로 쉽게 표현하기가 어렵다. 에너지도 엔트로피에 따라 일할 수 있는 능력이 다르듯이 정보도 그 질에 따라 일을 할 수 있는 자유에너지가 다르다. 그러나 이 정보의 질을 단순히 수학적인 등식으로 표현하기는 쉽지 않다. 그렇다고 정보의 질을 이분법적인 정신의 세계로만 이해하고 과학과는 무관한 것으로 남겨둘 수는 없다.

그래서 이 책은 먼저 정보의 질을 가능한 과학적인 방법으로 이해하고 접근해보려고 한다. 아직 수학적 등식으로까지 표현할 수는 없다고 하더라도, 그 전 단계 정도가 될 수 있는 물질과의 상관관계를 규명해보자는 것이다. 즉 물질의 시스템과 계통에 따른 정보의 차원을 도입함으로 정보의 질을 물질과 에너지와 어떠한 연관성 속에서 이해해보자는 것이다. 이는 정보의 차원과 질이 이를 처리하는 하드웨어와 소프트웨어에 따라 달라질 수 있다는 개념이다. 정보가 고급인지 아닌지는 사용되는 하드와 소프트웨어에 따라 결정될 수 있다는 것이다.

일반적으로 계산정보는 논리 연산과 회로의 프로그램에 따라 얻어지는 정보들이다. 이는 선형적인 정보처리 방식이다. 대부분의 전산 프로그램에 의해 얻어지는 정보들이다. 부분적인 정밀성과 정확성은 뛰어나지만, 이러한 정보의 한계가 있다. 전체를 파악하고 어떠한 유형을 분석하는 데는 어려움이 있다. 또 계산만으로 해결할 수 없는 문제들도 존재한다. 이를 보완하기 위해서 나온 것이 신경망 학습과 지능이다. 알파고로 알려진 딥러닝과 인공지능의 원리이다.[1] 계산정보와는 다른 차원의 정보이다. 연산회로로 계산할 수 있는 정보들보다 고급정보라고 할 수 있다. 그리고 인공지능을 위한 하드는 병렬적이고 더 많은 고용량 전산이어야 한다. 그리고 아직은 시작 단계이지만, 새로운 하드와 소프트를 사용하는 양자컴퓨터가 있다. 아직 초보적인 수준이라 그 질과 양에 대한 가능성을 미리 다 알 수는 없지만, 기존의 전산과는 분명 다른 정보의 차원을 보일 것으로 기대하고 있다.

이처럼 전산을 활용한 정보에도 차원이나 수준이 다른 것을 볼 수 있다. 뇌나 몸에서도 정보가 처리될 때도 이와 같은 차원과 수준의 차이가 있을 것이다. 모든 정보가 동일한 수준의 질은 아니라는 것이다. 뇌에서도 논리 연산에 의한 계산정보가 있고 신경망의 복잡성 정보가 있다. 그리고 양자정보도 있다. 그래서 이러한 정보의 차원과 질도 각기 다를 것으로 생각된다. 그런데 몸에도 논리 연산 프로그램은 있겠지만, 뇌처럼 언어나 사고로 표현되지는 않는다. 그래서 몸과 뇌는 논리적인 방식으로는 대화하기 어렵다. 대신 몸에는 복잡성 정보와 양자정보가 많이 존재하고 있어 뇌와 비교할 수 없을 정도로 많은 고급정보가 처리되고 있다. 이러한 점들이 뇌와 몸의 정보처리의 특징과 차이가 될 수 있을 것이다.

뇌 정보처리의 차원

이러한 정보차원을 더 구체적으로 표시해보도록 하자. 먼저 1차원 정보이다. 이는 내용을 갖춘 정보라기보다는 정보의 구성요소가 되는 것들이다. 이를 먼저 시각정보의 차원에 적용해 보자. 뇌에서 시각적인 정보를 지각할 때 디지털카메라처럼 일대일 대응 방식으로 화면을 받지 않는다. 뇌는 장면의 모든 요소를 분해한다. 광자 단위로 정보를 분해해서 다시 하나하나 화면을 다시 합성하여 지각한다. 각 점과 선의 방향, 색채 등의 기본 정보로 분석한 1차 정보를 받는다. 그다음은 2차원 그림정보와 3차원 공간정보로 합성한다.[2] 이 과정에서 물체와 공간에 대한 지각적 범주화가 일어난다. 그래서 지금 공간에서 어떠한 일이 일어나는지를 이해하고 지각하게 된다. 그리고 시간적으로 어떻게 변해가는지도 보게 된다. 이를 통해 시간을 포함한 4차원적 시각정보가 완성되는 것이다.[3]

그런데 뇌는 이를 지각하는 것만으로 끝나지 않는다. 이 지각정보를 시작으로 해서 그 대상과 공간의 가치와 의미, 기억, 정서 등을 범주화하고 이를 다시 개념적 범주로 분석하고 판단한다.[4] 그리고 여러 논리와 합리성, 직관과 느낌 등을 종합적으로 고려하여 최종적인 선택을 하고 그 결과에 따라 반응하고 행동한다. 이러한 과정은 시간에 따라 진행되는 선형적인 과정도 있지만, 전체적으로는 병렬적으로 처리된다. 여기서 4차원적 시각정보를 가지고 여러 범주화를 거치는 과정에서 시각정보에서 있었던 정보의 차원적 분석과 합성이 다시 일어난다.

시각정보도 일종의 가상정보이다. 보이는 현실에 대한 정보이지만, 현실을 그대로 복사한 정보는 아니다. 뇌에서 화면을 뇌의 정보로 분해하여 재구성한 뇌의 가상정보이다. 그런데 이 정보를 그대로 가지고 정보들과 교류하게 되면 효율성이 떨어진다. 그래서 새로운 더 가상적인 정보를 도입한다. 그것이 개념범주이다. 화면 속에 있는 어떠한 형태를 개념으로 분류하는 것이다. 이 개념에는 언어가 필수적으로 동원된다. 이러한 개념적 언어를 통해 많던 정보는 다시 단순 정보로 축약된다. 그리고 다시 이 개념과 언어로 새로운 차원의 정보처리가 시작된다.

알고리즘 계산정보

여기서 다시 1차정보는 언어와 개념을 이루는 형상들의 요소가 된다. 그리고 2차정보는 개념과 언어가 처리되는 과정이다. 개념정보의 처리는 가치범주를 도입함으로 가능해진다. 이 가치정보가 뇌의 가장 중요한 알고리즘이 된다. 물론 뇌에는 다양한 알고리즘들이 있다. 즉 합리성, 도덕성, 조직성, 효율성, 경제성 등 내용은 다양하더라도 결국은 하나의 가치의 범주로 계산된다. 그래서 이러한 범주에 의해 크다, 작다, 강하다, 약하다, 아름답다, 추하다, 선하다, 악하다, 이치에 맞다, 이치에 어긋난다, 비싸다, 싸다, 귀하다, 천하다는 식으로 가치가 정해진다. 물건에 가격을 매기는 것과 비슷하다. 전체적으로 보면 자신에게 얼마나 유익한가와 해로운가의 척도가 될 수도 있다. 생명체는 유익하면 다가가서 취하고, 해로우면 피해야 한다. 이것이 자신에게 의미를 생성하는 정보가 된다. 뇌는 결국 현실을 분석하는 이유는 이를 알고 선택하기 위함이다. 이것이 뇌의 가장 중요한 기능인 현실의 생존과 적응인 것이다.

가치는 먼저 이분법적으로 나누어진다. 즉 좋은 것은 (+)가 되고 나쁜 것은 (-)가 된다. 그리고 그사이에 등급이 매겨진다. 한 개념에 대해 두 가지 가치의 등급으로 공간상에 좌표가 설정된다. 소위 말하는 가성비에 대해 이를 적용해 보자. 가격이라는 등급이 x축이라면 성능의 등급은 y축이 될 것이다. 그래서 어떠한 물건의 가성비 좌표가 설정되는 것이다. 이 좌표는 신분 혹은 클래스class로 발전하게 된다. 이를 2차원적 정보라고 말할 수 있는 것이다. 그런데 대상의 가치는 2가지로 결정되는 것은 아니다. 보통 우리가 처음 사람을 만나면 그 사람을 좌표화하기 위해서 몇 가지 궁금한 것을 물어본다. 나이, 성별, 외모(얼굴, 키, 몸무게), 옷, 명품, 자동차, 사는 동네, 출신 학교, 가족, 직장, 아파트 평수, 출신 지역, 성격 등을 자기도 모르게 알아본다. 그리고 등급화하고 좌표화한다. 이를 통해 대체적인 신분이 결정된다.

그런데 이때는 두 축의 평면만으로 부족하다. 대체로 10가지 이상의 변수를 축으로 좌표화하려면 한 평면에 다 담지 못한다. 이때는 같은 평면이지만, 여러 각도의 벡터로 비교하며 변수를 바꾸어 그 평균치를 계산할 수도 있다. 여러 변수를 가진 두 사람이나 집단을 비교할 때도 비슷한 양상을 보인다. 이를 평균하여 분산과 분포를 비교한다. 상관관계를 보는 방법도 유사한 원리를 사용한다. 이와 같이 복잡한 통계방식으로 계산한다. 과정을 분석하는 방법은 달라도 결국은 평면적인 정보처리를 한다. 그래서 이를 2차정보라 할 수 있다. 대부분의 과학적, 합리적, 논리적, 도덕적인 정보가 이에 해당한다. 어떠한 조건과 알고리즘에 의한 정량과 등급정보이다. 등급으로 정량화될 수 있고, 계산이 가능하고 통계와 확률로도 나올 수 있는 정보들이다. 서로 독립변수이든지 아니면 하나가 종속변수이든지 서로 상관관계가 있더라도 복잡하게 얽혀 있지는 않은 경우들이다. 대체로 이러한 정보처리는 우리의 의식에서 많이 일어난다. 물론 변수가 너무 많은 경우나 상관관계가 복잡한 경우에는 의식도 대충 감을 잡는 정도이지 실제는 전산의 도움이 필요하다. 그래서 전산의 결과를 가지고 다시 정량을 통해 의미에 대한 평면적인 판단을 한다.

복잡성 정보

그런데 10가지 이상의 정보들이 복잡하게 서로 영향을 주면서 시간에 따라 변해가는 그런 정보들도 있다. 이런 정보들을 복잡성 정보 내지는 혼돈 정보라고 한다. 이런 정보는 평면으로는 따라잡을 수 없다. 공간이 필요하다. 시간이 개입되면 4차원 공간이 된다. 그런 정보들이다. 인간의 의식으로는 추적하기 어렵다. 무의식적 신경망이 동원되어야 한다. 고용량의 전산이나 신경망의 병렬적인 정보처리로 계산될 수 있다. 계산이라기보다는 파동적 성격이 강하다. 실제적으로 이러한 정보처리는 신경망과 가장 낮은 에너지 상태를 끌개로 계산하는 통계적인 연산에 의해 진행된다.[5] 복잡성 정보도 알고리즘 정보처럼 단순계산은 아니나, 결국은 계산정보이다. 그러나 그 복잡성 때문에 객관적인 정보로 분명하게 나타나지는 못한다. 과거의 기억과 경험 그리고 거기에 대한 정서와 의미가 각각 다르다. 그리고 그 안에서 얽혀 있다. 그리고 과거, 현재, 미래가 같이 움직인다. 이처럼 수많은 변수의 복잡한 망의 통계적인 계산이라 수시로 시간과 변수에 의해 변한다. 그래서 이런 신경망의 정보는 논리적이거나 확정적일 수는 없다. 대신 이는 우리의 의식에서 전체적인 어떠한 느낌이나 정서 혹은 직감, 직관, 추상과 이미지 같은 비논리적인 정보로 다가올 수밖에 없다.

 이것이 복잡성의 3,4차 정보들의 특징적인 모습이다. 대부분 무의식의 정보들이 이러한 형태로 우리의 의식에 올라온다. 보통 우리는 이러한 논리적인 정보처리와 느낌과 직관적인 정보처리로 판단하고 결정한다. 남자들은 논리에 강하고 여자들은 직관과 느낌에 강하다고 한다. 논리적 정보는 의식에 드러나고 비논리적 느낌은 무의식적일 때가 많기에 보통의 판단과 선택이 논리적이라고 생각을 많이 한다. 그러나 사실 대부분의 경우 정서나 느낌이 먼저이다.[6] 그리고 사고는 이를 뒷받침하기 위해 동원되는 경우가 많다. 사실 많은 경우 판단이나 선택이 그냥 이유 없이 그렇게 하고 싶어 하는 경우가 많다. 선거할 때도, 배우를 좋아하는 경우에도, 스포츠 팀을 응원하는 경우에도, 먹고 싶은 것이나 하고 싶은 것들을 찾을 때도, 대부분 감성이 앞선다. 그리고 생각은 이를 합리화하고 정리하는 역할을 하는 경우가 많은 것이다. 그렇지만 끝내 생각과 느낌이 일치하지 않고 갈등하는 경우도 종종 있다.

양자정보

그래서 이런 경우에는 또 다른 형태의 정보를 찾는다. 그런 정보가 무엇일까? 좁은 영역에서는 서로 갈등할 때 우리는 더 큰 그림을 그려보기를 원한다. 더 높은 곳에 올라가서 보면 해결 방법을 찾을 수 있다. 그래서 더 넓고 깊은 영역의 정보로 확장해서 정보처리를 해야 할 필요가 있다. 복잡성정보보다 더 광역의 정보를 볼 수 있는 길이 있을까? 바로 5차의 양자정보이다. 양자에서 이러한 정보처리가 가능한 것은 양자의 중첩성, 터널, 얽힘과 결맞음 등이 복잡성에서는 다룰 수 없는 더 큰 용량의 에너지와 정보를 처리할 수 있게 해주기 때문이다. 이미 양자컴퓨터에서 이러한 양자정보의 놀라운 위력을 보고 있다.

이러한 양자정보는 인간의 인지 세계에서 어떻게 경험될 수 있을까? 알고리즘정보는 부분적인 특성을 확실하게 알게 해준다. 그것도 좋다 나쁘다는 식으로 판단하고 계산해 준다. 그러나 그 부분을 넘어서서 다양한 전체에 대해서는 계산하기가 힘들다. 한 사람에 대해 알고리즘은 분석적이다. 키가 어떻고, 직업이 무엇이고, 어떤 차를 타고 다닌다는 식으로 분석적인 정보를 제공해준다. 그런데 이런 부분적인 정보들이 몇백 가지가 모여 전체를 이룰 때, 즉 그 사람의 전체를 평가할 때 알고리즘정보는 쉽지 않다. 어떤 정보는 좋고 어떤 정보는 안 좋고 서로 모순적이고 복잡하기에 이를 계산으로 판단하기가 어렵다. 그래서 더 전체적인 인식은 복잡성정보에 넘겨진다. 복잡성 정보는 분석적이지 않다. 그냥 아, 그런 사람이라고 느끼고 그냥 안다고 한다. 정서적이고 느낌과 직관이 주가 된다. 이것이 분석적인 2차정보와 전체적인 3차정보인 것이다.

그렇다면 양자정보의 인지적 현상은 어떻게 나타날까? 복잡성정보도 전체적이지만 양자는 더욱더 전체적이다. 그리고 정서와 느낌이 더 모호하고 막연하다. 직관적이지만 이것 역시 확실하지 않고 흐릿하다. 나는 이를 쉽게 이해하기 위해서 '울림과 떨림'의 정보라고 말하고 싶다. 그렇다면 앞에서 예를 든 한 사람에 대한 인지에서는 어떻게 나타날까? 복잡성의 전체성은 겉에 보이는 정보들의 전체성이다. 그러나 양자정보의 전체성은 겉과 보이지 않는 속에 대한 전체성이다. 피부와 뇌가 이루는 외배엽은 보이는 외부의 정보를 주로 담당한다. 그러나 몸의 내배엽은 속의 정보까지도 받아들인다. 음식 속에 있는 정성과 사랑, 인격 등의 모호한 배경까지도 흡수한다.[7] 양자정보는 이처럼 더욱 큰 전체의 정보를 담당하는 것이다. 우리는 이를 인격이나 생명이라고도 표현한다. 겉의 모습이 어떠하든 그 속의 인격과 내면과 생명에서 우러나오는 전체를 느끼고 받아들이는 것이다. 그 사람의 울림과 떨림은 미세하고 막연하지만, 우리가 사람을 만나는데 아주 중요하게 영향을 준다. 울림과 떨림이 없는 사람은 딱딱하고 모범생이라고 한다. 원리 원칙적이고 정서적으로는 막혀 있다고 한다. 그래서 사무적으로나 원칙적인 대화만 하고 더 이상의 만남을 꺼린다. 그러나 조금 더 친밀해지면 만남 속에 나름의 울림과 떨림을 느끼고 이를 공명하게 되면 더 깊은 만남이 가능해진다. 가장 극적인 울림과 떨림이 사랑일 것이다. 그래서 서로 공감하고 사랑하는 느낌은 양자정보이다. 이처럼 더 깊고 광역적인 전체 정보가 양자정보의 가장 큰 특징인 것이다.

이러한 정보는 또한 깊은 심층적인 심리나 예술과 영성 등에서 오는 느낌들과 연관된다. 논리나 정서도 아닌 어떤 세계의 정보들이 있다. 느낌이나 정서처럼 강하게 오지는 않지만, 뭔가의 여운, 배경 등의 막연하고 모호한 느낌들, 언어로 표현하기 어려운 어떤 에너지나 기운, 공감되고 공명되는 모호한 느낌들, 디지털이 아니고 아날로그에서 느끼는 부드럽고 따스한 정서, 스포츠에서 느끼는 어떠한 오르막과 내리막의 기운, 팀에서 하나가 되어 움직이는 것과 그렇지 못한 경우에 느끼는 차이, 뭔가 모르는 자신감, 신앙과 영성에서 느끼는 구름과 바람 같은 느낌들. 아주 모호하고 약한 것 같지만, 어떤 때는 엄청난 파워나 확신으로 뭉쳐질 때도 있다. 이를 대부분 울림과 떨림으로 표현하기도 한다. 이러한 정보의 공통적인 면으로는 중첩적이고 불확실하면서도 쉽게 사라지는 특성을 갖는다는 것이다. 그리고 약하지만 어떠한 결맞음을 보일 때 아주 강력한 힘으로 결집될 수 있다. 이러한 성격은 양자의 특성과 유사하기에 물리적으로는 양자정보와 연관된 것으로 볼 수 있다. 이 정보의 차원은 인간이 직관적으로 인식하기 어려운 5차 정보라고 칭할 수 있다. 그리고 아직 과학으로 확인된 세계는 아니지만, 하나의 가능성의 세계로서 양자정보를 넘어선 초양자의 정보를 가정할 수 있다. 이는 거의 인간의 언어나 인식으로는 접근하기 어려운 초월적이고 본질적인 세계로 생각해 볼 수 있을 것이다. 이를 6차 정보라고 했다. 이 정보는 정보와 물질이 하나로 미분화된 빅뱅 이전의 가장 원초적인 정보가 될 수 있을 것이다.

영역에 따라 다른 정보처리 차원

이처럼 여기에서는 정보의 차원을 6차정보까지 세분화하였다. 그리고 이에 대한 자세한 내용을 표3-1에 정리하여 표시하였다. 그러나 실제적 정보처리는 3가지 차원으로 압축된다. 즉 알고리즘 정보처리, 복잡성 정보처리와 양자 정보처리의 세 차원이 가장 실제적 내용이 될 것이다. 이를 다시 열역학적으로 비교하면서 그 장단점의 특징을 설명하려고 한다. 그리고 이 정보차원을 저차와 고차로 나누게 된 이유를 아울러 설명하려고 한다.

표3-1. 정보와 정보처리의 차원

정보 차원	물질역학과 정보처리 방식	인지적 내용	국소적 정보 보존성	국소적 정보 해체성	정보의 일생 (계절, 나무)
1	낱개자료, 정보언어, 이진법, 점과 선 정보	기호, 숫자, 문자, 기표, 데이터	강함	없음	늦가을, 낙엽
2	알고리즘처리 선형적 처리 계산, 평면정보	논리, 윤리, 계산, 판단, 등급, 조직, 사고, 구상 언어, 과학, 이분법	아주 강함	약함	초가을, 잎, 열매
3	연결망, 병렬 분신식저리, 카오스, 복잡성 통계와 끌개, 공간정보	이미지, 추상 언어, 상징, 은유	보통	보통	여름, 무성한 가지
4	복잡성 처리 공간과 시간의 4 차원정보	정서, 느낌	약함	강함	봄, 새싹, 줄기
5	양자 정보처리 중첩성, 불확정, 터널, 얽힘	자기, 생명, 인격, 용서, 사랑, 공감, 공명, 울림과 떨림, 모호한 배경, 다중과 중첩성, 불확실성, 예술과 영성, 안정과 불안정의 경계	거의 없음	아주 강함	늦겨울, 씨앗, 뿌리
6	초양자 정보처리	인지 불가	없음	극단적으로 강함	초겨울, 근원, 토양

정보의 질을 평가하는데 엔트로피라는 개념은 무척 중요하다. 정보의 엔트로피가 낮을수록 유용한 정보가 되는 것은 사실이다. 그런 뜻에서 보면 알고리즘의 정보가 가장 강한 질서를 보임으로 가장 낮은 엔트로피를 보이고 그래서 가장 유용한 정보가 될 수 있다. 그런데 가장 낮은 엔트로피의 정보를 왜 저차정보로 분류해야 하는지 의문이 든다. 이 모순을 설명하기 위해서 생각해 보아야 할 것은 정보의 질서도만이 아니라 정보가 가진 영역의 크기도 중요하기 때문이다. 그래서 차원의 이야기가 나온 것이다. 작은 영역에서 아무리 질서도가 높고 엔트로피가 낮아도 더 큰 영역에서 그 정보가 어떻게 나타나고 있느냐가 중요하다는 것이다. 이를 차원의 확장이라고 볼 수 있을 것이다. 좋은 정보는 국소적인 영역에서는 무질서해도 더 큰 전체 영역에서는 오히려 안정적인 정보가 될 수 있다. 그래서 부분만 아니라 전체를 볼 수 있는 정보여야 하는 것이다. 여기서 영역이란 평면적인 영역만을 일컫는 것은 아니다. 차원의 확장에 따른 영역의 크기까지 포함한다. 평면과 공간의 영역은 엄청난 차이가 있다. 여기에 양방향의 시간까지 가세하면 더욱 큰 영역이 된다. 그리고 5차원 이상의 공간은 상상할 수 없는 영역으로 확장될 것이다.

뇌의 신경망에서도 국지적인 작은 세계small world network가 있고 이들이 모여서 만든 중간계의 허브hub 신경망이 있다. 그리고 이들이 다시 모여 만든 더 큰 모듈module의 광역 신경망이 있다. 뇌는 이러한 5개의 모듈이 모여 뇌의 전체 망을 이룬다.[8] 지구라는 공간의 영역에서 작은 도시와 도, 국가 그리고 대륙, 이 대륙이 모여 지구와 그 전체의 생태계를 이루는 것과 같다. 생명체가 생존하기 위해서는 바로 눈앞에서 일어나는 것에 대한 정확한 정보가 중요하다. 그러나 그 정보에만 빠져서는 안 된다. 조금 더 시야를 넓혀 더 넓은 공간과 시간을 살피고 이에 대한 정보도 중요하다. 그리고 인간이라면 이보다 더 큰 영역 즉 광역의 전체에 대한 정보도 중요하다. 현재 이러한 정보가 나중에 전체에 미칠 영향까지도 미리 생각해 두어야 한다. 그리고 정보들이 이러한 공간과 시간의 영역에서 서로 갈등할 수도 있다.

영역마다 살펴야 할 내용과 정보량이 다르다 보니 이를 연산하는 정보처리 방식도 달라야 한다. 위에서 말한 세 가지 정보처리방식, 즉 알고리즘, 복잡성, 그리고 양자정보 처리 방식이 바로 이 영역별로 다른 적합성을 보인다. 알고리즘 방식은 국소계에서 가장 정확한 정보를 계산할 수 있기에 엔트로피가 가장 낮으나 중간계와 전체 광역계로 갈수록 정확한 정보를 산출하지 못해 엔트로피가 높아진다. 복잡성은 중간계 공간에 가장 적합한 정보를 산출하기에 여기서 엔트로피가 가장 낮다고 볼 수 있다. 그리고 다른 영역은 보통 수준이다.

마지막으로 양자는 가장 넓은 영역을 담당하는 연산에 적합한 처리방식을 가지고 있어 이 영역에서 엔트로피가 가장 낮고 반대로 국소정보에는 엔트로피가 가장 높다. 엔트로피가 낮게 되면 이는 정보의 보존력을 증가시키고 엔트로피가 높게 되면 반대로 해체력이 증가하게 된다. 그래서 양자정보는 국소적으로는 해체력이 가장 높으나, 광역에서는 전체적인 결맞음으로 통해 보존력이 가장 강하게 나타날 수 있는 것이다. 이를 표3-2에서 요약하여 표시하였다. 알고리즘 정보가 국소에서는 가장 고차적이고 유용한 정보를 제공하지만, 영역이 확장되면 그러하지 못하기 때문에 전체적으로는 유용한 정보를 얻지 못한다고 볼 수 있다. 양자정보는 반대로 국소적으로는 정확하지는 못해도, 전체적으로는 가장 유용한 정보를 제공해줄 수 있기에 가장 고차적인 정보로 볼 수 있는 것이다. 물론 이러한 유용성과 가치적 차원은 상황과 관점에 따라 달라질 수 있는 상대적인 것임을 전제로 한 것이다.

고차정보라고 부르는 것은 반드시 유용성 때문에만은 아니다. 그러나 더 많은 영역의 정보를 다룰 수 있기 위해서 더 많은 용량의 정보와 지능이 필

표3-2. 대상 영역의 크기와 정보처리의 차원에 따른 엔트로피 (보존력과 해체력)의 차이

	국소계	중간계	전체계(광역)	정보의 가치
알고리즘 정보처리	낮음(보존력)	보통	높음(해체력)	낮음(저차)
복잡성 정보처리	보통	낮음(보존력)	보통	보통(중차)
양자 정보처리	높음(해체력)	보통	낮음(보존력)	높음(고차)

요하다. 그래서 이러한 용량과 지능의 수준을 보아서라도 이를 고차적인 정보라고 부를 수 있다. 이를 더 쉽고 명확하게 이해하기 위해서 뇌의 정보처리에 적용해 볼 필요가 있다. 뇌에서 알고리즘의 정보는 국소적인 정보를 분석하는 데는 탁월하다. 그러나 전체 정보를 보는 데는 비효율적이다. 그래서 나온 것이 신경망이다. 알고리즘 정보처리는 전체의 형태를 인식하는데, 아주 비효율적이다. 핸드폰과 지갑을 잘 구분하지 못한다. 다양한 개와 고양이를 서로 구분하기 어렵다. 사람의 얼굴을 단번에 인식하기는 더욱 어렵다. 그러나 신경망은 전체를 금방 알아본다. 이것이 복잡성의 신경망 정보처리 덕분이다.

그러나 언어로 표현하기 어려운 더 큰 전체적인 느낌이나 의미, 감동, 아름다움, 느낌과 감각의 질, 배경의 감 같은 모호한 정보는 신경망으로 처리가 불가능하다. 인간만이 느끼는 모호하고 섬세한 공감의 대상이기도 하다. 바로 이것이 인공지능이 극복해야 할 다음 과제라고 말한다. 나는 이 책에서 이러한 정보처리를 양자정보에서 담당한다고 했다. 그래서 이 양자정보는 복잡성 정보보다 더 넓은 영역과 차원의 정보를 처리한다고 볼 수 있다. 그래서 양자정보를 고차정보라고 말하는 것이다. 이를 표3-3에 정리하여 놓았다.

표3-3. 뇌의 정보영역과 정보처리의 차원에 따른 분석과 이해력의 차이

	국소계	중간계	전체계(광역)	정보의 가치	인지상태
알고리즘 정보처리	최고	보통	최저	낮음(저차)	국소적 판단
복잡성 정보처리	보통	최고	보통	보통(중차)	부분적 이해
양자 정보처리	최저	보통	최고	높음(고차)	전체적 공감

인지 내용에 따른 정보의 차원

그리고 정보처리의 차원과 인지적인 내용의 관계에 대해서도 표3-4에 정리하여 표시하였다. 한 장면의 정보를 뇌가 받아들이고 그 정보를 처리할 때 삽화적episodic인 사건이나 서술 가능하고declarative 명시적인explicit 정보는 알고리즘적 정보처리로 입력 분석된다. 즉 누구를 어디서 왜 어떻게 만나 어떤 일이 일어났고 무슨 이야기를 나누었는지에 대한 정보 등이 이에 해당한다. 이는 개체적이고 알고리즘적인 이차정보가 된다. 그리고 이러한 정보는 뇌에서 해마hippocampus를 통해서 입력된다. 해마는 마치 몸에서 소화기가 외부의 영양분을 소화흡수 분배하는 것처럼 외부 정보를 알고리즘 정보로 분해, 소화하여 대뇌 피질에 분배하는 역할을 한다. 바로 이 과정이 기억의 과정이기에 해마가 기억을 담당하는 것이다.

그러나 알고리즘과 무관한 기억들이 있는데 이는 해마를 거치지 않고 직접 뇌의 신경망에 입력된다. 이러한 정보는 대체적으로 암묵적implicit이고 비서술적인 내용을 가진 배경적인 상황이나 공간들이 해당한다. 그냥 지나

쳐버리는 장면과 사람들 그리고 별 의미 없는 상황과 배경정보들이다. 이들은 복잡성 정보가 된다. 일반적으로 이 두 차원의 정보만으로 인지 기능을 수행하는데, 별 지장은 없다. 그러나 그 이상의 정보들이 있는 경우도 있다. 그 만남과 장소 사건에 대한 막연한 느낌과 감성 그리고 의미 같은 정보들이 있을 수 있다. 의미 있고 좋았다든지 다시 가보고 싶다든지, 뭔가 모르게 불쾌했다든지 그 배경을 넘어선 아나로그적 감성과 느낌, 직감, 직관이나 공감 등의 여운이나 깊이 등과 같이 더 광역의 전체적인 정보들이 있을 수 있다는 것이다. 이를 양자정보라 할 수 있다. 이러한 양자정보는 뉴런의 시냅스를 통한 신경망보다 뉴런 세포 내의 미세소관과 신경아교세포neuroglial cell 같은 지지세포 등을 통해 교류되고 형성된다. 이는 신경망 정보보다 시공간적으로 더 넓고 깊은 다른 차원의 정보일 수 있다. 이는 모호하고 불분명하지만, 더 넓은 전체적인 정보에 해당한다고 볼 수 있다. 그리고 전체를 하나로 관통하여 볼 수 있게 하는 정보가 된다.

이것 외에도 전체를 하나로 보는 인지기능들이 있다. 인격, 성격, 정체성, 민족성, 생명, 자기 등에 대한 인식들이다. 이 속에는 다양하고 복잡한 정보들이 얽혀 있으나, 그 부분보다는 이런 모든 정보를 통합하여 하나로 인식하게 한다. 그래서 다양한 면에도 불구하고 하나의 인격과 성격으로 그리고 하나의 생명체로 받아들인다. 그리고 이러한 전체를 인식해야만 일어나는 다른 인지 기능들이 있다. 예를 들어 감동, 공감, 전체적인 이해, 용서, 수용, 사랑 등의 인지와 감성 등이 이러한 정보에 해당한다. 그리고 예술과 영성도 그러한 전체적인 인식으로 가능하다. 음악과 그림을 전체로서 뭔가를 느낀다. 그 배경과 배음 속에 있는 강도와 컬러, 미세한 움직임 등을 전체로서 느끼고 인지한다. 그 속에서 예술가와 연주가의 미세한 정서와 기운을 느끼기도 한다. 그리고 영성도 그러하다. 영성도 부분적인 정보가 아니다. 전체로서 흐르는 무엇인가를 느끼고 인지하는 것이다. 이처럼 오묘하고 미세하면서도 전체적인 것을 인지하는 정보를 고차정보라고 볼 수 있으며, 이 역시 양자 정보처리가 배경에 있는 것으로 생각된다. 물론 책의 본문에서 여러 번 강조되었지만, 정보를 저차와 고차로 나누는 데는 정보의 보존성과 해체성이 아주 중요하다. 이에 대해서는 다음 두 장에서 다시 자세히 다룰 것이다.

표3-4. 정보처리의 차원에 따른 뇌 위치와 인지적 내용

정보처리의 차원	뇌 정보처리 위치	인지적 내용
알고리즘 정보처리	해마와 대뇌 피질의 연결 시냅스	삽화적 사건, 서술 가능, 명시적, 인과적, 언어적, 육하원칙, 중요하고 의미 있는 내용
복잡성 정보처리	대뇌 피질 신경망의 시냅스	배경과 비삽화적 상황, 서술 불가, 암묵적, 비인과적, 비언어적, 의미 없이 지나친 내용
양자 정보처리	신경세포 내의 미세소관, 신경아교세포 같은 결합조직	운치, 여운, 감동, 공감, 막연하고 섬세한 느낌, 배경의 울림, 예술적 느낌, 직감, 직관, 이해, 용서, 사랑, 아나로그적 감성, 인격, 영성적 기운, 생명력

4. 정보의 보존성

정보의 자기성

우주를 구성하고 있는 물질, 에너지와 정보는 내용과 형태는 달라지더라도 본질적으로는 보존되는 것으로 과학은 설명하고 있다. 가장 대표적인 것이 에너지 보존의 법칙이고 관성의 법이다. 시공의 물질과 우주를 구성하는 대칭의 법도 보존의 법에 속한다. 그리고 물질이 형태를 보존하는 데 4가지 힘인 강한 핵력, 약한 핵력, 전자기력과 중력이 작용하고 있으나, 중력이 물질 형성에서는 가장 약하지만, 전체 우주를 형성하는 데는 가장 강력하고 중요한 힘이 된다. 특히 우주에서 강력한 중력의 힘으로 우주를 형태를 보존하게 하는 물질이 있는데, 아직 그 실체를 모르기에 이를 암흑물질이라 한다.[1] 그래서 정보의 보존성도 다른 물질과 에너지처럼 본질적인 면에서는 다를 것이 없다. 그러나 세부적으로 들어가게 되면 물질과 에너지와는 다소 다른 점들이 있다. 보존이라는 개념은 어떠한 보존을 가능하게 하는 중심이 있다는 것을 의미한다. 그 중심을 자기自己라고 할 수 있다. 그런데 정보는 이 자기성이 다른 것들보다 더 강하다. 자기성이란 비자기와 구별되는 특이성을 의미한다. 정보는 그만큼 특이성이 다른 물질이나 에너지보다 크다는 뜻이다. 그래서 이 자기성이 강하면 그 보존력도 강해진다. 그래서 정보는 물질이나 에너지보다 더 강한 보존력을 갖는다. 이 정보들이 더욱 특별한 형태로 자기보존을 해나가는 것이 바로 생물이다. 생물은 그 중심에 유전자 정보가 있고 이를 복제하며 자기를 보존해 나간다.

생물에서 자기 보존성이 더욱 강한 것은 최소 엔트로피와 에너지로 효율성을 최대화할 수 있어야 생존해 나갈 수 있기 때문이다. 그중에서도 가장 높은 에너지 효율성을 유지해야 하는 것이 뇌이다. 뇌는 발생학적으로 외배엽 출신으로 주로 외계의 정보를 신속하게 계산하여 내부 생물체가 빨리 잘 적응할 수 있게 해주는 기관이다. 그래서 가장 높은 에너지 효율성을 유지해야 한다. 그래서 뇌는 이 효율성으로 인해 가장 강력한 보존성을 보인다.

뇌의 자기 보존성

뇌는 에너지 효율성을 높이기 위해 뇌만의 몇 가지 특별한 방법들을 동원한다. 뇌 정보에서 가장 중요한 보존력은 학습과 기억을 통해서이다. 중요한 정보는 반복되고 학습된다. 그리고 기억된다. 기억이란 정보의 보존이다. 그런데 기억은 점차적으로 전기적이고 화학적 기억에서 구조적인 기억으로 영구화된다. 기억은 하드디스크의 자료처럼 독립적으로 저장되지 않고 스스로 학습하며 열역학적으로 가장 안정적이고 효율적인 홀로그래픽한 구조로 저장된다. 이때 구조적인 정보로 구성되며 더욱 안정적인 상태가 된다. 그리고 이 구조적인 정보는 새로운 정보가 입력될 때 강력한 영향력을 행사한다.[2] 마치 유전자처럼 자기 정보를 복제하려는 성향을 강하게 갖는다.

　물질계에서 에너지를 효율적으로 보존하는 방법 중에 하나가 대칭성을 갖는 것이다. 대칭이란 물리계에 어떤 변화를 주었을 때 변화가 일어난 후에도 계가 전과 같은 상태를 유지하는 것을 말한다.[3] 우주의 모든 물질은 바로 대칭으로 이루어져 있다. 대칭은 시간과 공간에 따라 일어나는데, 대표적인 것들로서 관성과 뉴턴의 운동법칙 그리고 에너지 보존과 게이지 대칭 등이 있다. 대칭이란 정보의 보존이나 복제를 의미한다. 어떠한 알고리즘과 법칙에 의해 일어나는 현상은 모두 대칭이 된다. 알고리즘에 의한 뇌의 정보처리도 정보적인 대칭이 된다. 그리고 기존의 구조정보에 의한 예측정보 역시 게이지 대칭과 같은 역할을 한다. 물론 물리계에 대칭의 깨어짐이 있듯이 뇌의 정보에서도 깨어짐이 일시적으로 일어나지만, 곧 대칭적 안정을 찾으려고 한다. 이러한 정보들이 정보적 차원에서 보면 이차원 정보들이 된다. 그래서 이차원 정보는 강한 보존력을 갖게 되는 것이다. 그 외 양자에서 보이는 게이지 대칭, 초끈 이론의 초대칭성, 양자장의 가상입자의 대칭성, 대칭성의 깨어짐으로 힉스 메커니즘으로 형성되는 물질의 질량과 화학과 생물현상의 대칭성들은 모두 정보의 보존과 연관되는 대칭성이다.

　정보 보존성은 특별히 뇌에서 강하게 일어나기에 이를 뇌신경적으로 이해해 볼 필요가 있다. 정보란 어떠한 개체성과 자기성을 갖는다고 했다. 같은 것은 정보가 될 수가 없다. 뭔가 다르고 새로워야 정보가 된다. 환경이나 대상과 구분되는 경계가 있고 다른 개체성이 있어야 정보가 된다는 것이다. 이것이 2차정보의 개체성이다. 물론 복잡성과 양자정보에서는 이러한 경계와 개체성이 흐려지지만, 세상과 과학의 2차정보는 다른 것과 구분되는 경계와 개체성을 분명히 갖는다. 이 경계와 개체성을 유지하기 위해서 정보의 보존성이 요구되고 신경계는 특수한 정보처리를 통해 이를 유지하려고 한다.

뇌의 정보는 전기적인 외측 억압과 자기 강화를 통해 정보의 경계선과 개체성을 유지한다.[4] 그리고 정보처리에서도 동일한 정보는 무시하고 경계선을 아주 필요 이상으로 강화한다. 그리고 정보는 대뇌피질의 6층을 한 기둥 column으로 정보의 구조적 개체성을 확립한다.[5] 이들이 정보적으로 거대한 구조를 형성할 때는 이러한 현상이 더욱 강력해진다. 정보가 커지는 만큼 다른 정보의 공격으로부터 살아남기 위해 외측 억압과 자기 강화가 발전되어 더욱 강력한 방어와 공격진을 구축한다. 정신적인 방어기제와 분노 등의 공격성도 이 정보의 보존성에서 나오는 것이다. 그리고 유사한 정보끼리는 공명과 결맞음을 통해 정보를 계속 확장해 나간다. 다른 정보들에 대해서는 정보적 합병, 동화, 타협 등을 통해 마치 기업 인수나 합병처럼 자기를 확장해 나간다.[6] 이러한 구조합병에 들지 못하는 정보들은 아웃사이드에서 이를 그냥 물끄러미 쳐다만 보지 않는다. 이런 정보들도 살아남기 위해 유사한 정보들끼리 모여 더욱 안정적이고 강력한 구조적 정보를 형성해 나가려고 한다. 정치에서 탄압받던 재야 세력이 뭉치는 것과 같다. 그래서 정보들은 이러한 강화와 확장 과정을 통해 결과적으로는 가장 거대한 두 정보의 체계로 재편된다. 이것이 하나가 되는 것보다는 못하나 열역학적인 안정과 효율을 유지하는 차선의 방법이 될 수 있다. 이것이 곧 정보의 이분화 현상이다.

신경망의 정보보존

마지막으로 신경망을 통해 일어나는 정보보존성을 살펴보자. 신경망은 앞서 말한 정보의 구조화 과정을 말한다. 신경망의 기본은 절점node이다. 이 절점들이 모여 서브모듈submodule을 형성하고 이 서브모듈들이 모여 모듈이 된다. 이 모듈들은 강한 연결 강도clustering coefficiency를 가지며 파벌clique과 군cluster을 형성한다. 이때 여러 모듈들의 연결망을 갖는 허브hub의 절점이 나타나게 되는데, 이 허브 절점이 강한 중심성centrality과 보존성을 발휘하는 정보의 중심이 된다. 이는 국소적인 지방provincial 허브가 되는데, 주로 2차정보들의 가장 강한 보존성을 구성하는 신경망이 된다.[7] 국가적으로 보면 호남과 영남과 같은 지방색과 같은 지역적 보존성이다. 우리나라에서도 정치적으로 보면 이 지역적 보존성이 가장 강한 것을 볼 수 있다. 이 국소적 신경망은 다시 더 큰 전체적인 신경망으로 확장되면서 다른 갈등, 타협 등의 조율 과정을 거치게 된다. 이러한 과정에서 정보의 보존성이 부분적으로 해체가 일어나며 다른 정보와의 조율이 가능해진다.

그러나 손상받은 정보이든지 너무 거대하고 안정적인 정보 구조들은 전체로 가는 과정에서 해체력이 힘을 쓰지 못하고 거의 자신의 정보대로 보존된다. 아주 강한 정보의 보존성을 보이는 것이다. 한 예로서 망상delusion이라는 정보를 들 수 있다. 망상은 강한 결합력을 보이는 국소적 신경망에서 시작하는데, 더 큰 전체적인 신경망을 통과하면서 현실과 합리적인 정보를 받아들이지 못하고 자기의 망상만을 흔들림 없이 끝까지 보존하는 경우이다.[8] 이 경우 과거의 심리적인 상처 등으로 인해 손상받은 정보가 중심에 있기 때문이다. 이런 경우 자기 정보를 안정적으로 구축하기 위해 타협을 모르는 강력한 방어적 정보를 필요로 하게 되는 것이다. 이런 경우가 망상이 되는 것이다. 그 외 강박적인 사고나 행동, 전혀 두려워할 필요가 없는 환경에서도 확장된 공황 증상을 보이는 경우, 강한 방어적 정보, 이념과 신념, 종교, 편견, 중독, 집착, 완벽주의 등이 이러한 자기 보존적 정보의 예들이 될 수 있을 것이다. 그리고 영문 타자 자판기처럼 사회 문화적으로 한번 정해지면 비효율적이더라도 고쳐지지 못하고 고정되는 락인lock in 현상[9]과 도킨스Richard Dawkins가 말한 밈meme[10]과 같은 현상에도 이러한 정보의 보존성이 작용되고 있다.

손상정보와 삼각동맹

고차정보는 고차정보로 공명해주어야 한다. 그래야 고차정보의 결이 유지된다. 저차정보로 고차정보로 대하게 되면 고차정보는 저차정보로 붕괴하게 된다. 결이 깨어지는 것이다. 양자의 결 깨어짐의 원리와 동일하다. 그래서 인격과 생명이라는 전체적인 결에 손상을 입게 되는 것이다. 이런 정보적인 반응을 우리는 인격적인 상처라고 한다. 고차정보는 자기의 결에 손상을 받기에 그대로 있지 않는다. 인격적인 반응을 한다. 누가 날 인정해주지 않고 계속 무시하고 학대하면 가만히 있을 인격이 얼마나 있겠는가? 그 인격은 반응한다. 생명체의 결 깨어짐의 반응이다. 화를 낸다. 버림받고 외로워한다. 인정받지 못하기에 굶주림의 욕구를 심하게 내보인다. 그리고 무력하고 두려워한다. 몸속의 세포이든지 분자이든지 아니 양자까지라도 그 정보들 속에는 이러한 자기와 인격이 있어서 자기를 존중하고 인격적으로 대하지 않으면 무생물처럼 참고만 있지 못한다. 이처럼 손상받은 정보들은 좌절된 정보로서 부정적인 감정과 느낌을 발산하는 것이다. 이러한 손상정보들은 급하고 중요한 신호이기에 원래 있던 고차정보를 뒤로 밀치고 앞으로 급하게 나선다. 무엇이든 아프면, 앰뷸런스 신호처럼 가장 빨리 해결해 주어야 하는 강력한 정보가 되는 것이다.

그리고 아픔의 정보는 아주 강한 자기 보존력을 갖는다. 원래 2차정보만 강한 보존력을 갖고 3-4차 정보는 보존성이 강하지 않다고 했는데, 좌절되고 손상된 정보들이 생기면서 고차정보도 아주 급해진다. 여유를 갖지 못하고 빨리 그 손상된 부분을 방어하고 보상하려고 한다. 아프면 우선 병원에 가서 진통제라도 맞아야 하는 것처럼, 자기만을 생각하는 이기적이고 보존적인 정보가 된다. 2차정보도 문제가 있지만 손상된 고차정보는 이보다 더 많은 문제를 노출한다. 그래도 2차정보는 논리와 합리성의 질서라도 가지고 있는데, 손상된 3,4차 정보는 감정화 되어있어 강한 이기성으로 돌출하면 이를 통제하기가 쉽지 않다. 속에서 강하게 올라오는 아픔이나 충동의 감정이 바로 이러한 손상정보의 표현이다. 해결이 안 되고 더 심하게 만성화되면 정신병리와 질환으로 고착화될 수 있다.

　손상정보의 두드러진 특징은 그 손상을 방어하려는 것이다. 좌절되고 자기로서 인정받지 못한 것은 자기와 생명체로서 좌절의 아픔이다. 이를 노출하면 불안정해져서 엔트로피가 올라가고 효율적인 시스템이 되지 못하기에 이를 임시로 막기 위해 방어 시스템이 가동된다. 이것이 정신분석에서 말하는 방어기제인 것이다. 그리고 손상정보는 생명체이고 자기이기에 이를 빨리 방어하고 회복하려고 한다. 심리적인 방어 외에 가장 신속하게 방어하는 방법은 세상에 있는 것들이다. 자신의 좌절과 무력감, 욕구, 외로움, 두려움들을 방어하기 위해 세상에서 이를 보상하고 방어할 수 있는 것을 재빠르게 찾는다. 의지할 수 있는 사람, 돈, 일, 음식, 세상의 값지고 좋아 보이는 것들이 그러한 대상이 된다. 그래서 이러한 손상정보는 의식의 2차정보와 함께 세상의 대상에 강하게 집착하고 매달린다.

　2차정보는 원래부터 세상과 같은 수준의 정보로 구성되고 운영된다. 물론 의식과 세상도 다차원의 정보가 있지만, 가장 표면 위에 강하게 작동하고 있는 원리가 2차정보이다. 그래서 의식과 세상은 2차정보의 특징인 등급과 좌표로 구성되며 합리성과 경제성의 판단과 도덕성으로 운영된다. 2차정보의 가장 큰 특징이 자기보존성이라고 했다. 서로 유사한 것끼리 모여 보존되고 방어하려는 속성 때문에 의식과 세상은 강력한 동맹을 맺는다. 그런데 이를 결속시키는 더욱 강력한 힘이 필요하다. 2차정보끼리의 결합력은 다소 약해 보인다. 그래서 더욱 강한 3차정보 이상의 힘이 필요하다. 즉 강한 감정과 생명에서 나오는 강력한 힘이 필요한 것이다.

고차정보는 국소적으로 보면 저차정보보다 약해 보이지만, 그 정보의 결합방식과 용량이 훨씬 더 많기 때문에 전체적으로는 저차정보보다 강하다. 감정이 일시적으로는 사고나 의지에 조절되는 것 같지만, 결과적으로는 감정이 더 강한 힘을 발휘하는 이유이다. 결국, 2차정보는 사고이고 3차정보 이상은 감정이니 2차정보는 감정의 힘을 자기들의 편으로 끌어들이려고 할 것이다. 그런데 감정 중에도 아픈 감정 즉 손상정보는 더욱 강하다. 그래서 의식과 세상의 2차정보는 손상정보를 자기들의 편으로 끌어들여서 삼각동맹과 같은 결합을 한다. 의식의 2차정보와 3,4차의 손상정보 그리고 외부의 대상이 강력한 삼각회로를 형성하게 되는 것이다.

사람을 만나고 일을 할 때 그 속에 어떠한 좌절된 경험 즉 버림받음이나 열등감 등이 있으면 이를 보상하고 방어하기 위해 더 열심히 하고 집착하게 되는데, 그 결합력이 바로 이 삼각회로에서 나오는 것이다. 이것이 만성화되고 악순환되면 중독적 관계로 발전하게 된다. 그러나 손상정보는 방어적인 관계만으로는 원인적인 해결을 할 수 없다. 되는듯하다 또 반복적인 좌절을 경험한다. 그래서 그 손상과 상처가 더 깊어진다. 그 손상은 더 크고 강한 방어를 추구하게 되므로 결국 중독 회로로 들어가게 되는 것이다. 이 삼각회로는 거의 삶의 주인이 되어 자동적이고 맹목적인 삶의 동력을 제공한다. 과거의 상처에 매여 사는 사람들의 모습이기도 하다.

정보의 보존성이 주로 알고리즘 2차정보에서 강하게 발생하지만, 복잡성과 양자정보에서도 보존성이 없는 것은 아니다. 정보차원의 부록 표3-2에서 설명한 대로 보존성은 엔트로피의 정도에 의해 결정되는데, 엔트로피가 낮으면 보존성이 높고 반대로 높으면 보존성이 약하고 해체성이 강하다고 볼 수 있다. 알고리즘 정보는 주로 국소영역에서 낮은 엔트로피를 보이기 때문에 강한 자기보존성을 보인다. 반대로 양자정보는 국소영역에서 불확실하고 비개체적인 확률적 정보로 나타나기에 엔트로피가 높고 보존력이 낮다. 그래서 해체력이 높다. 대신 중간 영역에서는 복잡성 정보가 가장 엔트로피가 낮고 자기 조직화에 의한 정보보존이 강하게 나타난다. 그리고 광역의 전체 정보에서는 알고리즘 정보는 엔트로피가 높고 양자정보가 결맞음을 통해 아주 낮은 엔트로피와 함께 높은 정보보존력을 보인다. 이처럼 정보의 자기보존과 해체도 영역과 정보처리 방식에 따르게 나타난다. 그러나 가장 문제가 되는 것이 알고리즘 정보의 보존력이고 이에 따라 여러 병리적인 현상이 발생하기 때문에 이를 부각하여 다루는 것이다.

5. 정보의 해체성

우주의 보존력보다 우세한 해체력

정보의 보존성을 다루면서 동시에 해체성에 대해서 이미 적지 않은 설명을 하였다. 그래서 여기에서는 핵심적인 몇 가지만 부언하려고 한다. 물질은 본질적으로 자신의 형태를 유지하려고 한다. 그래서 물질이 생긴 이후로 소립자, 원자핵, 그리고 분자들이 변함없이 자신을 유지하고 있기에 우주와 만물이 비교적 일정한 형태를 유지하고 있다. 이러한 물질이 자신을 유지하는 데 가장 큰 힘이 강한 핵력이다. 원자력의 에너지가 되는 강력한 힘이다. 그리고 더 이상 분해되지 않고 일정한 궤도를 유지하게 하는 양자, 그리고 더 큰 물질을 유지하게 하는 것은 전자의 결합력이다. 그리고 더 큰 공간에서 물질을 구성하고 유지하게 하는 것은 중력이다. 사실 이 중력이 우주의 형태를 유지하게 하는 가장 거대한 힘이다. 이들을 한마디로 물질의 보존력이라고 할 수 있다. 그런데 우주는 이렇게 동일한 모습으로만 보존되고 존재하지 않는다. 더 큰 공간으로 팽창해 나간다. 그리고 늘 새롭게 반응하며 변화해 나간다. 격렬하게 운동하고 움직여 나간다.

　보존력은 움직이지 않고 안정하려고 하는 힘이기 때문에 이를 그대로 두면 우주는 가장 강력한 두 힘인 강력과 중력에 의해 축소되고 결국 블랙홀로 소멸되고 만다. 그래서 이를 반발하고 팽창하려는 힘이 있는데, 이를 한마디로 해체력이라 부를 수 있다. 강력한 원자력에서 붕괴되는 방사선 같은 약력이 있고, 결합력의 전자가 때로는 불안정하게 돌아다니며 물질을 해체시키고 새로운 복잡한 반응들을 일으키기도 한다. 더 불안정한 것은 양자이다. 양자는 작은 자극에도 쉽게 붕괴된다. 그리고 양자장은 엄청나게 불안정하여 거의 무작위적으로 반응한다. 그 외 아직 그 존재를 정확히 밝혀내지는 못하고 있지만 암흑 에너지가 팽창의 힘으로 해체력의 가장 큰 바탕을 이룬다. 이들이 합쳐져서 아인슈타인의 우주상수와 같은 해체적인 힘이 되어 우주는 팽창하고 있다.[1] 그래서 우주는 보존력과 해체력이 비슷하게 균형을 이루고 있지만 해체력이 약간 우세한 가운데 팽창하고 있다.[2]

　이러한 물질의 배후에는 에너지가 있다. 이러한 물질의 보존과 해체를 움직이는 데는 에너지 보존의 열역학 제1 법칙과 엔트로피가 증가하는 열역학 제2 법칙이 있다. 에너지의 보존법칙은 물질의 보존의 근원적인 힘이 되고 엔트로피의 증가 법칙은 해체력의 근원이 되어 결국 에너지의 법칙이 물질의 보존과 해체를 이끌고 있다. 그렇다면 이 에너지의 법칙이 우주의 궁극의 법일까? 아직까지 알려진 바로는 이 이상의 법칙이 없는 것이 사실이다. 그러나 물리학자 휠러가 말한 대로 만물의 가장 원초적인 존재로서 정보를 지목한다면, 에너지와 물질의 이러한 법칙은 결국 정보에서 나온다고 볼 수도 있다. 그래서 더 궁극적인 법칙으로 정보의 법을 지목할 수 있다. 더 근원적인 정보의 보존력과 해체력이 에너지와 물질을 그렇게 움직일 수 있다는 것이다. 정보의 보존력에 대해서는 앞서 설명하였기 때문에 여기서는 해체력을 중심으로 설명하려고 한다.

정보의 해체를 통한 확장

인간은 시공을 초월한 형이상학적인 진리를 본질적으로 추구해 왔다. 진리를 추구하는 과정을 살펴보면 먼저 자료 즉 데이터들이 있다. 이 자료들이 어떠한 형태로 모이면 정보가 된다. 그리고 이 정보들이 현실에서 타당하고 유용하게 살아남게 되면 이들을 지식이라고 말한다. 그리고 지식들이 더 오랜 시간과 더 넓은 공간 속에서 살아남으면서 더 견고한 지식의 구조물을 형성하는 데 이를 적게는 개념, 크게는 사상이나 이념 등이라고 말할 수 있다. 그리고 더 시공으로 확장이 되면 이를 진리라고 말할 수 있을 것이다. 그리고 이를 아는 것을 지혜와 혜안이라고 한다. 이를 보면 정보는 시간을 통과하면서 더 넓은 공간 속에서 수많은 반증과 저항에도 불구하고, 이를 통해 더욱 유용하고 견고한 내용으로 살아남으려고 하는 것을 볼 수 있다.

그래서 물질이나 에너지처럼 정보도 시공으로 더 넓게 확장되려고 한다. 이러한 확장과 팽창이 일어나려면, 기존의 정보보존력은 해체되어야 한다. 저차정보는 알고리즘으로 자신을 복제하는 강력한 보존력이 있다. 그런데 이 정보는 국소적인 정보이다. 더 넓은 영역으로 확장되기 위해서는 알고리즘을 해체하고 새로운 정보처리의 법인 복잡성으로 나아가야 한다. 복잡성은 알고리즘의 법으로 보면 혼돈이고 해체이다. 그러나 더 큰 영역의 정보를 찾는 방법이다. 더 많은 정보들 속에서 이를 관통하는 질서와 법을 찾아내는 새로운 정보처리의 방식인 것이다.

그래서 우리는 국소적인 진리로는 설명할 수 없는 것을 단번에 이해하는 그러한 복잡성의 정보처리 능력을 갖게 된 것이다. 이는 알고리즘의 법인 분석과 논리의 법을 해체함으로 가능한 것이다. 그리고 복잡성이라는 해체를 통해 더 큰 영역에서 유용한 질서를 찾아내는 것이다. 그런데 정보는 결코 여기에만 머물 수 없다. 더 큰 광역의 공간과 시간을 넘어선 고차적 시공으로까지 나가려고 한다. 그래서 복잡성의 정보처리를 뛰어넘는 세계로 가야 한다. 이를 위해서 복잡성의 해체성보다 더 강력한 해체성이 필요하다. 이는 뉴턴의 고전세계만으로는 불가능하다. 그래서 결국 양자의 해체력이 요구되는 것이다. 아직 양자의 본질에 대해서는 과학적으로 제대로 설명하지 못한다. 단지 여러 현상들에 대해서만 국소적으로 이해하고 활용할 뿐이다.

고차정보의 해체성

양자의 해체력에 대해서도 본질적인 이해는 현재로는 불가능하다. 이 역시 다른 양자에 대한 것처럼 그 현상들로 설명을 시도해 보는 것이다. 양자는 중첩적인 성격과 어디에서나 존재하는 비개체성과 비국소성이 해체성의 가장 큰 기본이 될 것으로 생각된다. 그러나 구체적으로 어떻게 해체력을 발휘하는지는 알 수 없다. 또 양자의 파동성이 있다. 파동은 홀로그램처럼 그 안에 무수한 조각의 파동 정보로 분해되고 해체된다. 각각의 파동 정보들이 중첩되면서 다시 새로운 정보를 만들어 간다. 그리고 양자의 불안정성이 기존의 정보들에게 해체성을 안겨 줄 수 있다. 무수한 양자들이 거시세계의 전자와 분자들에 의해서 붕괴되면서 기존의 정보들이 불안정하게 해체될 수 있다. 또한, 양자는 양자장을 이루며 무작위에 가까운 양자정보를 발생시키며 그 계를 해체할 수 있다. 양자의 터널과 얽힘도 국소성을 해체하고 확장되는 강력한 해체력이 된다. 역시간적 해체도 가능하기에, 양자의 해체력은 시공을 걸쳐 작용한다. 이에 대한 자세한 설명은 11장을 참고하기 바란다.

복잡성도 혼돈을 통해 더 큰 정보의 유용성을 찾아 나가듯 양자도 이러한 다양하고 강력한 해체를 통해 더 큰 공간과 시간으로 확장해 나간다. 국소적으로 해체됨으로 오히려 더 큰 영역의 정보를 아우를 수 있는 조건이 되는 것이다. 인지적으로도 작은 생각들을 해체하고 내려놓음으로 더 큰 세계를 볼 수 있는 것처럼 양자도 해체를 통해 광역의 세계의 결로 나아갈 수 있다. 불교에서 공空과 무아無我의 해체를 통해 큰 해탈의 세계로 나가는 것과 유사하다. 불교와 동양철학의 해체력에 대해서는 마지막 12장을 참고하기 바란다. 양자에서는 알고리즘의 국소성이나 복잡성의 확장과 비교할 수 없을 정도의 큰 영역에서 하나의 통일성을 갖는다. 이는 실제적으로 양자의 결맞음, 얽힘과 터널 현상 등의 물리적 작용과 연관될 것으로 유추해 볼 수 있다. 그런데 이런 양자의 통합적인 현상은 복잡성에서와는 다르다. 복잡성은 고전역학에 속하지만, 양자는 고전역학에 속하지 않기 때문이다. 양자정보의 가장 큰 특징은 중첩성이다. 그래서 그 통합성도 중첩적이다. 해체적이면서도 보존적인 성향을 동시적으로 갖는 그러한 중첩적인 통합성인 것이다. 양자의 중첩성과 불확정성 등으로 인해 양자정보에 의한 정신 현상은 모호하고 중첩적이고 비개체적일 수밖에 없다. 이러한 양자정보의 정신 현상의 특징은 바로 양자의 물리적 특성에서 나오는 것이라고 보아야 한다. 양자적 정신 현상의 가장 뚜렷한 특징은 이처럼 모호하고 중첩적이면서 전체적이라는 것이다.

양자의 정신 현상의 또 다른 예로서 인격과 자기라는 개념을 들 수 있다. 인격 속에는 여러 내용들이 있다. 내성적일 수도 있고 내향적일 수 있다. 같이 알고리즘으로는 공존할 수 없지만 이를 한 인격의 정체성으로 받아들일 수 있다. 우리라는 개념, 민족이라는 공동체에 대한 느낌과 인지도 비슷한 양상을 보인다. 한민족이라는 전체성과 정체성, 일본과 중국과 다른 어떠한 정체성 등은 복잡성만의 정보로만 느낄 수 없는 더 큰 여운과 배경을 갖는다. 그리고 전체를 이해하고 받아들이는 여러 인지적인 정보에도 관여된다. 전체를 이해하고 전 인격을 받아들여야 가능한 여러 인지 기능들이 있다. 부분적인 이해를 넘어서서 전인격을 이해하고 수용하는 용서, 사랑, 공감, 공명, 감동 등이 이에 해당한다. 이는 전체를 이해하고 더 큰 하나로 되어가는 그런 큰 정보인 것이다. 이러한 정보들이 양자의 광역 정보대에서 나오는 것으로 생각된다.

또 다른 양자정보의 예들로서 예술과 영성의 세계를 들 수 있다. 알고리즘은 분석적이고 판단적이다. 복잡성은 이러한 다양한 정보를 하나로 이해하는 과정의 정보이다. 그런데 예술은 미학적 느낌은 이를 넘어선다. 그림이나 음악의 배후에 있는 뭔가를 하나의 아름다움으로 느낀다. 그 속에 숨어있는 빛과 색조, 리듬과 컬러 그리고 그 배경에 있는 예술가의 마음과 정서 그리고 기운 등을 공감하고 감동을 받는다. 이를 이차적인 정보의 언어로는 표현하기 어렵다. 정서도 넘어서는 묘한 세계이다. 시적인 묘한 언어나 어떠한 분위기로 공감되면서 전달되는 그러한 세계이다. 이 속에도 분명 정보가 있기에 우리는 전달하고 이를 받아드린다. 이럴 때 사용되는 정보가 바로 양자 정보라는 것이다. 이를 아직 과학적으로 증명할 수는 없지만, 양자의 성격이 이런 정보의 내용을 설명하는데 가장 적합하기에 이를 양자와 연결시켜 볼 수 있는 것이다.

또한, 영성도 예술의 세계와 비슷하다. 영성의 섬세하고 묘하고 중첩적이고 전체적인 면, 그리고 인간의 사고를 해체하게 하면서 또 새로운 하나로 느끼게 하는 그러한 영성의 세계를 가장 잘 표현할 수 있는 정보가 바로 양자적이라는 것이다. 이러한 예술과 영성의 가장 큰 특징은 해체성이다. 인간의 정보를 해체하지 않고는 경험할 수 없는 세계이기 때문이다. 그러나 그 속은 무無나 공空이 아니고 그 안에 하나로 만나게 하는 큰 하나의 세계가 있는 것이다. 그리고 철학에서 말하는 존재의 세계도 양자정보가 관여할 것으로 유추된다. 하이데거의 존재론과 양자의 유사성에 대한 연구들이 있는데(8, 11장 참고), 충분히 가능한 연구로 생각된다. 또한, 현대철학의 해체론과 동양사상의 해체와 하나로의 만남 등 역시 양자적인 해체와 결맞음과 연관될 것으로 기대해 볼 수 있다.(11, 12장 참고) 이러한 다양한 차원의 정보와 정신적인 차원에 대해서는 정보의 차원성에 제시한 여러 표에 정리해두었으니 참고하기 바란다.

6. 정보이론으로 본 정신병리

정신분석과 뇌과학의 통합

정신의학은 프로이드의 정신분석 이론을 기초로 해서 발전되었다. 그러나 의학과 뇌과학이 발달함에 따라 정신질환을 점차 뇌의 구조와 기능에 이상이 있는 것으로 이해하기 시작했다. 그 결과 대부분의 환자에게 약물치료를 시행한다. 그래서 정신질환은 지금도 정신분석에 기반을 둔 정신치료와 뇌과학에 기초한 약물치료를 병행하며 치료한다. 정신분석은 인문학에 기반을 둔 학문이고 뇌과학은 자연과학에 기초한 학문이다. 아직까지 두 학문에서 통합적인 공통점을 찾기가 어려웠다. 그래서 의사들은 한 환자를 두고 전혀 다른 개념으로 접근하고 치료한다. 이것이 잘못된 것은 아니지만, 환자의 병리를 하나로 보고 치료하는 것보다 효율성이 떨어지는 것은 사실이다. 사실 프로이드도 처음에는 생물학과 물리학에 기초하여 정신과 정신질환을 이해하려고 노력하였으나, 당시의 과학의 수준으로는 뇌와 정신질환을 제대로 설명할 수가 없어 인문학적인 정신분석으로 전환할 수밖에 없었다.[1] 그러나 이제는 이를 설명할 만큼 과학이 발전하였다. 그럼에도 학문이란 정보보존력과 록인 현상으로 인해 쉽게 변화되지 않고 있다. 그러나 이러한 통합적인 이해를 시도하는 노력이 없는 것은 아니다. 그중에 가장 가능한 길이 신경망 이론과 정보이론에 입각한 정신병리적 이해라고 생각된다.[2] 이제 이를 설명하면서 특별히 정보이론의 실제적인 가능성과 유용성을 확인해 보려고 한다.

정신의 본질이 무엇인지는 아직 잘 모르지만, 현상적으로는 뇌에서 정보처리가 있기에 발생하는 것은 누구도 부인하지 못할 것이다. 그래서 정신적인 증상과 장애는 결국 정상적인 뇌의 정보처리에 문제가 있는 것으로 보는 것이 자연스럽다. 그렇다면 먼저 정상적인 정보처리가 무엇인지를 알아야 한다. 이것을 아는 것 자체도 역시 쉬운 일은 아니다. 많은 경우 뇌의 구조와 그 회로에 기반을 둔 정보처리와 그 이상에 대해 연구하고 있다. 정상적인 사고와 정서 그리고 행동을 조절하는 뇌 구조가 무엇이고 그 회로에 의한 정보처리가 정상적으로 이렇게 되어야 하는데, 정신 장애에서는 그것들에 이상이 있어서 발생한다고 이해한다. 이러한 연구는 뇌과학으로는 의미가 있지만, 실제적으로 환자를 이해하고 치료하는데 큰 도움을 주지는 못한다. 전통적인 정신분석 이론(물론 프로이드의 이론만을 의미하는 것은 아니다)과 연결될 수 있는 그러한 뇌과학적 이해가 필요하다.

신경면역학

나는 이를 위해서 이 책에서 제시한 정보처리 이론과 함께 신경면역학 neuroimmunolgy이란 새로운 개념을 도입하여 설명해 보려고 한다. 이 글에서 제시하는 신경면역학은 기존에 있는 정신면역학이나 신경면역학과는 다소 다른 개념이다.[3] 뇌는 외계의 정보를 받아 처리하는데 특화된 기관이다. 개체가 적응하고 생존하는데 외계의 모든 정보가 다 필요한 것은 아니다. 우선 눈앞에 일어나는 급한 일부터 처리해야 한다. 그리고 신속하고 정확해야 한다. 바로 그러한 정보는 알고리즘 정보이다. 그리고 동일한 배경정보가 아니라 새로운 변화를 의미하는 삽화적episodic 사건 정보이어야 한다. 알고리즘과 삽화 사건은 서술 가능한 인과적 정보이다. 앞 장의 표3-4의 알고리즘 정보처리의 인지 내용에 해당하는 정보들이다.

이러한 정보를 외부exogenous정보라 부를 수 있다. 이 정보는 뇌에서 해당 피질을 통해 '무엇what'의 회로인 측두엽 쪽으로 간다. 물론 '어디where' 정보는 두정엽 쪽으로 간다.[4] 그중에서 새로운 알고리즘 정보는 내측두엽medial temporal lobe을 통해 해마hippocampus로 간다. 삽화적인 모든 기억 정보는 해마를 통해서 형성된다.[5] 그러나 해마는 기억의 내용을 저장하는 것은 아니다. 기억의 내용은 피질에 저장된다. 해마는 기억의 내용에 접근할 수 있는 어떤 코드 즉 색인index을 만들어 이를 통해 내용을 저장하고 인출한다. 이는 어떤 형태pattern의 부분적인 구조를 말하며 이 구조를 통해 내용 전체의 형태를 찾아 기억을 완성시킨다.[6] 색인의 구조는 결국 파동적인 형태로 나타나며 전체 형태와 열역학적으로 안정적인 관계를 찾는 공명현상을 이용한다.[7] 전체 정보의 내용은 복합파로 나타나나 해마는 아직 확인된 바는 없지만, 복합파를 푸리에 변형Fourier transform과 같은 알고리즘을 사용하여 각각의 파동으로서 전체 정보와의 공명을 찾아낼 수 있을 것이다.

이러한 색인 작업은 마치 면역계에서 이물질이 들어왔을 때, 면역세포들이 물질을 분석하는 작업과 유사하다. 왜 외부정보를 이물질처럼 경계해야 하는가? 이를 답하기 전에 왜 신체는 면역계가 그토록 예민하게 작동하여야 하는가를 알 필요가 있다. 모든 물질이 비슷한데 왜 자기 물질이 따로 있어야 하는가? 좀 관대하면 안 되는가? 너무 비효율적인 낭비가 아닌가? 사실 신체 면역계가 그토록 예민한 것은 물질 자체의 문제로 보기보다는 생물체의 전체적인 자기 전일성全一性을 유지하려는 관점에서 보아야 한다. 이상한 물질이 조금 들어온다고 사실 큰 문제는 아니다. 충분히 이를 해결할 수 있는 생체 능력이 있다. 임신 중에는 아이의 모든 물질에 대해 면역반응이 안 일어난다. 그 이유는 아기와 어머니 사이에는 자기의 침투성이 일어나지 않고 오히려 하나로 인식하기 때문이다. 장기를 이식해도 사실 큰 문제가 없다. 문제가 있다면 오히려 너무 예민한 면역반응이다. 문제가 되는 것은 분자들이 아니라 이를 통해서 자기의 전일성을 상실하거나 방해받을지 모른다는 우려 때문이다. 작은 수이나 이 물질들이 복제를 해나가며 자기의 전일성을 침해하고 장애를 줄 수 있기 때문이다. 특히 병원균에 예민한 것도 병원균이 증식하여 전체의 조절과 전일성을 방해하고 침해하기 때문이다. 알러지나 자가면역autoimmune과 같은 면역질환도 결국 분자들의 문제라기보다는 자기의 전일성에 대한 반응으로 보아야 한다.

결국, 면역계는 분자의 문제가 아니라 자기 보호와 방어수준의 문제인 것이다. 그런데 면역계의 자기는 결정되어 있지 않다. 마치 환율이 계속 자동으로 변경되듯이 자기와 비자기의 경계도 복잡계의 통계를 통해 안정되지 않고 자기의 상태에 따라 변동된다.[8] 같은 문제가 바로 뇌의 정보에서도 발생한다. 왜 뇌가 외부정보를 항원으로 인식해야 하는가? 바로 그 정보가 내부 endogenous정보를 교란하고 증식하여 내부자기를 누르고 새로운 자기로 혼돈을 줄 수 있기 때문인 것이다. 즉 자기 정체성의 혼돈을 일으킬 수 있는 정보를 미리 차단하는 것이다. 청소년 심의 위원들이 아동들에게 유해한 정보나 영상을 미리 심사하고 분류하는 것과 비슷하다. 특히 외부정보는 강력한 알고리즘 정보이고 외부 세계를 움직이는 강력한 힘을 가지고 있다. 그리고 알고리즘 정보는 높은 수준의 에너지를 가지고 있어서 자기 내부정보에 심각한 영향을 줄 수 있다. 특히 아직 자기의 정보가 충분히 형성되지 않은 성장기의 아이들에게는 더욱 심각한 영향을 줄 수 있는 것이다.

뇌의 내부 자기정보

그렇다면 뇌 속에 있는 자기 내부의 정보는 무엇을 말하는가? 신체의 자기처럼 이미 형성되어 있는 것인가? 사실 신체의 자기와 비자기의 구분은 확실하지도 않다. 뇌의 자기와 비자기는 더욱더 혼돈된다. 일반적으로 자기는 비자기 대상을 통해 인식되고 형성된다고 했다. 이것이 대상관계이론과 자기심리학에서 자기의 형성하는데 가장 핵심적인 내용이다.[9] 자기란 어떠한 정보의 내용과 구조를 의미하는 것이 아니다. 이는 정보처리의 방식을 의미하는 것으로 보아야 한다.

정보의 차원에는 어떠한 일생이 있다고 했다.(3장 정보의 차원 표3-1 참고) 정보는 생물처럼 태어나서 일생을 보내고 소멸한다. 정보는 고차인 양자에서 태어나서 점점 저차정보로 변해간다고 했다. 인간의 가장 원초적인 자기가 태어날 때 형성되는 것처럼, 가장 원초적인 자기는 양자에서 태어나는 고차정보를 의미한다. 또한, 양자는 가장 큰 전체성을 갖기에 가장 본질적이고 전체적인 자기를 형성한다. 이 정보가 인격이 되고 생명이 된다. 그 구체적인 내용은 잘 모르지만 우리는 이를 자기의 정보 즉 가장 본질적인 내부의 정보로 인식하는 것이다. 이 양자정보는 몸과 뇌 그리고 유전자와 세포 등 양자가 활동하는 어느 곳에서든 발생하고 태어난다.

여기서는 뇌에 대해 이야기하고 있기 때문에 뇌의 내적 정보에 국한하여 뇌의 내부정보 즉 양자정보가 어디에서 나오는지를 알아보자. 해머로프 Stuart Hameroff는 뉴런의 미세소관microtubule이 양자정보가 나오는 가장 가능한 소기관이라고 했다.[10] 그러므로 뇌의 내부정보는 신경세포 내부에 있다고 볼 수 있다. 외부의 학습과 기억 정보는 뉴런의 시냅스나 막을 통해서 전달되고 교류된다. 그리고 뉴런의 내부 양자정보가 붕괴되면 이는 시냅스를 통해서 전달되고 외부정보와 신경망을 통해 정보처리로 들어간다. 결국, 외부와 내부정보가 만나는 지점은 뇌의 신경망인 것이다. 이를 중간meso정보라고 부를 수 있다. 이 중간 정보처리는 신경면역의 개념으로 보면 항원과 항체의 면역반응으로 볼 수 있으며, 정신분석의 개념으로 보면 각종 방어역동이 형성되는 과정으로 볼 수 있을 것이다. 이제부터 신경면역에 대해서 좀 더 구체적으로 생각해 보자.

신경의 자기는 양자정보에서 시작한다. 물론 모든 정보가 자기가 될 수 있다. 정보는 구조적인 자기를 형성하고 자기 보존력을 갖는다고 했다. 그러므로 모든 정보는 양자이든 복잡성이든 알고리즘이든 자기성을 갖는다. 그 중에 알고리즘이 가장 경력한 자기를 형성한다고 했다. 그렇지만 그 자기성의 영역과 성격은 각기 다르다. 양자는 전체적이고 광역의 정보를 형성한다. 그래서 정보도 전체적이고 본질적인 자기를 형성한다. 그리고 복잡성은 그 다음 중간계의 자기성을 형성하고 알고리즘은 국소적인 자기성을 형성한다. 그러므로 양자적 자기는 가장 근본이 되는 인격적이고 생물 전체적인 자기가 된다. 이는 융Carl Gustav Jung이 말한 자기 self[11]나 코헛Heinz Kohut이 자기 심리학에서, 자기대상self object의 공감을 통해 발달된 건강한 자기나 참자기라고 볼 수 있다.[12] 그리고 정보이론적으로 보면 정보의 뿌리를 형성하는 자기라고 볼 수 있을 것이다. 이를 속자기라고 할 수 있고 알고리즘 정보는 세상과 관계되는 겉자기를, 중간정보는 속자기와 겉자기를 연결시키는 중中자기를 각각 형성한다. 그리고 그 영역과 깊이는 앞서 말한 대로 정보의 성격에 따라 각기 다를 수밖에 없다. 그래서 정보는 하나의 나무를 이룬다고 볼 수 있다. 이를 정보나무tree of information라고 부를 수 있는데, 양자정보는 뿌리가 되고 복잡성의 정보는 주요줄기를 형성하고 알고리즘 정보는 잎이나 열매 등이라고 말할 수 있을 것이다.(3장의 표3-1 참고)

내적 중심정보

뇌의 건강한 정보는 이러한 나무의 형태를 갖추어야 한다. 양자의 내부정보가 뿌리를 튼튼하게 형성하고 그 위에 복잡성과 알고리즘의 외부정보가 형성되는 것이 건강한 정신 상태라고 볼 수 있다. 건강한 참자기를 기반으로 복잡성의 정보의 줄기와 가지 위에 알고리즘의 정보가 잘 발달되는 것이 건강한 정신세계라는 것이다. 이를 내적 중심정보endo centered information라고 부를 수 있다. 이 정보의 나무는 참자기가 중심이 되어있어 안정감과 자신감을 가지며 정보차원의 균형감을 이루며 질적인 면을 중시한다. 그리고 자율적이고 창의적인 사고와 함께 정서와 공감이 풍부하다. 문제에 직면하며 이를 스스로 풀어나가는 능력을 보이며 인간관계에서도 갈등을 원만하게 풀어 상생적인 협력을 이루어 나갈 수 있다.[13]

그런데 문제는 대부분 이러한 건강한 정보체계를 갖지 못한다는 것이다. 그 이유는 성장기에 외부exo 정보와 내부endo 정보의 조절이 잘 되지 못하기 때문이다. 어려서는 뇌가 발달하지 못한 탓에 외부정보가 많이 들어올 수가 없다. 주로 내부정보에 의존해서 뇌가 성장하고 정보망이 형성되어 간다. 내부정보는 주로 양자에서 시작한다. 양자는 전체적인 결을 가지면서 자기라는 전일성을 갖는다. 그래서 이 양자정보가 뿌리로서 잘 발달하기 위해서는 자기에 대한 보살핌과 지지와 공감이 필요하다. 이를 건강한 자기대상 selfobject 관계와 모성적인 사랑이라 한다. 이를 통해서 자기가 형성된다. 이러한 자기 형성을 자기결집coherence이라고 하는데,[14] 공교롭게도 양자의 결coherence과 같은 용어와 개념이다. 결코, 우연한 일치라고 생각하지 않는다.

　이 시기에는 외부의 알고리즘 정보가 아닌 고차정보가 필요하다. 사랑, 공감, 지지, 신뢰 등을 전체적인 고차정보라고 하였다. 코헛은 이를 구체적으로 거울, 쌍둥이, 이상화 자기대상의 반응으로 표현하였다.[14] 이러한 정보를 통해서 건강한 자기가 형성되는 것이다. 이를 통해서 뉴런은 급속도로 발육하게 된다. 그래서 아이는 외계정보를 알고리즘이 아닌 복잡성 정보로 그대로 인식하고 학습한다. 대표적인 예가 아이들의 모국어 언어 습득이다. 성인들이 문법 중심의 알고리즘 학습법으로 배우는 제2 외국어와는 아주 다른 학습법이다. 이때도 외계정보가 습득되지만, 정보 나무의 성장에 따라 알고리즘이 아닌 방식으로 자연스럽게 습득된다.[15] 이때 언어를 습득하게 하는 선험적인 구조는 양자의 고차정보에서 나오는 것으로 생각된다.

　그런데 이때 내부정보의 발육이 저해되고 지나친 외부정보의 주입이 있게 되면 문제가 생긴다. 즉 충분한 모성의 보살핌과 공감 등의 외적인 고차정보가 결여된 채 지나친 교육을 통해 저차적인 외부정보가 과도하게 입력되면 자연적인 정보나무의 성장은 멈추게 되고 외부정보의 이식과 기생에 의해 기형적인 정보나무가 형성된다. 이때 또 문제가 되는 것은 성장기가 되면 외부정보를 더 효율적으로 학습하기 위해 뉴런의 줄기들의 가지치기prunning가 필요한데, 이것이 시기적으로 너무 일찍 일어나거나 너무 많이 치게 되면서 적지 않은 문제가 생길 수 있다. 아직 뉴런의 가지치기에 대한 기전과 정확한 이유는 잘 모른다. 특별히 조현병(정신분열병) schizophrenia의 원인 중에 하나가 지나친 가지치기로 알려져 있기 때문에, 성장기의 가지치기는 정신병리의 발생과 아주 밀접한 연관성을 가진다.[16] 자연적 정보나무의 성장이 충분하면 외부정보에 대해 신경면역 반응이 줄어들 수 있다. 외부정보가 해마에서 색인으로 분석될 때, 기존의 정보 속에 충분히 수용될 수 있으면 신경은 항체 반응을 보이지 않을 수 있다. 그러나 내적 나무가 충분히 성장하지 못한 경우에는 자기의 전일성을 지키기 위해 신경이 지나치게 외부정보에 대해 항체 반응을 보일 수 있는 것이다.

외적 중심정보

내적 정보가 충분히 자라지 못하면 내적인 저항과 방어가 잘 형성되지 못한다. 이 기회를 틈타 외적 정보는 자신의 강한 에너지와 보존성으로 마치 바이러스의 감염처럼 기존 정보나무에 이식되고 기생하여 자기를 강하게 복제하고 보존해 나간다. 그리고 스스로 자기와 유사한 정보들을 계속 수용하고 받아들임으로써 자기 증식과 보존을 강화해나간다. 이는 내적인 돌봄이 부족한 채 외적인 교육만을 일방적으로 주입하는 그러한 경우이다. 이렇게 되면 아이는 자기의 내적 정보의 뿌리는 자라나지 못하고 외부의 주입된 기생 정보의 번식만으로 살아가게 된다.

그러나 아이가 계속 이런 식으로 성장하게 되면 자연 정보나무는 거의 고사하게 된다. 이식과 기생된 외부 정보로만 채워져 아이 속에는 고차정보가 고갈된다. 그저 시키는 대로 작동되는 알고리즘 학생으로 자라나게 된다. 이런 아이는 뇌가 알고리즘에 의해 효율적으로 작동하기에 흔히 어른스럽고 착한 모범생이라고들 하여 부모들이 더 반길 수 있다. 자기 스스로 삶이 아니라 부모와 사회가 만들어준 자기를 모방하며 사는 인생이 된다. 라캉이 말한 타자의 삶이다.[17] 그렇지만 우리가 잘 아는 대로 이런 아이는 성장하면서 문제가 생기기 시작한다. 아무리 외부정보가 강하게 자리 잡아가더라도 내부정보를 완전히 장악할 수 없기 때문이다. 외부정보로만 채워지면 알고리즘적인 사람으로 살면 된다. 그런데 이렇게만 되지 않기 때문에 문제가 생기는 것이다.

알고리즘과 복잡성 정보가 아무리 강해도 양자정보가 완전히 닫히거나 소멸될 수는 없다. 아무리 양자의 뿌리가 약하고 알고리즘 정보가 강해도 외적 정보로만 살아갈 수 없는 것이 인간의 본질인 것이다. 그것은 양자는 생명과 인격을 형성하는 본질이기 때문이다. 그렇다고 양자는 억압되고 눌린 상태로 얌전히 지낼 수도 없다. 생명과 인격은 방해와 억압을 받게 되면 자신의 상태를 알리고 도움을 받기 위해 강한 반응을 하게 되어있다. 생명과 인격을 그 어떤 것으로도 대신할 수 없기 때문이다. 처음에는 강한 힘에 의해 억압되고 학대받는 것 같지만, 언젠가는 양자의 생명과 인격은 반발하게 된다. 그 반응이 곧 반생명과 반자기의 증상들이다. 반생명과 반자기는 생명인 자신을 버리고 파괴하는 그런 힘이 된다. 그리고 이것이 정신병리의 기초가 된다.

정신병리의 발생

정신분석에서는 정신병리를 병적 방어라고 한다. 내적 정보 속에 있는 자기와 생명이 자기를 방어하는데, 이를 정상적인 방법으로는 할 수 없기 때문에, 어떠한 병적인 면역정보의 형태로 방어한다는 것이다. 이제 그 예들을 생각해 보자. 먼저 가장 현저한 경우로서 조현병의 망상이다. 조현병에 대한 정신분석적 원인과 뇌과학적인 원인에 대해서는 이미 많이 연구되어 있다. 그러나 이는 앞서 말한 대로 서로 평행선을 이루면서 아직 제대로 된 상호 소통을 못 하고 있다. 그래도 가장 가능한 소통의 길이 열리고 있는데 이것이 신경망 이론이다. 그래서 이를 먼저 간단히 소개하려고 한다.

신경망 이론에서 핵심을 이루는 부분은 해마이다. 해마는 현실의 정보가 들어가는 문의 역할을 한다. 현실의 정보를 기존 정보와 연결시키는 작업을 한다. 그런데 조현병에서는 해마가 제대로 기능을 하지 못한다.[18] 현실을 그대로 보지 않고 자기의 정보와 과잉적인 연결을 하거나 이를 합리적으로 잘 조절하지 못하는 것이다. 현실의 정보를 감당할 수준 이상으로 요구될 때 이를 잘 처리하지 못한다. 그리고 현실정보를 신경망으로 잘 조율하지 못해 국소적인 기생 신경망 끌개parasitic attractor가 많이 생겨 망상 같은 비현실적인 사고가 생긴다.[19] 그리고 지나친 가지치기가 한 원인이기도 하고 이를 조절하는 도파민dopamine의 과잉이 원인이 되기도 한다. 그리고 이를 다시 조절하는 더 큰 영역의 신경망이 잘 작동하지 않아 국소적인 망상이 전체의 사고 체계로 자리 잡게 된다. 그래서 전체 신경망 연결이 부조화를 이루게 된다. 이를 연결망 장애disconnection syndrome라 한다.[20]

신경망 이론이 다른 뇌과학적 연구에 비해 상당히 역동적이지만, 충분한 만큼의 정신 역동적 이해와 연결되지는 못한다. 그러나 신경면역 이론에서는 정신역동과의 연결점을 찾을 수 있다. 신경면역 이론도 신경망의 정보이론에 근거한 것이다. 그러나 모든 정보를 같은 차원으로 보지 않고 외부와 내부 혹은 저차와 고차정보로 구분한다. 그리고 각 정보들을 갈등적 관계로 이해한다. 즉 내부의 고차정보가 충분히 성숙되기 전에 외부의 저차정보가 너무 많이 유입되고 증식함으로 내부의 고차정보가 억압되고 소멸 상태에 있다가 나름대로 병적인 방어체계를 보이는 것이 정신병리로 나타나는 것으로 보는 것이다. 병리는 비정상적인 정보 항체를 형성하거나 실제의 신체적 항체를 형성하여 현실의 외부정보가 들어오는 곳을 공격하고 자기정보를 보존하려고 하는데서 발생하는 것이다. 그래서 정신병리는 모두 현실정보가 입력되어 처리되는 뇌의 구조와 기능에서 발생되는 것이다. 예를 들어 측두엽, 해마, 시상, 전대상 피질과 전전두엽 등이 바로 그러한 구조에 해당한다.[21]

망상은 현실정보가 그대로 들어오는 것을 차단한다. 피해망상은 그 표현대로 외부의 모든 정보가 자기에게 피해를 주기 때문에 기피하고 차단한다. 관계망상 역시 자기와 직접 관계가 없는 것들이 자기와 관계가 있다고 생각하면서 결국 현실을 회피하게 한다. 외부의 현실을 차단하고 왜곡하며 자기만의 병적인 사고 체계에 갇힌다. 이는 자기의 내부정보를 보호하려는 병적인 방어기제인 것이다. 그렇다고 진정하게 자기를 보호하지도 못한다. 반생명과 반자기의 힘과 가세하여 자기를 괴롭히고 학대하는 파괴적인 증상도 내보인다. 현실을 차단하면서 자기를 괴롭히는 대표적인 증상이 피해망상인 것이다. 이러한 모든 것이 신경면역의 방어망에 의해 발생된다. 그리고 정보적 방어만을 하는 것이 아니라 이러한 신경면역은 신체면역과 동일 선상에 있기에, 실제로 항체를 형성하여 현실정보가 영향을 미치는 곳을 공격하여 그곳의 세포에 손상을 입힌다. 그래서 조현병에서 해마와 전전두엽 등 실제로 여러 구조물에 손상이 일어나고 있으며 면역의 염증반응이 그 원인이라고 생각하고 있다. 그래서 최근 정신질환을 비롯한 뇌질환에 대한 면역질환의 연구가 증가하고 있다.[22]

중간 중심정보

정신병적 이상을 보이는 경우는 내부정보와 외부정보의 균형이 심하게 무너진 경우이다. 즉 내부정보의 뿌리가 아주 약한 것에 비해 외부정보가 너무 강하게 작용하는 경우이다. 이를 외부 중심정보exo centered information 체계라 할 수 있다. 그러나 보통의 경우는 외부정보와 내부정보가 적당하게 균형을 이룬다. 제일 먼저 언급한 내부중심의 정보가 가장 건강하고 이상적인 정보나무라고 했지만, 그것보다는 못하지만 나름대로 두 정보가 팽팽하게 균형을 이루고 있는 경우가 있는데, 이를 중간 중심정보meso centered information 체계라 할 수 있다. 이는 두 정보가 균형을 이루지만, 서로 소통이나 통합적인 관계를 이루지는 못하고 있다. 소통과 통합을 이루는 것은 내적 중심정보에서만 그렇다. 그래서 두 정보 간에 늘 긴장과 갈등적인 관계로서 시소처럼 리듬적인 균형으로 지탱해가는 것이다. 외부정보가 강하게 요구되지만 이를 나름대로 잘 수행해간다. 그리고 현실을 객관적으로 알고리즘에 의해 잘 수용하고 판단한다.

그러나 내부의 정보망과 잘 연결이 되지는 못하는 것이 문제이다. 내부의 신경망은 아주 약하지는 않지만, 외부의 신경망을 이겨낼 만큼 견고하지는 않다. 그래서 낮에 일 할 때는 외부의 알고리즘 정보가 지배하는 삶을 산다. 일반적으로 세상과 사회에서 요구하는 알고리즘적 조직과 합리적 정보의 등급과 계산 안에서 사는 것이다. 그렇지만 늘 요구되고 해야 하는 압박과 스트레스 속에 있다. 그 속에서 쌓이는 스트레스는 저녁이나 주말에 다른 방식으로 푼다. 그때가 되면 내면의 정보가 중심이 된다. 낮과 반대의 삶을 사는 것이다. 이를 흔히 스트레스를 푸는 직장인들의 모습에서 찾을 수 있다. 그러나 늘 이런 식으로 균형이 유지될 수는 없다. 스트레스를 푸는 방식도 결코 건강하지 않다. 내면적 정보를 위로하고 돌보는 방식으로 다시 세상의 외부정보를 이용한다. 술이나 게임이나 드라마 혹은 일 등의 중독으로 자기의 스트레스를 풀려고 하는 것이다. 그러다 보니 다시 스트레스가 쌓여 결국 그 균형은 외부정보 쪽으로 기울게 된다.

외부정보로 오랫동안 기울게 되면 내부정보는 자기를 면역적으로 방어하기 위해 역시 병적인 방어 상태를 만든다. 이것이 주로 보는 신경증적neurotic 정신병리라고 볼 수 있다. 흔히 보는 공황장애를 먼저 생각해 보자. 공황장애의 경우 내부정보가 약한 가운데 외부정보를 열심히 추종하다 생기는 병이다. 그래서 내부의 자기와 생명의 정보가 심한 공황 반응을 보이는 것이다. 공황은 실제적으로는 두려움과 별로 상관없는 상황에서도 일어난다. 운전 중이나 엘리베이터, 터널 등에서 일어난다. 이는 결국 현실의 정보를 차단하는 신경면역의 방어 증상인 것이다. 우울장애도 그렇다. 너무 심하게 긴장하고 완벽하게 자기를 조절하다가 지쳐서 병이 발생하는 것이다. 결국, 우울을 통해 현실의 정보를 차단하는 방어벽을 치는 것이다. 그리고 외상후 스트레스 장애 post traumatic stress disorder PTSD도 외상 후 외상과 직접 관계가 없이 약간의 외상의 흔적만으로도 현실정보를 차단하기 위해 과거의 외상을 반복회상하거나 멍해지는 등의 반응을 보인다. 이 역시 이를 통해 현실의 외부정보를 차단하기 위한 것으로 볼 수 있다.

강박 장애의 경우는 다소 특별하다. 강박은 오히려 외부의 알고리즘 정보를 병적으로 반복하는 증상이다. 이를 통해 오히려 엔트로피의 안정을 줄 수 있다. 그러나 이는 알고리즘 정보를 반복하는 것만이 아니라 이를 통해서 새로운 외부정보를 차단하는 효과를 갖는다. 그래서 이 역시 현실정보를 방어하는 결과를 얻게 되는 것이다. 치매의 경우, 뇌혈관 질환이나 알츠하이머

질환처럼 기질적인 원인이 대부분이다. 그러나 결과가 기질적으로 나타난다고 해서 모두를 기질적인 원인으로만 볼 수는 없다. 더 근원적인 원인으로서 신경면역 질환의 가능성을 충분히 생각해 볼 수 있다. 치매도 장기간 외적 정보에 의해 내적정보가 억압되었다가 신경면역에 의해 현실의 정보를 차단하기 위해 실제 면역계의 항체반응을 이용할 수도 있다. 그래서 치매도 신경면역 질환의 연장으로 볼 수도 있는 것이다.

정신질환의 통합적 이해

정신병리의 모습과 그 기전은 다양하지만, 목적은 동일하다. 내적인 고차 정보를 보호하고 이를 방해하는 외적인 저차정보를 차단하는데, 그 목적이 있다고 보아야 한다. 그래서 정신병리는 공통적으로 현실의 정보를 얻는데 장애를 보이는 것이다. 현실의 외적 정보를 항원으로 보는 신경면역 반응 때문에 생기는 현상인 것이다. 지금까지 말한 뇌 정보의 세 종류의 유형과 신경면역학적 특징에 대해서 표6-1와 6-2에 정리해 놓았다.

그렇다면 정보이론에 입각한 신경면역적 이해가 치료에는 어떤 도움을 줄 수 있을까? 신경면역이나 정보이론을 도입한다고 특별한 치료가 가능한 것은 아니다. 기존의 치료를 더욱 통합적으로 확실한 이해와 신념을 가지고 할 수 있다는 것이다. 약물치료도 신경망적으로 이해할 수 있다. 외부정보의 신경망을 푼다든지 면역신경의 과잉된 반응을 늦춘다든지 또한 내부정보의 신경망을 강화하는 약물을 쓴다든지 하는 식으로 약물을 더욱 신경면역과 정보 및 신경망적으로 이해하고 사용한다면 더욱 효과적일 수 있다는 것이다. 이러한 치료의 예측과 결과를 뇌파와 같은 신경망 변수나 영상 등으로 알아

볼 수 있을 것이다. 그리고 정신치료에 있어서도 내부의 고차 정보망을 강화하는 치료로서 자기와 생명을 지지하고 공감하는 치료를 시행할 수 있을 것이다. 그리고 지나친 외부의 알고리즘 정보를 요구하지 않고 내적정보의 수준에 맞추어 부과하는 방법을 찾아볼 수 있을 것이다. 지금까지 이러한 치료들이 부분적으로 있어 왔지만, 하나의 전체적인 이론으로서 통합함으로 치료의 이해와 효과를 더 증진시킬 수 있을 것이다. 무엇보다 중요한 것은 약물치료, 뇌과학적 검사나 연구 그리고 정신역동적인 이해가 하나의 개념 안에서 소통하고 병행함으로 환자의 질병을 이해하고 치료하는데, 큰 도움이 될 수 있을 것이다. 그래서 의사가 치료전략을 더 확실하게 세울 수 있고 환자와 가족들에게도 이러한 병리현상과 치료에 대해서 더욱 쉽게 설명함으로 치료 효과가 훨씬 더 좋아질 수 있다는 것이다.

표6-1. 뇌 정보의 세 유형

	중심 내용	정보처리 방식	중심 구조	에너지 수준
외부정보	현실과 외계	알고리즘	해마	높음
중간정보	신경망, 외내부 조절	복잡성	시냅스, 세포막	보통
내부정보	자기와 생명	양자	세포내부(미세소관)	낮음

표6-2. 신경면역학적 정보의 세 유형

	중심 정보	존재 상태	사고	건강 상태
내부 중심정보	내부(자기, 생명)	균형과 조화	창의적, 질적	건강
중간 중심정보	내외부의 공존	갈등과 긴장	방어적, 수동적	긴장, 신경증
외부 중심정보	외부(알고리즘)	억압과 지배	논리적, 계산적	정신증

7. 정보의학으로 본 신체질환

물질만을 다루는 현대의학

　물질은 물질과 에너지와 정보로 되어있다고 했다. 과학은 물질과학에서 에너지 과학 그리고 이제는 정보과학으로 접어들고 있다. 그렇다면 의학은 지금 어떤 단계와 수준에 있는가? 의학은 인간의 생명과 직결된 아주 중요한 과학이다. 그 어떠한 과학의 영역보다 가장 첨단으로 발전되어야 한다. 그런데 의학은 아직 물질과학의 단계에 머물러있다. 의학은 인간의 몸을 물질로 본다. 그리고 그 물질로 인해 작동되는 기능에 문제가 생겨 질병이 일어난다고 본다. 그래서 물질과 그 기능을 약물과 수술 등으로 바로잡는 것이 치료의 핵심이 된다. 에너지와 그 대사에 대해 연구와 관심을 갖지만, 아직 물질 수준에 머물고 있다. 에너지는 돈과 같다. 아무리 좋은 것들이 있어도 돈이 없으면 사회가 제대로 움직이지 못하는 것처럼, 인체도 에너지가 충분히 공급되지 못하면 정상적인 기능과 구조가 유지되기 어렵다. 그런 뜻에서 에너지는 아주 중요하다. 그러나 의학은 기본 영양과 대사라는 물질로서만 이해하고 치료한다.

몸은 영양만으로 작동하지 않는다. 이를 활성화시키는 생명력이란 것이 있다. 불과 연료가 있어도 바람이 불지 않으면 불은 제대로 된 열량을 낼 수 없는 것처럼, 기본 영양이 있어도 이를 활성화시키는 바람과 같은 기운이 없으면 체내의 에너지는 충분히 공급될 수 없다. 에너지가 부족한 상태를 우리는 피곤함, 무기력, 짜증, 기운이 없음 정도로 표현한다. 그러나 이에 대한 의학의 처방은 그저 좋은 음식을 먹고 스트레스를 피하라는 정도 외에는 특별하게 제시하지 못한다. 그 기운과 생명력은 미토콘드리아의 전자전달계와 양성자 펌프에 달려있다. 이를 조절하는 것은 양자이다.[1] 이 양자를 활성화시킬 수 있는 길을 찾아야 한다.

양자는 물질로 접근하기는 어렵다. 곧 붕괴되기 때문이다. 물질이라기보다는 정보로 접근해야 한다. 양자는 양자정보로 접근해야 안전하다. 동양의학에서는 이를 기氣라 한다. 그리고 기의 흐름과 소통을 중시한다. 기를 소통하고 그 흐름을 막는 것을 뚫어주는 것이 동양의학의 가장 중요한 치료 중에 하나이다. 그러나 서양의학에서는 에너지 활성화와 정보에 대해서는 아직 적극적인 연구나 처방을 내어놓지 못하고 있다. 동양의학이 이러한 문제를 강조하고는 있지만, 그 접근하는 방식과 개념이 과학적인 배경이 약하기 때문에 서양의학에 영향을 주거나 아니면 스스로 발전하는데 어려움이 있다. 정보에 대해서는 동양의학은 기의 소통과 사상과 오행이라는 관점은 있지만, 구체적인 정보이론적인 이해로서는 부족하다. 서양의학은 정보 의학적인 면에서는 거의 전무하다 볼 수 있다.

정보의학이란?

　이제 이러한 에너지와 정보가 인체에 어떻게 중요하고 이를 과학적인 개념과 언어로 어떻게 연결하여 이해할 수 있는지를 정보이론에 입각하여 설명해보려 한다. 그리고 이를 통해 동서양의 의학이 서로 소통하며 통합될 수 있는 가능성도 타진해보려 한다. 이를 먼저 암이라는 질병을 통해 생각해보려고 한다. 암이 발생되는 다양한 원인이 있겠지만, 최종적으로 가장 확실한 원인은 암세포가 자기 증식을 억제할 수 없다는 것이다. 그래서 어떻게 해서라도 증식을 억제시키는 방법을 찾는 것이 곧 치료이다. 수술 치료, 항암제, 방사선 치료도 이를 위한 것이다. 그리고 음식, 생활습관, 환경, 스트레스 등을 조절하기를 권하는데, 이 역시 암의 증식을 유발하고 자극할 수 있는 여러 환경적인 요인들을 통제하기 위해서이다.

　그중에서 그래도 가장 중요하게 생각하는 것이 면역력 치료이다. 면역은 잘못된 세포들을 찾아 스스로 억제시킬 수 있는 생체의 유일한 기능이다. 그래서 병적인 암세포를 찾아 해결해주길 바라며 면역력을 증강시키는 여러 방법을 강구한다. 그러나 암세포 자체의 방어력이라는 것이 있어 한계가 있다. 이미 강한 증식력과 방어체계를 갖춘 암을 이겨낸다는 것은 결코 쉬운 일이 아니다. 그러므로 중요한 것은 암이 왜 그렇게 강한 증식력을 갖게 되었는지를 아는 것이다. 암을 외부에서 막기보다는 암 내부로 들어가 그 증식의 이유와 배경을 찾아 이를 먼저 해결해 주는 것이 중요한 것이다. 이에 대한 많은 의학적인 연구들이 이미 진행되고 있다. 그러나 대부분 물질적인 차원에서의 연구이다. 물론 이러한 연구도 중요하지만, 생체는 물질로만 되어 있지 않고 에너지와 정보라는 더 넓은 차원이 있기에 이를 포함시켜 생각해 보아야 한다는 것이다. 그래야 암에 대한 더욱 포괄적인 이해와 치료가 가능할 수 있기 때문이다. 에너지도 물질적인 차원에서보다는 정보로서 이해하고 접근해보자는 것이다. 그래서 암에 대한 정보이론적 이해와 연구가 필요한 것이다.

이제 암을 정보적 차원으로 이해해보자. 몸은 자체의 정보망을 가지고 상호 소통함으로 몸 전체의 건강을 유지한다. 세포와 세포 간에 치밀한 정보망이 있고 온몸의 정보들이 서로 연결되면서 하나의 생명을 유지한다. 각자의 정보가 다르지만, 서로 하나라는 생명 안에서 절제하고 조절하며 균형과 조화를 이루어 나간다. 그런데 암은 이러한 대화와 소통이 단절된 것을 의미한다. 암세포는 결국 몸 전체의 정보 소통을 차단하고 자기 증식을 맘대로 하기 때문에 생기는 병이다. 세포들은 일정 시간이 지나면 스스로 죽어줌으로 전체를 유지한다. 그런데 암세포는 죽지 않고 자기만 일방적으로 증식해 나간다. 어떻게 보면 반란군이다. 백성들이 중앙정부의 통제를 거부하고 민란을 일으키는 것과 비슷하다. 물론 혼돈을 막기 위해 수술로 강력한 항암제로 민란을 소탕하는 것도 필요하지만, 재발을 막기 위해서는 그들이 왜 그렇게 되었는지 정보적인 차원에서 소통과 대화가 필요하다.

민란을 일으킨 백성들을 적으로 삼아 무조건 무력으로만 억누르려고만 해서는 안 된다. 그들의 마음을 보살피는 것도 중요하다. 착한 백성들이 왜 민란을 일으켰을까? 오죽하면 그렇게 되었을까? 나는 평소에 그들의 소리를 들어왔는가? 그들이 어떤 불만으로 민란을 일으킨 것인가? 이러한 마음으로 그들에게 미안하다고 말하며 그들의 소리에 귀 기우려 보아야 한다. 그냥 사고나 질병이라고 의학적으로나 기계적으로 병원 치료에만 매달려서는 안 된다. 그렇게 된 이유가 있다. 아이가 방문을 닫고 나오지 않고 있다면, 분명 그 이유가 있는 것처럼 암세포도 왜 은둔 외톨이 세포가 되었는지 무슨 불만으로 반란을 일으켰는지 그 이유를 찾아보아야 한다. 몸과 대화와 소통이 필요한 것이다. 몸과 세포에도 마음과 정서가 있고 정보가 있다. 이를 잘 이해하기 위해서 몸의 정보체계에 대한 설명이 조금 더 필요하다.

신체질환의 신경면학학적 이해

몸은 뇌와 달리 알고리즘 정보처리가 없다. 대신 고차정보인 복잡성과 양자정보 처리가 대부분을 차지한다. 그래서 뇌로부터 무시를 당한다. 뇌는 자신의 알고리즘 정보가 최고인 양 착각하며 다른 고차정보들을 오히려 격하시키며 무시한다. 그래서 몸의 정보는 뇌의 정보로부터 늘 억압과 무시를 당하는 것이다. 그러다보니 몸의 정보는 전체적으로 눌리고 위축된다. 지지를 받을 때가 없다. 특히 몸의 가장 고차정보인 양자정보가 위축된다. 양자정보는 가장 기초적이고 전체적인 자기를 형성한다고 했다. 그리고 생명의 핵심적인 에너지이고 정보이다. 몸은 양자정보가 기초적으로 잘 형성되고 그 위에 복잡성과 정보와 뇌의 알고리즘 정보가 자리를 잡아야 건강하고 균형 잡힌 몸과 뇌가 된다. 그런데 몸의 양자정보가 어려서부터 지지와 사랑과 같은 고차정보를 먹지 못하고 반대로 세상과 뇌의 저차정보로부터 심한 압박과 요구를 받게 되면, 몸의 내부정보가 위축되면서 뇌의 신경면역처럼 몸에도 면역반응이 있게 된다.

위축되고 억압을 당한 몸의 자기정보는 뇌의 저차정보에 대해 면역적 저항을 하게 된다. 그리고 고차정보에는 전체적인 자기와 생명이 있는데, 이 자기와 생명이 눌리고 오랫동안 공격을 받게 되면 자기를 보호하기 위해 아픔의 신호를 내어 보낸다. 그것이 반자기와 반생명의 증상과 신호들이다. 반자기란 자기를 괴롭히고 공격하는 신호이고 반생명도 생명을 파괴하는 증상과 신호이다. 그러나 비록 반자기와 생명이기는 하지만, 이를 통해서 빨리 자기와 생명을 보호하고 돌보라는 신호이기도 하다. 면역반응에 이러한 것들이 병적으로 결합하면서 자기 생명을 파괴하는 암이란 질병이 발생하게 되는 것이다. 이런 경우에는 정상적인 면역적 저항을 하지 못하고 반자기와 반생명이 가세되면서 자기를 파괴하는 병적인 면역반응을 보이는 것이다.

암의 정보의학

이는 마치 신경면역에서의 조현병(정신분열병)과 비슷한 양상을 보인다. 정상적인 면역이 아니라 심하게 왜곡된 면역반응을 보이는 것이다. 조현병에서의 피해망상처럼 자기를 보존하고 방어하기 위해서 외부의 모든 것을 거부하고 공격하며 닫아버리는 것이다. 그리고 자기에 대한 자폐적인 과대망상을 갖기도 한다. 이러한 망상들이 몸에서 나타나는 것이 암이라고 볼 수 있다.

그래서 암을 정보 질환으로 볼 수 있는 것이다. 자기와 대상에 대한 병적인 왜곡을 가지고 자기를 무제한 증식시키며 다른 장기들을 공격하는 것이다. 병적인 자기보존과 방어이다. 상생해야 하는 몸의 망을 깨고 자기의 보존만을 병적으로 요구하는 것이다. 이는 마치 뇌의 저차정보의 자기보존과도 유사하다. 상호적 관계를 무시하고 자기보존에만 매달리는 모습이 바로 암의 행태와 같은 것이다. 암의 가장 핵심적인 동력은 인격과 생명으로서 좌절된 분노와 화이다. 농민들의 반란의 가장 큰 힘이 분노와 한恨이 되듯이 암세포도 그러한 화가 있는 것이다.

사람마다 암이 다른 장기에 발생하는 것은 그 장기가 정보적으로 특별한 의미가 있기 때문이다. 사람마다 몸과 뇌의 정보적 관계에서 그 장기가 갖는 특별하고 선택적인 의미가 있다는 것이다. 예를 들어 위장은 심리적인 자기를 대표하는 의미를 갖는다. 심리적인 자기를 표출하지 못하고 심하게 억압되고 위축되는 경우에 위장에 문제가 생긴다. 대신 대장은 억압된 소유의 욕구, 좌절, 분노 등의 정보와 연관된다. 유방은 모성과 사랑의 좌절이, 폐는 결핍된 사랑과 과도한 책임과 압박감, 거기에서 오는 좌절과 분노 등이 연관되어 발생하는 경우가 많다.

그래서 암을 물질로만 이해하지 않고 정보로서 받아들여 암과 정보적인 교류와 소통을 해야 한다. 세포들을 인격으로 대하고 미안하다고 말하며 그 속에 눌려있는 정서들 특히 화를 풀어주어야 한다. 이것이 몸의 양자를 살리는 고차정보가 된다. 양자가 살아야 에너지도 활성화 된다. 그리고 면역의 자기반응도 더욱 활성화된다. 몸의 생명력이 증강된다. 이러한 정보적인 치료가 암에 아주 중요하다. 물론 이는 뇌에 익숙한 알고리즘적 정보소통으로는 한계가 있다. 더욱 정서적이고 고차적인 정보언어를 몸과 구사할 수 있어야 한다. 이러한 고차정보는 관통적 의식에 의해 연습과 훈련이 필요하다. 이에 대해서는 저자의 또 다른 책 '정보인류, 뇌정보와 몸정보'에서 자세히 설명하였으니 참고하기를 바란다.

이처럼 암은 억압된 고차적인 뿌리의 정보가 심하게 억압될 때, 자기를 병적으로 보존하고 방어하는 면역반응으로 이해할 수 있다. 그리고 암을 정보적으로 이해하고 잘못된 정보 관계를 풀어줌으로써 암을 본질적으로 치료하는데, 도움을 줄 수 있을 것이다.

성인병의 정보의학

암 외에 중요한 병이 성인병이다. 의학이 암을 제대로 치료하지 못하는 것처럼 성인병 역시 원인적으로 치료하지 못한다. 많은 치료가 있지만, 원인적인 치료라기보다는 유지하고 지연시키는 정도이다. 물론 이 정도도 적지 않은 도움은 되지만, 이를 치료라고 오해하게 만드는 것은 잘못된 것이다. 성인병은 고혈압, 심장병, 뇌혈관 질환과 같은 심혈관계 질환과 당뇨, 고지혈과 같은 대사성 장애 등을 말한다. 그리고 퇴행성과 노화성같이 세포가 손상되는 질환들도 있다. 이들은 대부분 자가면역 질환과 연관된다. 이러한 병은 정보이론적인 관점에서 보면 뇌에서 보이는 중간 중심정보와 유사하다. 암이 망상 등의 조현병과 유사한 면을 갖듯이, 성인병은 불안이나 우울 등의 신경증 질환과 정보적인 유사함을 보인다. 몸에서는 외부정보는 주로 뇌의 저차정보이다. 암에서는 몸의 고차정보가 거의 힘을 못 쓸 정도로 약하고 외부정보가 강해서 외부정보 중심의 정보가 되었지만, 중간 중심정보는 나름대로 몸의 내부정보가 어느 정도 형성되어 있지만, 뇌의 정보와는 통합적인 균형을 이루지 못하고 있는 경우이다. 나름의 힘의 균형은 있지만 서로 분리된 체계로 마치 남북이 힘의 균형으로 서로 버티고 있는 것처럼, 뇌와 몸이 갈등과 긴장의 대치 상태에 있는 것이다.

그러나 몸의 내부정보가 스스로 내적인 힘을 갖지 못하고 결국 자기를 위로하기 위해 외부의 정보에 의존하게 된다. 몸의 눌린 자기를 풀기 위해 세상의 여러 것들에 의존한다. 술, 운동, 일, 쇼핑, 드라마, 문화 등 정도의 차이는 있지만, 본질적인 해결보다는 이들과 중독관계를 맺으며 몸을 위로하고 불안을 방어한다. 이를 계속하게 되면 잠깐은 몸의 문제를 잊어버릴 수 있지만, 원인적으로는 해결하지 못하고 더 악화시킨다. 그리고 몸도 서서히 지쳐가고 에너지를 잃어가게 된다. 결국, 나이가 들고 생명력이 저하되면서 뇌와 몸의 균형이 깨지게 되면서 성인병이 발생하는 것이다. 그래서 성인병은 새로운 생명력과 에너지를 채우지 못함으로 생기는 병으로 볼 수 있다. 정보의 갈등과 대치 상태로 결국 에너지와 생명력이 저하되고 이로 인해 성인병이 발생하는 것이다. 성인병은 대부분 몸의 균형과 조절의 이상에서 발생한다. 몸은 정보를 교류하면서 늘 균형을 조절한다. 그리고 정보를 교류하고 조절하기 위해 적절한 에너지가 공급되어야 한다. 그러나 에너지 공급과 소비 그리고 정보의 불균형이 생기게 되면서 이러한 조절 기능이 저하되고 이로 인해 균형을 잡지 못하는 치우침이 생기는 것이다.

그리고 성인에서 많이 보이는 또 다른 질환으로 면역질환이 있다. 알러지와 함께 자가면역 질환은 아주 심각한 질환이다. 아직 원인을 잘 모르는 질병 중에 사실 자가면역 질환이 적지 않다, 최근에는 대부분 질환을 자가면역 질환으로 보기도 한다. 관절염, 정신질환, 퇴행성, 노화, 치매 등 세포가 훼손되는 대부분 질환의 원인이 잘못된 면역물질의 공격으로 인한 것으로 보고 있다. 이 병 역시 뇌의 저차정보의 공격으로 인해 생기는 내부정보의 면역학적 반응과 연관된 것으로 볼 수 있다. 지나친 자기방어와 반자기, 반생명의 결합에서 나오는 면역질환의 증상인 것이다. 결국, 이러한 장애는 건강한 자기를 형성하지 못함으로 인해 몸의 면역적 정체성에 혼돈이 생기게 되고, 이로 인해 다양한 면역질환들이 발생하는 것이다.

그래서 이러한 질환들은 몸의 정보적의 갈등과 긴장을 해결해 줌으로, 에너지의 수급과 정보적인 통합을 이루어야 원인적으로 치료할 수 있다. 몸의 가장 이상적인 상태는 몸속의 고차정보가 회복되고 그 정보가 정보의 중심으로 자리 잡는 것이다. 그리고 뇌의 정보는 지배적인 위치에서 원래의 외배엽 자리로 돌아가야 한다. 그래서 몸의 정보적인 나무가 뿌리에서부터 자리를 잘 잡아야 몸의 건강도 회복된다. 이를 위해서는 몸과 고차적인 대화와 소통하는 것이 중요하다. 그러나 우리가 익숙한 것은 뇌의 알고리즘 언어이다. 이를 잘 인식하고 무엇보다도 몸속에 있는 고차적 정보의 언어를 습득하는 것이 급선무다. 즉 뇌의 저차적인 등급과 판단의 정보가 아닌 수용과 이해와 공감의 고차적인 정보 언어로 자신의 언어와 정보를 바꾸어 나가야 한다. 이에 대한 자세한 설명은 '정보인류, 뇌정보와 몸정보'란 책을 참고하길 바란다.

8. 철학과 정보이론

철학, 고차에서 저차정보로

철학은 만물 속에 숨어있는 진리를 탐구하는 학문이다. 만물은 정보로 되어있고 진리도 정보이다. 인간도 정보처리를 통해서 이를 탐구한다. 모두가 정보이다, 그래서 이를 정보이론으로 설명해 보는 것은 생소할 수는 있지만, 그렇게 부자연스러운 일은 아니다. 역사는 깊지 않지만, 이미 '정보 철학'이란 분야가 있다. 위키 백과사전에 소개된 정보 철학을 소개하면 다음과 같다. "정보 철학philosophy of information은 컴퓨터 과학, 정보 과학 및 정보 기술에 관련된 주제를 연구하는 철학의 한 분야이다. 정보의 개념적인 성격과 기본원칙, 정보의 동학, 활용과 과학을 포함하는 비판적 연구와 더불어 철학적 문제에 대한 정보이론 및 계산 방법론의 정교화 및 적용을 포함하고 있다. 1990년대 루치아노 프로리디Luciano Floridi에 의해 만들어진 용어이다. 그는 정보 철학을 '사물의 제일의 모든 원인과 제일의 모든 원리를 취급하는 철학'인 제일철학(第一哲學, Philosophia Prima)으로 정의하였다."

이러한 정보 철학의 관점은 크게 보면 두 가지이다. 첫째는 정보시대에 인공지능을 비롯한 새로운 정보의 여러 현상과 개념들을 철학적으로 어떻게 정의하고 이해할 것인가에 대한 부분이다. 그리고 정보의 문제에 대한 철학적인 해법을 제시하는 것이다. 철학자들이 당연히 개입하고 고민해야할 문제이다. 이러한 분야는 대부분 정보의 실용적인 면에 대한 것이다.

그런데 더 획기적인 것은 두 번째 관점인데, 정보 철학의 창시자인 프로리디가 앞서 정의한 대로 정보 철학을 가장 기본적인 철학으로서 제일철학이라고 부르고 있는 것이다. 이는 기존 철학의 과정을 정보로 다시 해석하고 규명해보자는 것이다. 그래서 그는 최근 그의 저서 '정보 철학'에서 이를 실제로 시도하였다. 즉 철학에서 가장 중요하게 여기는 진리를 찾아가는 인식의 과정을 정보와 그 처리 과정으로 설명하였고 존재의 문제에 대해서도 정보존재론digital ontology과 정보구조 실재론informational structural realism을 통해 정보를 통한 새로운 존재론을 규명해보려고 하였다.[1] 이글에서 시도해보려는 것도 바로 이 두 번째의 관점과 같은 흐름이다. 그러나 관점이 어떠하든 철학을 전공하지 않은 사람으로서 새로운 철학에 대해 이야기하는 것은 무척 곤혹스럽다. 그러나 철학 자체에 대해 말하려는 것이 아니고, 철학을 정보로 설명할 수 있다는 가능성에 대해서 말하기 위해 철학을 잠깐 소개하는 정도이기에 용기를 내어보았다. 정보와 관련된 부분만 어쩔 수 없이 건드리는 것이기에 단편적일 수도 있고 왜곡된 부분도 있다고 생각한다. 그러나 이글을 철학에 대한 글이라기보다는 정보이론을 철학으로 확장해보기 위한 연결고리를 마련하는데 의미를 두기에 철학 자체에 대한 내용적인 미천함과 아쉬움은 어쩔 수 없이 남을 것으로 생각한다.

비트겐슈타인은 말할 수 없는 것은 침묵하라고 했지만,[2] 인간은 여전히 보이지 않는 것에 호기심을 가지고 말하고 글까지 쓰고 있다. 여기에는 나 자신도 포함된다. 이것이 철학의 기본마음이다. 인간은 보이는 것만을 보지 않고 그 이상의 것을 보고 말하려고 한다. 그리고 그 보이지 않는 실재를 믿고 이를 드러내고 증명하고 보존하려고 애쓴다. 이를 정보로 표현하면 보이는 것은 저차정보이고 보이지 않는 것은 고차정보이다. 그리고 양자물리학자인 란다우어 Landauer의 말처럼 정보는 물리적이다.[3] 물리는 보이지만 그 속의 정보는 보이지 않는다. 하이데거가 보이지 않는 존재의 집을 보이는 언어[4]라고 한 것처럼 보이는 물리는 보이지 않는 정보의 집이다.

그런데 이 보이지 않는 것과 보이는 것은 이분법적으로 절연되어 있지 않고 정보의 세계에서는 하나로 연결되어 있다. 어떤 정보도 물리를 떠나서 단독으로 존재하지 않는다. 물론 그 물리가 무엇인가는 다 규명할 수는 없지만, 정보에는 물리가 동반되어 있다. 정보 안에서 보이는 물리와 보이지 않는 정보가 하나로 되어 있다. 그리고 그 정보는 고차에서 발원하여 저차로 흘러간다. 우주가 시간으로 흘러가듯 정보도 시간에 따라 식물의 뿌리 같은 고차에서 저차로 성장하고 늙어간다. 뿌리인 고차정보는 하이데거의 존재처럼 은폐되어 있지만, 저차정보는 존재자와 현존재처럼 세상에 드러난다. 그래서 하나로 연결되어 있다.[5]

이러한 정보의 변화에서 가장 중요한 것은 고차정보가 저차정보로 변해 갈 때 정보의 연결의 문제이다. 고차와 저차의 차이는 정보용량과 이에 따른 전체성의 차이라고 했다.(3장 정보의 차원 참고) 즉 정보가 저차로 이행될 때 어쩔 수 없이 정보의 양과 정보의 전체성이 상실된다. 대신 국소적인 정밀성과 객관성은 증가된다고 했다. 그래서 계산과 소통이 가능한 편리한 정보가 된다. 그리고 또 하나의 문제는 단순한 정보량의 상실만이 아니라 저차정보는 스스로 고차를 벗어나 자신을 보존하려는 힘으로 인해, 원래의 저차정보와 질적인 면에서 단순한 축소가 아닌 전혀 다른 정보로 변신할 수도 있고 또 그 막강한 힘으로 고차정보를 억압하고 지배할 수도 있다. 가장 심각한 문제는 고차가 저차로 되면서 고차가 가진 의미의 상실이 일어나는 것이다. 겉은 고차의 흔적을 가지고 있지만, 속은 전혀 다를 수 있다는 것이다. 이것이 사실 철학의 가장 큰 문제로 대두된다. 철학은 고차의 형이상학의 세계를 저차의 형이하학적 언어로 사고하고 기술한다. 그런데 저차로 표현된 것들이 원래의 의미를 상실함으로 계속적으로 문제를 제기하게 되는 것이다. 이러한 문제가 철학사에서 그대로 나타난다. 이제 이러한 정보의 성격과 문제가 철학사에서 어떻게 나타나고 이를 어떻게 고민하며 극복하려고 하였는지 살펴보려고 한다.

고대철학, 고차와 저차정보의 이분화

플라톤은 고차정보를 이데아라는 본질로 보았고 저차정보는 이를 모방한 모사품이거나 아무 의미 없는 우연한 것들로 보았다.[6] 그리고 인간은 보이는 것들을 추구하는 세속적인 속견俗見, doxa에서 벗어나 영원한 진리를 볼 수 있는 바른 인지episteme를 해야 한다고 했다.[7] 이처럼 플라톤은 고차정보만 중요하게 여기고 저차정보를 거의 무가치한 것으로 인식했다. 이성을 통해 보이는 것들을 보지 않고 사물의 본질을 직접 볼 수 있어야 한다는 것이다. 이러한 사상은 그의 스승인 소크라테스로부터 나온 것이다. 소크라테스는 글을 쓰지 않았고 논박적인 대화와 그러한 삶을 살았다. 인간의 글과 사고를 의지하지 않았다. 그래서 그러한 삶을 몸으로 살았다.[8] 즉 고차정보를 가능한 자신의 고차정보로 인식하는 삶을 산 것이다. 그가 가장 중요하게 여긴 것이 자신은 아무것도 모른다는 것을 알뿐이라 하며, 철저하게 자신의 저차정보를 해체하며 고차정보의 삶을 살았다. 저차정보는 대화할 때만 사용하고 즉시 해체하고 버렸다. 그래서 글을 남기지 않았다. 예수를 비롯한 여러 성인들도 글을 남기지 않았다. 그 제자들이 기록한 것들로 경전이 만들어졌다. 그러다 보니 많은 문제들이 생기게 되었다.

스크라테스의 제자인 플라톤도 스승과 자신의 사상을 글과 사고를 통해 형성해 갔다. 글과 사고는 결국 저차정보이다. 고차정보는 사고로 만날 수 없는 세계이다. 이를 저차정보로 만나고 표현하고 이를 글로 남긴 것이다. 결국, 고차의 이데아는 저차정보에 갇힐 수밖에 없다. 이성도 결국 저차정보를 통해 작동한다. 결국, 플라톤은 자기모순에 빠지게 된 것이다. 아무것도 아니라는 저차정보로 이상적인 이데아를 표현하다 보니 이데아는 결국 그 저차정보에 갇혀 빛을 잃게 되었다. 그 이데아와 이성은 겉만 그럴듯하지 그 내용은 결국 속견이 될 수밖에 없었다. 짝퉁 이데아가 된 것이다. 때로는 저차정보의 보존성으로 인해 속견보다 더 잘못되어 오히려 이데아를 왜곡하고 억압하는 폭군이 되기도 한다. 이로써 자기 배신에 빠지게 된다. 그래서 현대철학은 이러한 플라톤주의를 전복시킨다.[9]

이러한 문제를 극복해보고자 한 것이 플라톤의 제자인 아리스토텔레스이다. 그는 플라톤과 반대 방향에서 접근하였다. 플라톤이 무시한 저차정보로부터 고차정보로 나아갔다. 보이는 세계를 무시하지 않고 이를 분석하며 그 근원인 고차정보로 나아갈 수 있는 길을 찾아갔다.[10] 얼마나 깊이 고차정보로 갈 수 있을지는 미지수이지만 적어도 플라톤처럼 이분화하거나 고차가 저차정보에 갇히는 일은 어느 정도 막을 수 있었다.

이성, 고차와 저차정보의 연결고리

중세로 오면서 희랍과 로마의 철학이 허물어지고 기독교 사상이 이를 대신하였다. 그러나 내용적으로 보면 플라톤의 이데아가 신성으로 대치되었을 뿐 큰 차이는 없다. 중세철학에서 플라톤적인 철학을 주장한 사람이 아우구스티누스였다. 그는 고차정보인 신성을 이상화하였으며, 저차인 인간과 세계를 신의 은총으로만 존재할 수 있는 관계로 보았다. 플라톤처럼 완전 이분화는 아니지만, 은총이 없이는 그렇게 될 수밖에 없다고 본 것이다. 그 이후 스토아 철학을 거쳐 토마스 아퀴나스로 오면서 다시 아리스토텔레스의 방향이 신학계에서 부활된다. 즉 저차인 인간의 이성을 다시 회복하게 된다. 저차정보인 이성을 통해서도 고차인 신성으로 나아갈 수 있는 가능성을 열어 둔 것이다. 여기서도 신의 은총을 의지하는 신앙은 이를 이어주는 데 중요한 역할을 한다.[11]

중세에 이르기까지 서양철학의 큰 틀은 변하지 않았다. 고차와 저차의 방향의 차이가 있을 뿐 저차정보의 문제와 한계는 동일하게 나타나고 있다. 방향이 어떠하든 언어와 알고리즘적 정보처리의 보존성에 모든 것이 갇히는 현상도 동일하게 일어났다. 비록 그것이 고차정보로부터 나왔다고 하더라도 저차정보로 표현된 세계관의 틀에 갇혀 더 이상 사상적 진전을 볼 수 없었다. 그러나 르네상스, 종교개혁과 과학의 발전으로 형성된 근대철학에서 이러한 정보의 한계를 탈출할 길이 준비되기 시작했다.

그동안의 철학에서는 탐구의 대상과 탐구의 주체인 인간을 크게 구별하지 않았다. 인간도 하나의 대상이었다. 형이상학과 세계관 속에 인간이 같이 있었다. 그래서 그 대상에 따라 인간도 수동적으로 움직일 수밖에 없었다. 형이상학과 정보의 방향에 따라 인간도 같이 따라 자동적으로 움직였다. 인간의 능동성과 주체성이 없었다. 그러다가 근세철학으로 오면서 이를 탐구하는 인간을 대상으로부터 분리하기 시작했다. 인간이 하는 사고가 과연 무엇인가? 문제는 없는가? 이를 탐구하는 것을 인식론이라고 한다. 인식론은 사고의 바탕을 이루고 있는 정보와 그 처리 방식을 처음으로 철학의 대상으로 다루기 시작한다. 사고 속에 숨어있던 정보의 왜곡과 보존성 등의 문제를 직시하고 이를 극복할 방도를 찾기 시작한 것이다.

근대철학, 인간 정보에 대한 회의와 탐구

고차정보라고 하면서 권위적이고 비합리적이고 비현실적으로 되는 것들을 경험적이고 합리적인 방법을 통해 회의하고 논증하는 그러한 과학적인 방법을 도입하기 시작한 것이다. 프란시스 베이컨은 4 종류의 우상을 통해 허구적인 편견의 사고를 고발하였다. 그리고 경험에 바탕을 둔 귀납법적인 사고를 주창하였다. 그리고 데카르트는 방법론적 회의를 통해 대상보다 먼저 자신의 사고를 합리적으로 분석함으로 허구적인 사고를 제거하려고 했다. 이를 통해 주관적인 사고를 통해 객관적인 대상을 바로 인식한다는 것이 불가능하다는 것을 밝혔다. 신념으로만 가능하지 자신의 사고가 반드시 그 대상과 일치된다는 증거는 없다는 것이다. 그래서 물질의 대상과 인간의 정신세계를 완전히 분리시켜 이분화하였다. 그러나 이런 회의 가운데서도 가장 확실한 것은 이런 생각을 하는 자신이라고 했다 cogito ergo sum. 이러한 변화의 의미는 철학의 대상이 형이상학이란 존재론에서부터 이를 사고하는 주체인 인식이라는 인간의 의식으로 옮겨지는 데 있다. 대상에 따라 수동적인 역할을 해오던 인간이 능동적인 주체로서 부각되기 시작한 것이다. 특히 데카르트의 생각을 하는 주체이론이 그 중심에 있었다.[12] 이는 정보이론적으로 보아도 아주 혁신적인 변화이다. 대상의 정보와 대상을 인식하는 주체의 정보를 분리할 수 있다는 것은 정보를 이해하는데 아주 중요하기 때문이다. 여기에 바로 데카르트의 위대함이 있다. 그동안 형이상학의 문제로만 생각해왔던 것들을 인간과 인간의 사고의 문제로 옮겨온 것이다. 이것은 거의 코페르니쿠스의 전회 이상의 대반전이다.

형이상학의 문제가 아니고 인간의 문제이다. 인간의 사고와 정보처리의 문제인 것이다. 더욱 핵심의 문제인 인간과 의식의 사고로 옮겨온 것이다. 그래서 철학은 인간을 탐구하기 시작했다. 그리고 인간의 사고를 탐구의 중심에 두었다. 그렇다고 그 이전에 인간의 사고에 대한 탐구가 없었던 것은 아니다. 플라톤은 이미 속견과 인지에 대해 강조한 바 있다. 인간의 사고를 단순하게 말하자면 이성이라고 할 수 있는데, 이미 플라톤, 아리스토텔레스와 아퀴나스에 의해 이성에 대한 탐구가 있었다. 그런데도 왜 문제가 생긴 것인가? 그렇다면 근세철학의 이성과 그 이전의 이성의 탐구가 어떻게 다른 것인가? 이성의 방향은 늘 같다. 저차에서 고차로 나아가게 하는 것이다. 그런데 이성은 대부분 알고리즘적 저차정보로 되어있어 그 보존성이 강하다고 했다. 그리고 정보 외적인 힘과 역학관계 혹은 결합력이 강하게 작용하고 있어 그 보존의 힘은 더욱 강력해질 수 있다. 그중에 하나가 종교적인 권위이다. 그리고 인간의 탐욕과 같은 손상정보이다.(손상정보와 삼각회로에 대해서는 4장 참고)

그렇다면 근세 이후에 이성 탐구가 달라진 점은 무엇인가? 그 하나는 정보의 해체적인 힘이다. 근세 이전에는 고차정보의 권위에 눌려 저차정보를 건드릴 수도 없었다. 영원한 이데아와 전지전능한 신성이 부여한 그 언어를 그 누구도 의심하거나 해체할 수 없었다. 그러나 근세 이후는 과학과 경험의 힘으로 이를 의심하며 해체할 수 있게 된 것이다. 이것이 저차정보를 유연하게 만드는 아주 큰 힘이 되었다. 그리고 또 하나는 인간의식의 독립성과 인간 주체의 자율성이다. 데카르트가 이룬 위대한 전회이다. 막강한 신성과 형이상학의 힘에 영향받지 않고 스스로의 합리성과 이성에 의해 판단하고 선택할 수 있는 힘이 의식에 부여된 것이다. 이 역시 저차 정보의 해체성과 유연성을 부여하는데 큰 역할을 하였다.

스피노자와 라이프니츠, 열린 저차정보의 발견

그리고 근대철학에서 이룬 또 하나의 전회는 정보의 깊이다. 플라톤은 고차정보에서 인간의 저차정보를 완전히 차단하였다. 이데아와 사물의 분리이다. 아리스토텔레스는 저차정보로부터 고차정보로 나아가는 길을 열었지만, 워낙 강력한 고차정보의 위력 앞에 몇 발자국 나아가지 못하고 말았다. 아퀴나스도 그랬고 데카르트도 그 위대한 업적에도 불구하고 그가 만든 이분법의 틀 때문에 자유함의 사고도 그렇게 깊이 들어갈 수 없었다. 저차정보의 해체와 유연함을 확보하였지만, 고차정보로 연결되는 깊이를 확보할 수 없었다는 뜻이다. 아우구스티누스와 아퀴나스는 신의 은총을 통해 그 길을 열어 두었지만, 신의 은총도 저차 정보화하면서 진정한 깊이의 길을 상실하고 말았다. 고차정보로부터 부여된 길이 아닌 저차정보로부터 고차로 스스로 나아갈 수 있는 길은 없을까? 물론 고차정보로부터 올라오고 드러나지는 깊이의 길도 중요하다. 결국, 이 두 가지의 길, 즉 고차로부터(아래로부터)와 저차로부터(위로부터)가 하나로 만나야 한다. 이를 '관통적 의식'이라고 할 수 있다. 정보는 지속적으로 고차로부터 발현된다. 그러나 이를 만나려면 저차에서 고차로 나가는 길도 열려야 한다. 데카르트도 고차와 저차를 이분화시켜 인간의 사고를 통해 고차로 나가는 길을 스스로 닫아놓고 말았다. 그런데 이 길을 연, 철학자가 있었는데 바로 스피노자와 라이프니츠이다.

스피노자는 자연 속에서 신성을 찾았고 몸과 정서 속에서 생명conatus을 만났다.[13] 이는 곧 저차를 통해 고차로 가는 길인 것이다. 보이는 자연은 저차정보이다. 이 저차를 통해 고차인 신성을 볼 수 있었다. 그리고 뇌의 저차를 배격하고 몸과 정서의 고차정보에 열림으로 더 고차인 생명으로 가는 길을 찾은 것이다. 라이프니츠는 단자monad를 통해 고차의 세계가 열려질 수 있다고 했다.[14] 다음 장에서 더 자세히 다루겠지만, 라이프니츠의 단자는 양자나 초양자의 초고차정보를 의미할 수 있고 이 정보는 물리와 정신을 하나로 만나게 하는 길이 될 수 있다. 라이프니츠는 뉴턴과 별도로 미적분학을 연구한 천재적인 과학자이다. 그러면서 당시의 모든 학문과 현상을 통합해보려는 강박적인 욕구가 있었던 철학자이기도 하다.

그 통합의 중심이 바로 모나드이다. 그는 자연과 신성, 동양과 서양, 물질과 정신 등 서로 만나기 어려운 세계를 이 모나드로 엮어보려고 하였다. 그래서 모나드는 일반적으로 이해하기 어려운 아주 독특한 면을 갖는다. 무한하고 크기가 없고 창이 없으며 조화를 이루는 이상한 존재이다. 이해하기 어려운 내용으로만 구성되어 있다. 그런데 바로 이러한 존재가 바로 양자라는 현상에서 대부분 나타난다. 라이프니츠에서 또 하나 이해할 수 없는 것은 바로 신의 예정조화설이다. 이는 모나드와 모순된다. 모나드는 창이 없는데 어떻게 신의 예정조화 정보가 들어갈 수 있는가? 불가능하다. 그러나 양자가 초양자에 열려지는 것처럼 모나드도 안으로 열려있다면 가능할 수 있다. 그래서 무한이다. 초양자로 열려있는 것과 같은 차원으로 볼 수 있다. 밖으로는 닫혀 있지만, 안으로는 열려있을 수 있다는 것이다. 낮은 차원으로부터는 닫혀 있지만, 더 높은 차원으로는 열릴 수 있는 것이다. 그리고 밖으로는 우연이지만, 안으로는 조화의 정보가 중첩되어 나타날 수 있다는 것이다. 양자에 있어서 파동과 입자의 이중성과 모든 가능성의 중첩성처럼 모나드도 우연과 조화가 중첩될 수 있는 것이다. 그리고 흄 역시 스피노자만큼 적극적이지는 않았지만, 자연주의와 정념을 통해 고차정보에 열린 길을 제시하였다.[15,16]

칸트, 저차와 고차정보의 분리

데카르트가 의심한 인간의 개념적 사고를 통해 허구적인 형이상학에서 벗어날 수 있는 길은 열렸지만, 인간의 사고가 자신 속에만 갇혀 확인할 수 있는 저차정보에만 머무는 부작용 역시 간과할 수 없다. 이 문제가 영국의 경험주의 철학에서 나타나기 시작했다. 인간의 허구적인 사고에서 벗어나기 위해 경험주의는 철저하게 경험과 귀납법적인 사고 외에는 다 거부하였다. 이러한 저차적인 정보로는 대상에 대한 초월적인 실재를 결코 인식할 수 없었다. 그런데 흄은 이러한 저차정보마저 신뢰할 수 없다고 하여 모처럼 자유를 찾은 인간의 사고가 심각한 회의에 빠져 헤어 나오지 못할뻔하였다. 그러나 흄은 스피노자처럼 정신적인 사고보다 정념과 신체 그리고 사회적 망을 통해 고차정보로 빠져나올 수 있는 길을 찾게 되고, 이러한 길은 다시 위대한 철학자 칸트에게 연결되어 인간의 사고가 더 체계적으로 회복할 수 있는 길을 갈 수 있게 되었다.[17]

허구적인 형이상학의 저차정보로부터 탈출한 인간의 정신은 가장 확실하게 확인할 수 있는 저차정보에 다시 갇히고 말았다. 이 두 가지 문제를 해결할 방법은 과연 없을까? 즉 과거처럼 초월의 허구적 정보에 빠지지 않으면서 자신의 저차정보로부터 벗어날 수 있는 길은 없을까? 이를 다시 말하면 대상을 건강하고 바르게 다시 인식할 수 있는 길이 없을 것인가에 대한 질문이기도 하다. 이를 한평생 씨름한 철학자가 바로 칸트이다. 칸트는 고심 끝에 이를 해결할 묘수를 발견하였다. 대상과 인간에서 경험과 초월의 인식을 분리하는 것이었다. 이를 정보로 말하면 고차와 저차정보의 분리이다. 즉 저차정보끼리 대상과 주체가 보편적인 형식과 도식을 통해 객관적인 실재로서 인식할 수 있다는 것이다. 이를 경험적 실재론이라 한다.[18] 이를 통해 자신에만 갇힌 사고를 대상으로 안전하게 끌어낼 수 있었다. 그리고 흄의 회의론에서도 빠져나올 수 있었다.

그러나 이러한 보편적 인식의 형식으로는 초월적인 물자체 즉 고차정보를 인식할 수 없다는 것이다. 이는 마치 알고리즘의 형식으로는 고차정보를 인식할 수 없는 것과 같은 것이다. 저차는 저차로서, 고차는 고차로서 인식하고 소통할 수 있다는 것이다. 저차정보로는 접근할 수는 없지만, 개념을 넘어선 고차정보로는 물자체에 접근할 수 있는 길을 열어두었다. 과거의 형이상학은 고차정보를 저차화하면서 허구가 발생한 것인데, 칸트는 이를 막기 위해 초월의 세계를 인정하면서도 이는 결코 저차정보로는 접근할 수 없게 한 것이다. 그래서 초월의 고차정보가 저차정보로 구속되는 길을 막을 수 있게 된 것이다. 이를 초월적 관념론이라 한다.[18] 저차는 저차끼리, 고차는 고차끼리 묶어둔 것이다. 별것 아닌 것 같지만, 이는 칸트의 위대한 전회이다. 저차와 고차가 서로 얽힘으로 생기는 문제를 이처럼 깔끔하게 처리한 것이다. 매번 얽혀 서로 제대로 가지 못하던 사거리에 교통 신호를 세워 소통을 원활하게 한 것과 같다. 저차끼리는 알고리즘을 통해 소통이 가능한데, 고차끼리 어떻게 소통할 수 있을까? 이것이 문제이기도 하다. 칸트는 여기서 감성적인 소여를 꺼내들었다. 감성은 사고보다 고차정보이기 때문에 고차적인 소통과 공명이 가능한 것이다. 이와 함께 칸트는 도덕과 예술을 통해서도 고차정보의 소통이 가능하다고 하였다. 이처럼 칸트는 정보의 차원적인 혼선을 나름대로 깔끔히 정리한 것이다. 이를 통해 자신에게만 갇히지 않고 또한 허구적인 초월에 구속되지 않는 자유로운 자아의 사고를 회복할 수 있게 된 것이다.

헤겔, 정보의 갈등을 통한 고차정보로의 상승

그런데 칸트는 이러한 가능성을 제시하였을 뿐, 실제의 삶에서 발생하는 대상과 자기 그리고 저차와 고차의 갈등의 문제에 대해서는 더 구체적으로 다루지 못했다. 마치 칸트는 평생을 자기가 살던 곳을 떠나 다른 현실의 세계와 접촉하지 못한 것과도 같은 문제이다. 이는 자연히 그다음 철학자들의 몫이 된다. 이를 고민한 철학자들이 피히테와 셸링이었고 이러한 갈등을 최종적으로 해결한 철학자가 곧 헤겔이다.[19] 이들은 한마디로 말하면 현실 속에서 일어나는 정보들의 싸움에서 어떻게 바른 정보를 유지해나갈 수 있느냐에 대한 것이다. 칸트가 제시한 대로 대상과 주체에서 저차정보는 저차끼리 고차는 고차끼리 만나게 하면 되는데, 이것이 말처럼 쉽지 않다는 것이다. 교통신호를 세워도 제대로 작동하지 않고 사고가 끊임없이 발생한다. 저차정보의 강력한 보존성과, 현실과 자기 그리고 손상정보의 삼각결합 등으로 인해 고차정보는 억압되고 소외되는 현상이 생기게 된다. 즉 공평하게 신호가 교대로 나타나기보다는 일방적으로 저차정보 신호만 계속 열리고 고차정보 신호는 열리지 않는 문제가 발생하기 시작한 것이다. 대부분 신호체계가 일방적인 것도 모르고 산다. 즉 고차정보가 억압되는 줄도 모르고 살아가는 것이다. 그러나 철학자들은 이를 찾아낸다. 피히테와 셸링이 이를 문제시하였고 헤겔이 마침내 그들과 함께 해결할 묘책을 찾아낸 것이다.

헤겔은 이러한 정보의 차원적 갈등을 주인과 노예로 표현하였다.[20] 저차정보는 알고리즘에 의해 정正의 정보가 된다. 그러나 이 정보는 강력하게 보존됨으로 자기와 다른 저차정보와 고차정보 모두를 억압한다. 억압하는 주인의 정보가 된다. 억압된 저차와 고차의 정보는 연합하여 강력한 반反정보를 형성한다. 억압된 노예의 정보이다. 본문에서 이것이 뇌에서 이분법을 이루는 기전이라고 했다. 정반의 강력한 대립으로 긴장과 해체적인 현상이 발생한다. 해체의 틈을 뚫고 절대정신이라는 초고차정보가 새로운 합슴을 이루어 나간다. 이는 초고차정보가 정반의 강력한 정보의 보존을 해체시키고 전체성의 결로서 합을 도출해낸다.[21] 고차정보만이 할 수 있는 극적인 전환이다. 이로써 정보가 스스로 자신의 보존성을 해체하고 더 큰 새로운 정보로 발전해나갈 수 있는 길이 열리게 되었다. 헤겔은 이를 변증법이라고 하였으며 이는 많은 정보의 갈등을 해결하고 치유하는 만병통치약처럼 등장하게 되었다. 이를 통해 저차와 고차정보의 갈등을 해결하면서 발전해나가는 역사를 이룰 수 있는 길이 마련된 것이다. 이로써 더 이상 정보의 갈등이 없어질 것 같았다.

니체, 모든 것이 저차정보로 붕괴되는 철학

그러나 여기에서도 또 정보의 문제가 발생하기 시작했다. 정보는 조금의 틈만 있어도 넘어가지 않는다. 그들의 문제를 곧장 드러내고 만다. 데카르트, 칸트와 헤겔로 오면서 과거의 형이상학과 인간의 인식의 문제가 많이 해결되어온 것은 사실이지만, 과거 형이상학의 망령은 결코 사라지지 않고 기회만 있으면 출몰하여 철학을 병들게 하였다. 인간에게서 초월과 이를 인식하는 이성이 있는 한, 형이상학의 망령은 사라질 수 없는 것이다. 헤겔에 있어서도 해체적이고 전체적인 초고차정보인 절대정신과 변증법이라는 법칙이 그 망령이 될 수 있는 충분한 자질을 품고 있었다. 결국 만병통치약 같았던 절대정신과 변증법도 저차정보로 붕괴되는 운명을 피할 수 없었다. 치유하는 약이 저차정보화되니 더 이상 치유력이 유지될 수 없었다. 그래서 다시 퇴출당하는 그러한 운명에 직면하게 되었다. 그렇다고 철학사에서 인간의 본질인 이성과 초월세계를 영원히 추방할 수도 없다. 그러나 어떠한 고차정보도 고차로서 순수하게 보존될 수 없기에 정보의 저차화는 필연적이다. 이는 마치 자연계에서 양자의 붕괴를 막을 수 없는 것과도 같다. 그처럼 확실하던 고차가 저차정보가 되면 늘 그래왔던 것처럼 저차화된 고차정보로 인간은 기만당하고 속는다. 그래서 다시 반발한다. 그래서 어떠한 고차적인 저차정보도 거부하는 철학의 새로운 기운이 일기 시작했다.

그 선봉에 선 철학자가 니체이다.[22] 니체는 이성을 통한 그 어떠한 형이상학의 정보도 거부한다. 정보의 내용의 문제가 아니라 힘의 문제로 본다. 정보의 힘을 알아차린 것이다. 이는 보존력의 에너지이다. 그래서 힘은 힘으로 맞서야 한다. 그래서 그는 초인과 힘의 철학을 내세운다. 그리고 알고리즘적 저차정보가 아니라 디오니소스적 감성정보와 몸의 정보를 내세운다. 이는 뇌의 저차가 아닌 몸의 고차정보이다. 니체는 이를 몸 이성이라고 했다. 그러나 이 고차정보도 다시 저차화될 수 있기 때문에, 영원회귀를 통해 다시 해체하고 고차정보로 들어가는 반복을 계속해야 한다고 했다. 그는 이를 생명의 고차정보로 보았다.

그다음으로 나선 사람이 프로이드와 맑스이다.[23] 프로이드는 의식에만 머물며 헤매고 있는 철학자들에게 무의식이란 새로운 세계를 열어주었다. 의식의 사고가 전부였던 시대에 무의식의 거대한 세계를 연 것은 놀라운 충격이고 혁명이었다. 의식의 사고를 이성으로 이상화해온 철학자들에게 의식은 무의식을 방어하기 위해 열역학적으로 움직이는 도구에 불과하다는 정신분석의 이론은 그야말로 충격이 아닐 수가 없었다. 그래서 의식과 사고의 신화는 무참히 무너지고 그동안 억압하고 무시해왔던 무의식의 감정적이고 해체적인 정보가 이를 대신하게 되었다. 그리고 맑스는 등급화된 저차정보에 소외되고 억압된 몸과 삶 속에 있는 자기를 해방시켜야 한다고 주장하며 행동했다. 이 모두 저차화된 정보로부터 소외된 고차정보를 회복하려는 처절한 몸부림들이다. 그러나 아무리 고차정보를 회복해도 그 고차는 가만히 두면 다시 저차로 변해간다. 이것이 생물이 나이를 먹어가듯이 정보도 고차에서 저차로 늙어가는 과정이라고 했다. 가장 해체적인 고차정보인 석가의 가르침도 저차화되는데, 어떤 고차정보가 그대로 멈추어져 있을 수 있겠는가? 젊고 시퍼런 니체의 디오니소스와 몸도 결국 저차정보로 늙어가고, 끌어 오르던 프로이드의 리비도도 정신분석이란 발기부전의 저차정보로, 역사를 뒤흔들었던 맑스의 그 강력한 폭발력도 이념이란 저차정보로 굳어가면서, 그들도 과거에 그들이 지적한 동일한 문제 속으로 미끄러져 내려가지 않을 수 없었다.

현대철학, 정보의 단위인 기호와 언어에 대한 탐구

그러나 철학자들은 쉬지 않는다. 그리고 좌절하지 않는다. 그래서 이를 분석하고 또 새로운 길을 모색한다. 이 결과 나온 것이 기호학과 언어학 그리고 구조주의이다.[23] 이제 형이상학에서 출발한 철학이 인간의식의 사고로 갔다가 아무리 해봐도 해결되지 않으니, 결국 사고의 핵심인 기호와 언어로 올 수밖에 없었다. 이는 곧 정보를 의미한다. 결국, 정보라는 말은 나오지는 않았지만, 철학이 기호와 언어를 통해 정보를 탐구하기 시작하였다는 것이다. 왜 인간은 같은 문제를 계속 반복하는가? 그 원인이 무엇일까? 그것은 바로 기호와 언어에 있었다. 이를 처음 이야기한 것이 언어학자 소쉬르이다. 그전까지는 언어와 기호는 대상의 의미와 개념을 수동적으로 전달하고 표상하는 매개나 도구로 생각했다. 그래서 이에 대해 누구도 심각하게 의심하거나 문제를 제기하지 않았다. 그러나 소쉬르는 언어에 대한 심각한 문제를 고발하였다. 언어를 기표(기호)와 기의(의미, 내용)로 나누었고 기표는 결코 기의를 일대일로 표시하지 않는다고 했다. 대신 기표는 기호들의 상대적인 차이를 통해 기의를 표시한다고 했다.[24]

이를 정보이론으로 설명해보자. 고차정보는 저차정보를 낳는다. 이때, 저차정보는 고차정보를 그대로 카피할 수가 없다. 정보의 축소가 있게 되는데 복잡성의 3, 4차 공간의 정보를 1차의 선이나 2차의 평면의 정보로 축소하는 것이다. 이때 통계의 대푯값처럼 계산되어 대표성을 갖는 기호가 나온다거나 어떤 의미나 구조나 내용을 압축하는 언어가 나오는 것이 아니다. 물론 은유, 환유와 상징 등에서는 이러한 내용적 연관성이 있지만, 일반 기호와 언어는 그러하지 못하다. 한자 같은 표의문자는 문자가 내용을 어느 정도 암시할 수는 있지만, 표음문자에서는 의미적인 연관성은 거의 없다. 그리고 기호만으로는 그 배후의 고차정보를 알 수가 없다. 사각형은 사각형만으로는 그것이 무엇인지 알 수 없다. 그 옆에 원이나 삼각형이 같이 있어야 사각형을 알 수 있다. 물건을 살 때 이것이 비싼 것인지 아닌지 그것만으로는 알 수 없다. 다른 상대적인 가치들이 있어야 이를 비교하여 알 수 있는 것과 마찬가지다. 즉 상대적인 차이를 통해서 기호의 의미를 이해하는 것이다.

상대적이고 자의적인 저차정보

그런데 그 기호는 정보의 망에 던져진다. 그리고 그 기호와 언어는 그 정보의 망에 의해 그 의미가 결정된다. 물론 영구히 결정되는 것이 아니고 수시로 변한다. 그 배후의 정보의 망의 법칙에 의해 그 가치와 의미가 형성되는 것이다. 거기에 따라 그 기호의 의미는 변한다. 마치 가격이나 환율이 시장의 법칙에 따라 수시로 변하는 것처럼 그 기호를 누구도 조절할 수 없다. 이러한 망의 예로서 컨텍스트라는 것을 들 수 있다. 같은 기호나 언어, 문자라도 그 상황의 망에 의해 각기 다른 의미를 가질 수 있다. 그리고 저차정보는 스스로의 열역학적 정보처리에 의해 고차정보와 무관한 스스로의 길을 간다. 그래서 기표는 스스로의 길을 가기에 기의를 그대로 품을 수 없는 것이다. 라캉은 이를 더 발전시켜 기의는 타자의 정보처리에 따라 움직이는 기표에 의해 소외되고 미끄러지게 된다고 했다.[25] 언어와 기호의 배신이다. 주인의 뜻을 벗어나 자기의 세계를 마음대로 가기에 원주인의 뜻을 배신하고 죽이기까지 하는 것이다. 저차정보인 기호와 언어가 없어지면 고차정보는 전혀 인식되지 못한다. 그래서 그 고차정보는 죽어가는 것이다. 그리고 주체는 없어지고 구조 즉 정보 구조만 남게 되니 주체는 사망하고 마는 것이다.

기호는 정해져 있지만, 그 속의 의미는 정보의 망을 통해 고정되어 있지 않다. 원주인의 기의는 사라지고 정보의 시장에서 새롭게 형성된 가격의 망에 의해 의미가 형성된다. 누구도 그 기호의 주인이 될 수 없다. 정보의 시장이 이를 결정한다. 주식처럼 요동친다. 그 시장의 구조가 언어를 결정한다.

여기에서 기호학은 구조주의로 발전한다. 정보의 망이 곧 구조가 된다. 이 구조는 기호의 주인이었던 모든 주체를 배신하고 소외시킨다. 주체인 인간의 소외인 것이다. 그리고 기호와 그 구조가 주인이 된다. 그러나 이를 반드시 부정적으로만 보지 않는다. 형이상학의 허구가 있었듯이 이와 대비되는 주체도 허구적일 수가 있기 때문이다. 구조주의에 의해 허구적인 주체가 붕괴되고, 그 속에 실재로서 눌려있는 주체를 찾을 수 있는 기회가 주어지기에 이를 긍정적으로 볼 수도 있다. 라캉은 언어의 상징계를 통해 허구적인 주체에서 좌절된 실재의 주체를 찾을 수 있다고 했다.[26]

구조주의와 구성주의

이처럼 구조에 긍정적인 면이 분명히 있지만, 구조 자체도 저차정보화될 수 있는 가능성이 농후하다. 구조가 실재적 주체를 찾아주지만, 이를 계속 살려내어 성장하도록 돕지는 못한다. 오히려 주체를 다시 죽이고 만다. 그래서 결국은 어두운 결말로 끝난다. 이처럼 구조는 결국 저차화되고 만다. 이 우주적 숙명에서 누구도 벗어날 수 없다. 이러한 저차적 구조주의에서 벗어나려는 시도가 곧 탈구조주의[27] 혹은 후기 구조주의이다.[28] 그러나 후기 구조주의에 들어가기 전에 구조의 저차화를 막을 수 있는 또 다른 가능성에 대해 한번 알아보려고 한다. 구조주의와 유사한 개념으로 구성주의가 있다. 구성도 기본적으로는 구조로 되어있지만, 고정되지 않고 살아 움직이는 동사적인 의미를 강조하는 뜻에서 구성이란 말을 쓴다. 물론 이 구성도 구조의 동적인 작동만을 의미할 때는 구조주의와 별반 다를 바 없다.

그러나 비고츠키의 구성주의는 일반적인 구조주의와 다른 독특한 면이 있다. 그래서 구조주의의 저차화를 방지할 수 있는 대안으로서 이를 간단히 소개해보려는 것이다. 구조주의는 늘 주체와 대립관계에 있다. 그러나 허구적인 주체를 허물고 실재적인 주체를 찾게 해주는 길이 될 수 있다고 했다. 그러나 그 주체를 살려주지는 못한다고 했다. 그 대립관계 때문인 것이다. 그러나 비고츠키의 구성주의는 주체가 스스로 살 수 있는 길을 열어준다는 점에서 기존 구조주의와 차별화된다. 죽은 구조의 기능으로서의 구성이 아니라 생명체처럼 살아 움직이는 구성으로서 구성주의가 가능하다는 것이다.[29,30] 식물이 뿌리에서 자라 스스로의 구조를 구성해나가는 것처럼 스스로 구성해나갈 수 있다는 것이다. 이처럼 살아 움직이는 구조는 결코 저차화되지 않는다. 앞의 6장에서 정신병리의 신경면역을 이해하기 위해 내부중심의 정보 endo centered information와 외부중심의 정보 exo centered information을 구분하여 설명한 바 있다. 이를 여기에서 적용하면 외부중심 정보는 구조주의가 될 것이고 내부중심 정보는 비고츠키의 구성주의가 될 수 있다. 내부정보는 양자로 형성된 고차정보이기 때문에 저차화될 수 없다. 살아 움직이며 스스로 구성해나가는 역동적인 구조이다. 그러나 외부정보는 알고리즘으로 저차화 된 구조이기에 주체와 대립할 수밖에 없다. 외부에서 주입된 틀로서의 구조는 저차정보가 되지만 내부의 고차정보로서 구성을 돕는다면 이 구조는 결코 저차화되지 않는다는 것이다. 구성주의는 이 정도로 접고 다시 구조주의 이야기를 계속해 보자.

    기호와 언어를 통해 정보의 구조까지 들어가 보았다. 정보가 구조화되고 이 구조가 저차화되면 그다음 어떤 일이 일어나는지 좀 더 구체적으로 살펴보자. 저차화된 구조는 강한 자기 보존성을 가지고 자기와 같은 구조를 복제하려고 한다. 유전자가 자기를 보존하기 위해 복제하듯이 구조는 동일 구조를 복제한다. 그 동일성은 주체를 억압하고 소외시킨다. 복제되고 통제되는 정보 속에 살아갈 수밖에 없다. 이 동일성에서 빠져나와 새로운 생명의 고차 정보를 살려 낼 수는 없을까?

해체를 통한 돌연변이 정보

이것이 바로 후기 구조주의의 현대철학이 고민하는 바이고 탐구하는 주제이다. 이 고민의 선봉에 선 철학자들이 데리다와 들뢰즈이다.[31] 이들이 주창하는 해체철학은 정보이론적으로 어떤 내용일까? 해체철학이 정보구조의 동일성을 어떻게 극복하여 고차적인 정보와의 균형을 유지할 수 있을까? 이를 한번 생각해 보자. 어떤 초월의 고차정보도 저차정보로 붕괴되면 자기보존에 빠진다. 즉 그 저차정보는 기호가 되어 직전의 고차정보의 내용을 내포하지 못한다. 의미를 포함하지 못하는 기호의 배신이다. 이는 저차 정보처리의 필연성이다. 그래서 해체철학은 모든 초월의 고차정보에서 나온 저차정보를 거부한다. 그 저차는 고차의 복잡하고 다양한 내용을 동일 구조로 축약하여 복제하는 자기보존에 빠지게 된다. 같은 정보를 찍어내는 시뮬라크르와 시뮬라시옹이 된다.[32] 이것이 피할 수 없는 저차정보의 운명이다. 아무 내용이 없는 정보라고 이를 거부하고 해체하면 어떻게 될까? 그렇게 되면 이제 고차정보는 사라지는 것인가? 모든 고차정보의 흔적을 해체하면 저차의 싸구려 복사품만 남는데, 그 저차의 홍수 속에 무의미하게 살아가야 하는가? 인간 속에는 엄연히 고차정보가 있어 뭔가 고차정보를 찾아 공명할 수 있어야 의미를 느낄 수 있는데, 이제는 의미 있는 정보는 모두 해체하고 나니 인간과 만물 속에 있는 고차정보는 과연 해체시킨다고 사라질 수 있는 것인가? 고차의 해체와 단절 속에서 인간은 어떻게 살아남을 것인가? 모든 고차적 정보의 의미를 해체하고 로봇처럼 무의미하게 살아가야 하는가? 결코 그렇지 않다. 철학자들은 어떻게 해서라도 고차정보를 찾는다. 그것도 아주 안전한 방법으로 결코 저차로 고정되어 보존되는 과거의 반복을 하지 않으면서 말이다.

무엇이 안전한 고차의 길이 될까? 해체철학자들은 작은 차이에서 이를 찾았다. 결국, 작은 틈새를 노린 것이다. 그 틈이란 정상적인 저차정보가 아닌 돌연변이 정보이다. 그 돌연변이는 자기보존이 없어 고차정보가 흘러나올 수 있는 출구가 될 수 있다. 이 돌연변이를 기다리고 찾아야 한다. 저차정보가 자기를 보존하는데, 겉으로 보면 완전한 동일체이지만 속으로 보면 미세한 차이가 나타난다. 이것이 돌연변이다. 이러한 시뮬라크르는 원본이 아니라도 그 속에 고차성을 지닐 수 있다. 동일한 복사본이지만 조금씩의 돌연변이 정보가 출현하게 되고 이를 통해 억압된 고차정보가 흘러나옴으로 고차정보의 순수성이 보존될 수 있는 것이다. 돌연변이를 통해 진화되는 원리와도 유사하다. 그래서 해체철학에서는 이를 차이 혹은 차연이라 하여 고차정보를 보존하는데 아주 중요한 매개로 삼는다. 그래서 저차적인 무의미한 복제품에서 오히려 고차적인 의미를 찾을 수 있는 것이다. 그래서 해체철학은 의미와 무의미의 경계라고 하기도 한다.[31]

그러나 이 정보도 언젠가는 자기보존의 저차정보가 될 수 있기 때문에 이를 반복하여야 한다. 영원회귀의 반복을 통해 그 고차성은 유지될 수 있다는 것이다. 이는 우주의 법칙과도 유사하다. 보통은 중력에 의한 우주보존과 팽창력이 균형을 이루나 약간의 비대칭으로 우주가 조금씩 팽창하는 것처럼, 고차정보도 저차와 고차의 경계에 서서 그 비대칭의 틈을 뚫고 살아 움직이는 것이다. 이는 우주와 생명의 법이기도 하다. 그리고 정보가 살아남는 법이기도 한 것이다. 그래서 이 정보와 우주의 법이 곧 해체철학에 적용되고 있다고 볼 수 있다. 이러한 기호, 언어와 상징의 정보이론적 의미에 대해 다음

9, 10장에서 다시 자세히 설명하려고 한다. 그리고 11장에서도 우주의 법과 해체철학의 관계에 대해서 자세히 설명할 것이다.

의식과 존재를 통한 고차정보 살리기

해체철학과 조금 다른 방식이나 고차정보를 살려내는 길이 있다. 해석학적 방법이다. 죽은 저차정보를 해석을 통해 다시 그 고차성을 불어넣는 방법이다. 먼저 후설의 현상학적 해석학을 생각해 보자. 현상학은 고차를 살려내는데 의식을 전적으로 의지한다. 의식 속에 그러한 힘이 숨어있다는 것을 후설이 발견한 것이다. 현상학은 먼저 저차정보의 보존을 형성하는 모든 정보를 의식에서 해체한다. 판단중지를 통해서 저차정보의 보존성을 해체하는 것이다. 그리고 순수의식을 지향한다. 의식은 스스로 대상을 지향하면서 선험적으로 고차정보를 관통하는 성향이 있기 때문에, 순수의식을 통해 고차정보의 길을 열 수 있다고 보는 것이다. 의식에는 보존성과 함께 해체성이 있기에 고차정보로의 관통적 의식이 가능한데, 현상학은 바로 이 의식의 해체성과 순수성을 활용하는 것이다.

이와는 조금 다른 방식으로 전개되는 해석학이 있다. 바로 하이데거의 방식이다. 하이데거는 원래 후설의 수제자였다. 엄밀한 의식의 작업을 통해 고차정보에 접근할 수 있는 현상학을 처음에는 따랐으나, 의식의 힘만으로 고차정보로 가기에는 역부족을 느껴 또 다른 길을 모색하였다. 그는 초고차정보로 구성된 존재를 의식화 작업에 도입하였다. 의식이 지향하는 고차정보의 극점인 초고차의 존재를 도입한 것이다. 다소 그 초월의 존재가 위험한 것이기는 하지만 존재와 의식의 양방향의 힘이 합친다면 고차정보를 더 확실하게 드러낼 수 있지 않을까 하는 기대감 때문이었다. 그의 스승인 후설은 초월이란 가상의 존재가 오히려 의식의 순수성을 방해할 수 있기 때문에 이를 심하게 비판하였지만, 그는 이를 끝까지 굽히지 않고 그의 존재론을 발전시켜갔다.[33]

그는 스승이 지적한 위험을 방지하기 위해 초고차의 존재를 어떤 저차정보로도 접근할 수 없는 은폐된 정보와 무바탕abgrund의 존재로 아주 못을 박았다. 존재로부터의 정보는 스스로 비은폐되어 드러내는 것 외에는 결코 접근할 수 없게 만든 것이다. 존재로부터 드러나지는 정보를 존재자라고 했다. 이를 생기生起라고 한다. 그런데 이 존재자는 저차정보화되는 것을 막기 위해 현존재로서 복잡성의 고차정보적인 존재자로 드러난다고 했다. 저차화정보로 붕괴되는 것을 막기 위해 고차정보의 완전한 개방이 아니고 개방과 은폐의 중간지점인 경계선의 사이zwischen와 관계의 망으로서의 현존재를 강조한다.[34] 이는 해체철학의 차연과 시뮬라크르처럼 고차정보가 숨을 쉴 수 있는 완충지역을 확보할 수 있게 해주었다.

이러한 존재의 개방과 은폐는 의식의 선험적 지향성 속에서 일어난다. 그러나 하이데거는 이 순수의식이 저차화되는 것을 막기 위해 가장 순수한 의식은 비워진 현상학적 의식보다 불안과 두려움의 의식을 더 강조한다. 이 감정은 자기보존이 없는 고차정보로서 고차의 생명에서 나온다. 그래서 여러 감정이 있지만 저차화되기 가장 불가능한 정보가 부정적인 감정이고 그중에서도 가장 본질적인 순수한 감정이 두려움에서 오는 불안인 것이다. 순수의식도 허구적인 저차화로 갈 수 있는 위험이 있기에 가장 순수한 의식을 두려움이라는 정서로 본 것이다. 특히 죽음의 두려움은 가장 순수한 고차정보의 소리일 수 있다. 그래서 그는 이 감성의 의식을 통해 가장 안전하게 고차정보로 관통할 수 있다고 본 것이다.

흥미로운 것은 뇌에서 이러한 존재와 현존재의 드러남과 숨겨짐이 어떻게 실제로 일어날 수 있는지에 대해 설명한 정신과 의사이면서 철학자인 그로버스가 있다.[34] 존재는 뇌의 고전적인 전기생리학적 현상만으로 설명할 수 없다. 그래서 가장 고차정보인 양자장을 뇌에 도입한다. 이를 양자뇌동학 Quantum Brain dynamics: QBD 혹은 현존재 뇌Dasein Brain라고 부른다. 뇌는 미세소관을 통해 1차 양자장을 형성할 수 있는데, 이를 초고차정보인 존재로 보는 것이다. 이 양자장은 균형과 대칭을 이루며 안정 상태에 있다. 그러나 어떤 자극으로 인해 그 대칭이 깨지면서 양자장이 요동하기 시작한다. 이로 인해 양자의 짝coupling반응이 활성화되며 그 결과 자유도가 배가된다. 그리고 진공과 입자의 짝반응에 의해 은폐와 드러남의 사이between 상태가 형성된다. 이 사이 상태를 통해 현존재에 대한 정보적인 조율 tuning이 일어난다. 이 짝반응의 사이 상태가 2차 양자뇌동학의 상태가 되며 이 준비 과정을 통과하여 현존재의 사이로 드러나게 된다. 이 상태가 3차 양자뇌동학이다. 이런 식으로 존재와 현존재의 드러남을 양자장의 동학으로 설명하고 있다. 더 자세한 내용은 11장 후반부에 있으니 참고하기 바란다.

몸과 정서정보를 통한 고차성 회복

저자의 다른 책인 '정보인류, 뇌정보와 몸정보'에서 몸과 감성 특히 아픔의 감성은 고차정보로 가는 가장 안전하고 순수한 길이라고 소개한 바 있다. 스피노자, 흄, 칸트, 니체, 하이데거와 데리다와 들뢰즈의 해체철학은 모두 이 감성을 고차정보로 가는 길로서 아주 중요하게 여긴다. 그리고 이 감정의 뿌리는 몸이다. 그래서 몸의 소리인 감성은 대상의 고차정보를 회복하는 가장 안전하고 핵심적인 길이 될 수 있는 것이다. 그리고 예술과 시적 언어 등도 고차정보의 통로가 될 수 있지만 때로는 저차정보로 가는 위험이 있다. 그래서 고차정보로 가는 가장 안전한 길로서 바로 아픔 곧 몸의 아픔의 소리에 귀 기울이고 이 소리와 소통하는 능력을 훈련하고 개발하는 길이 중요하다.

열린 물질을 통한 이분법의 극복

마지막으로 심리철학에 대해서 잠깐 언급하고자 한다. 이글에서 아직도 해결되지 않은 복잡한 심리철학의 이야기를 풀어 놓을 수 없다. 더 혼란만 야기하기 때문이다. 단지 정보이론에 입각하여 기존의 심리철학의 문제들에 대해 몇 가지 질문을 제기하는 정도로 끝내려고 한다. 심리철학의 가장 핵심적인 질문은 물질과 정신의 인과관계에 대한 것이다. 여기서 인과관계는 알고리즘의 2차정보에 속한다. 그리고 물리를 뉴턴식의 2차정보의 수준으로 다룬다. 그래서 심리철학은 지나치게 저차적인 정보의 수준에 머문다. 그러나 물리나 정신은 저차 상태만 있는 것은 아니다. 고차적 상태의 현상을 지나치게 저차적인 평면으로 끌어들이려고 하니 여러 복잡한 문제들이 발생하는 것이다. 그리고 언어와 논리도 앞서 여러 번 언급한 대로 저차적 수준이다. 물질 자체가 이미 고차적인 수준이다. 이에 따라 정신도 고차적이다. 이를 저차적 언어와 알고리즘으로 끌어내려 설명하려고 하니 부자연스러운 문제들이 생기는 것이다. 그래서 이를 풀 수 있는 새로운 언어와 개념들이 필요하다고 생각한다. 그 하나의 가능성으로 정보이론을 제안하고 싶은 것이다.

정보이론은 다차원적이다. 물리도 정신도 다차원적이어서 같은 차원에서는 환원이 충분히 가능하다. 물론 다른 차원끼리는 환원이 당연히 어렵다.

물리 자체도 고차원으로 열려지기에 환원이나 심신 동일성을 주장한다고 해도 큰 문제가 될 것도 없을 것이다. 그리고 정신이 실재인지 아니면 속성이나 기능 혹은 수반의 부수 현상인지도 차원의 문제로 충분히 해결할 수 있을 것으로 생각된다. 정보 자체가 물리와 정신이 하나로 되어있다. 양자물리학자 린다나우의 말처럼 정보는 물리적이다. 이는 정신이 물리적이라는 뜻이다. 그렇다고 정신이 물리에 갇히는 것도 반대로 물리가 정신에 갇히는 것도 아니다. 나는 여기서 새로운 심신이론을 제시하려고 하는 것은 결코 아니다. 이는 철학자들의 몫이다. 단지 저차정보에 머물고 있는 심신철학을 다차원적인 정보와 물질로 확장시켜 다시 정립해보자는 뜻에서 이러한 이야기를 던져보는 것이다. 더 자세한 내용에 대해서는 11장을 참고하기 바란다.

정보에 대한 자가비판

앞에서도 말한 바 있지만, 이글은 철학에 대해 새로운 이야기를 하기 위한 것은 아니다. 철학을 정보이론으로 볼 수 있는 연결고리와 가능성을 마련하기 위해 쓴 것이다. 그러다보니 부족하고 아쉬운 점들이 한두 가지가 아니다. 비전공자로서의 한계도 심각하게 느낀다. 철학의 넓이와 깊이를 제대로 파악하지 못하고 일부분의 언어와 개념으로 성급한 구성으로 저차적인 그림을 그린 위험성이 분명히 존재하고 있다. 그러나 비전공자의 서툴고 삐뚤어진 그림이라도 정보와의 연결을 위해 나름의 의미가 있다고 생각하여 있는 그대로 노출하기로 했다. 이 부분에 대해서는 앞으로 계속적인 수정과 보충이 있길 바랄 뿐이다.

이 글을 마무리하면서 이 글과 책의 중심 언어인 정보가 무엇인가에 대해 자기비판을 해보려고 한다. 철학을 바라본 정보가 과연 무엇인가에 대해 이야기를 하고 싶은 것이다. 결국 이는 정보이론으로 본 정보이론에 대한 이야기가 될 것이다. 메타정보로서 정보를 비판하고 바라볼 필요가 있다. 정보이론은 과학을 기초로 하였기 때문에 너무도 쉽게 저차화될 수 있다. 거기서 나온 이론들은 알고리즘적 2차정보이다. 이러한 저차정보로 고차적인 철학을 바라본다는 것은 자기모순이다. 앞서 지적한 심리철학의 문제를 반복할 수 있다. 글과 이론은 아무리 재주를 피워도 저차정보를 벗어나지 못한다. 그러나 시에는 고차의 소리가 숨 쉴 수 있는 작은 공간들이 있다. 해체철학에는 차연의 공간이 있고 하이데거의 존재론에는 사이라는 완충지대가 있다. 이를 통해 고차정보가 들락거릴 수 있다. 정보이론은 기본적으로는 과학이론이지만 저차원적인 물리는 아니다. 고차로 열려진 물리이다. 이 열림에서 고차의 호흡을 할 수 있다. 정보 자체가 모나드처럼 창이 없어 그 순수성이 보존될 수 있다. 책의 머리말에서 밝혔듯이 이 정보이론은 과학의 실험으로 얻어진 것은 아니다. 나름의 디오니소스적인 감성과 몸 이성의 삶에서 나왔다. 그래서 정서 특히 아픔과 몸의 열린 정보가 있기에 가능하였다. 그러나 이 정보는 던져졌다. 던져진 정보는 기호로서 기호들끼리 열역학적인 반응을 하면서 노화의 과정을 밟아나갈 것이다. 그리고 언젠가는 정보의 블랙홀에서 사라질 것이다. 그래서 정보는 공空으로 남을 것이다. 그래서 정보는 공이다. 아무것도 아니다. 그러나 정보는 공이 되어야 살아난다. 정보의 영원회귀이다. 이러한 정보가 되길 간절히 바란다.

9. 기호, 단자 그리고 양자정보

기호, 눈에 보이는 모든 것

인간의 앎은 어떠한 계통과 순서를 밟아 이루어지는 것 같다. 처음부터 모든 것을 다 알 수 없다. 우선 겉을 살피다가 그 속을 쪼개어 본다. 그리고 그 속을 양파껍질 벗기듯 하나하나 분석해서 알아본다. 그리고 가장 작은 단위가 무엇인지 알아보고 반대로 그 단위가 다시 어떻게 전체를 구성하게 되는지를 알아보는 순서로 진행된다. 자연과학이 그랬다. 거대한 자연에서 시작하여 점점 작은 단위로 들어가 양자와 소립자, 끈 이론에 이른다. 그리고 이 이론들로 자연과 우주를 다시 설명해보려고 한다. 인문학의 중심인 철학도 비슷한 과정을 밟는다. 처음에는 거대한 형이상학과 신을 연구하다 점점 그 핵심이 되는 인간 자체로 들어오게 된다. 인간의 사고와 인식체계를 분석하다가 인간의 의식과 무의식 그리고 언어로 들어가게 되었다. 언어를 분석하다 가장 기본단위가 되는 기호로까지 들어가게 된다. 그리고 이 기호로 인간의 모든 것을 다시 설명해보려고 한다. 그래서 현대철학과 인문학의 중심에는 이 기호가 있다.

그런데 이 기호는 인문학에만 머물지 않는다. 더 기초적인 기호는 사실 자연에서 나온다. 모든 보이는 형상은 기호이며 그래서 자연과 물질이 곧 기호라고 볼 수 있다. 원자, 분자, 전자도 형상의 기호로 되어있다. 자연과 물질 자체가 기호이면서 이를 수식이라는 기호로 표시하여 연구한다. 인간의 몸도 기호로 되어있고 인간의 정신도 기호로 구성되어 있다. 인간의 언어도 기호이다. 발화언어도 자연과 생물에서 나온다. 문자언어도 자연과 인간의 합작품으로 만들어진다. 문학과 예술도 기호이고 모든 문화도 기호이다. 정치, 경제, 역사도 기호이다. 그래서 현대 기호학의 창시자 중에 한 사람인 퍼스 Charles S. Pierce는 우주 전체가 기호로 가득 차 있다고 했다.[1] 그래서 이 기호가 현대 학문의 가장 기초적인 연구가 될 수밖에 없다. 그래서 이 기초적인 개념을 통해 인문학과 자연과학이 하나로 만날 수 있는 길이 열릴 수도 있을 것이다. 그러나 자연과학과 인문과학의 기초가 기호이기는 하지만, 기호라는 개념과 용어를 통해 이를 통합적으로 연결시키기 쉽지 않다. 기호는 인문학에서 시작된 용어로서 현상을 설명은 하기는 용이하나, 과학적인 언어가 아니기에 과학과 근원적으로는 연결시키지 못한다. 그래서 과학에서도 사용할 수 있고 또 인문학적으로도 활용될 수 있는 용어와 개념이 필요하게 된다.

인문학과 과학을 아우르는 '정보' 개념

나는 이를 정보라는 개념이라고 생각한다. 정보는 정보시대를 맞이하여 아주 넓은 분야에서 보편적으로 사용되어 가고 있다. 현재는 인문학에서 학문적으로 활발하게 사용되는 개념은 아니지만, 미래지향적으로는 기호보다 더 보편적으로 사용될 가능성이 높다. 무엇보다 정보는 과학적인 개념으로도 사용되고 있다. 물리학에서는 물질의 삼대 요소를 질량, 에너지와 함께 정보를 들고 있다. 정보는 물질의 질량과 에너지와 상호 교환 가능한 정량적인 개념이다. 그러나 정보는 정량보다 정성定性이 더 중요한데, 이를 과학과 인문학에서 잘 조율한다면 인문학과 과학을 연결하는 훌륭한 언어가 될 가능성이 있다.

무엇보다 정보는 기호보다 더 보편적이고 포괄적인 개념이 된다. 인문학의 기호도 정보이고 자연과학의 기호도 정보이다. 이를 정보로 부르면서 자연스럽게 인문학과 자연과학이 연결될 수 있는 길을 마련해 볼 수 있을 것이다. 기호와 정보는 비교적 일치하는 개념이지만 그렇다고 완전히 일치하는 것은 아니다. 기호는 기표와 기의로 나누어지는데, 기호는 형상적인 기표의 의미가 강하고 정보는 내용적인 기의의 의미를 강조하는 면이 있다. 그래서 기호는 반드시 기표가 있어야 하지만, 정보는 기표가 없이도 존재할 수 있을 것 같아 보인다. 전통적으로 이데아, 신성과 영혼 같은 형이상학적인 정보들은 형이하학적인 기호를 초월해서 스스로 존재할 것으로 생각하기 때문이다. 그러나 더 엄밀하게 들어가 보면 정보도 기표가 없이는 존재할 수 없다고 보아야 한다. 양자물리학자인 린다나우의 말처럼 정보는 물리적이기에 반드시 기표를 필요로 한다.[2] 물리적인 기표가 없는 정보는 존재할 수 없다. 그러나 모든 정보가 물질적인 기표로 표시될 수 있다면 결국 환원론이나 유물 일원론이 된다. 그렇지만 기표가 없는 정보가 존재할 수 있다면 결국 데카르트의 이원론이 되고 만다. 이것이 늘 제기되는 심리철학의 난제이기도 하다. 기표가 없는 정보가 있다면 이원론이 되고, 있다면 유물론이 되는 것이다.

스피노자, 라이프니츠 그리고 단자론

이를 해결하지 않고는 정보도 결국 허구적인 언어가 되고 만다. 이를 해결할 길은 없을 것인가? 데카르트의 이원론을 해결하려고 한 당시의 철학자들이 있었다. 데카르트와 같은 합리주의 철학자들인 스피노자와 라이프니츠이다. 스피노자는 자연과 생명conatus을 통해, 라이프니츠는 단자monad를 통해 하나의 세계로 만날 수 있는 길을 열고자 하였다.[3,4] 특히 이 두 철학자는 현대과학에서 재평가되면서 많이 인용되고 있다. 스피노자는 뇌과학에서 몸과 정서 이론을 전개하는데 중요한 사상적인 배경이 되고 있다.[5] 라이프니츠는 뉴턴과 별도로 미적분학을 알아낸 과학자이다. 특별히 그는 과학과 신학의 통합을 위해 단자론을 내어놓았는데, 이 단자이론 역시 현대컴퓨터의 기초가 되는 이진법, 혼돈과 복잡성이론, 정보이론 그리고 현대물리학 등에 적지 않게 인용되고 있다.[6,7]

나는 이 단자이론이 데카르트의 이원론을 현대과학으로 극복하는데, 중요한 사상적인 단초를 마련해 줄 수 있을 것으로 기대한다. 그런데 이 단자이론은 아주 단순하지만, 이해하기가 쉽지 않다. 과거의 철학적인 전통에서 나온 개념도 아니고 과학적인 이론도 아니다. 그의 천재적인 직관과 발상의 작품이어서 다소 엉뚱하여 오해받기 쉽다. 워낙 뛰어난 천재이기 때문에 그의 이론을 인정하는 추세이지만, 사실 너무 비약적이고 독단적이다. 단자에 대한 언어적인 이해는 어렵지 않지만 사실 그것이 무엇인지 알기가 쉽지 않다. 단자는 물질과 정신의 이원 세계의 통합을 전제로 하는 가상적인 개념이다. 그래서 그는 실체로 보고 있지만 증명할 수 있는 것은 아니다. 물질은 확실히 존재하고 있는 것은 알지만, 만일 신이 있고 영혼이 있다면, 그 사이를 연결하는 단자라는 것이 반드시 필요하고 단자는 그러한 성격을 가져야 한다는 가정이다. 마치 양자역학의 거두인 슈뢰딩거가 유전자의 DNA를 예견한 것처럼[8] 두 세계를 연결하는 어떠한 가상의 존재가 반드시 필요하고 이를 단자라고 불렀으며 이 단자는 이러한 성격을 가져야 한다고 말한 것이다.

단자와 양자의 유사성

이제 그 단자에 대해서 살펴보자. 단자는 물질의 기초가 된다. 단자가 복합적으로 모이면 물질이 된다. 그런데 단자는 일반 물질과 다르다. 나누어질 수 없는 하나이다. 그리고 밖에서 들어갈 수 있는 창이 없다. 안에서만 나오지 밖에서는 단자를 들여다볼 수도 없고 어떠한 영향을 줄 수도 없다. 그러니 물질의 기초이지만 물질은 아니다. 그러나 물질이 되니 실체임에는 틀림없다. 그리고 단자에는 고유한 성질이 있다. 즉 그 속에 어떠한 질과 내용이 각각 있다는 것이다. 그리고 지각이 있다. 이를 한마디로 이야기하면 그 속에 고유하고 다양한 정보가 있다는 것이다. 그리고 단자는 밖으로부터는 변화되지 않지만, 내부로부터는 스스로 변화된다. 안으로는 신과 영혼에 열려 있어 창조, 예정, 조화 등의 초월적 정보와 연결된다. 사실 이 부분이 가장 이해하기 어려운 문제이다. 아주 묘한 이야기이다.

과연 이런 단자가 실제로 있을까? 혼자만의 독단적인 상상일까? 아니면 천재가 몇백 년 앞서 예견한 어떠한 무엇일까? 이제는 과학이 많이 발달 되었으니 단자에 대한 과학적인 이야기도 가능할 것 같은데, 이를 과학으로 풀면 어떻게 될까? 나는 이 단자가 현대물리학의 양자와 그 정보라고 생각하고 단자 이야기를 진행해보려고 한다. 그래서 단자와 함께 양자가 이원론을 극복할 수 있는 길을 열어 줄 수 있을 것으로 기대한다. 양자와 단자를 같이 생각하는 이유는 양자와 단자가 성격적으로 많이 닮아있기 때문이다. 양자는 모든 물질의 가장 기초적인 단위가 되지만 물질 자체는 아니다. 양자는 물질 자체라기보다는 연속 값을 취하지 않는 최소 단위량이다. 물질과 관계되어 일어나는 에너지, 운동, 정보 등의 물리량인 것이다. 양자는 더 이상 나누어지지 않고 하나의 결을 통해 하나로 존재한다. 그리고 양자는 그 속을 들여다볼 수 없다. 그 속을 알려고 관측하면 양자는 즉시 고전적인 물질로 붕괴된다. 그래서 양자는 물질화된다. 그러나 양자는 물질의 입자적인 측면을 가지지만 또 다른 정보적 파동의 성격을 갖는다. 그래서 물질의 기초가 되지만 물질과는 다르다. 그래서 단자와 유사하다. 그리고 나누어지지 않고 밖에서 안을 드려다 볼 수도 영향을 줄 수도 없다.

그러나 그 안에는 정보가 있다. 이를 양자정보라 한다. 양자정보는 양자 밖의 일반정보와 다른 면을 갖는다. 가장 큰 특징이 중첩성이다. 정보라는 것은 어떠한 내용이 확정되어야 하는데, 양자정보는 어디에도 있을 수 있는 해체와 혼돈의 정보이다. 이것일 수도 있고 저것일 수도 있는 정보이다. 그러나 혼돈과 중첩이란 형태를 갖추고 있을 뿐, 분명히 정보로서 존재한다. 모든 가능성과 다양성의 정보로 존재하나 확정되지 않는다. 그러나 양자정보는 우연과 해체만으로 이루어지는 정보는 아니다. 결맞음을 가지고 있어 하나의 통일성과 전일성을 갖는다. 해체적인 형식은 가지나 내용은 어떠한 결 coherence과 조화를 통해 전체를 하나로 유지하게 할 수 있다는 것이다. 그래서 부분적으로는 해체와 불확정을 보이더라도 전체적으로는 어떠한 설계나 의도를 가진 중첩적인 정보가 될 수도 있다. 이러한 면 역시 단자와 일치하는 성격이라고 생각된다. 마지막으로 단자의 가장 어려운 문제가 신성과 영혼과의 관계이다. 이 부분이 양자정보와 어떻게 연결될 수 있을지가 사실 가장 어려운 문제이다.

    단자는 물질의 원인은 되지만, 그 자체는 시공時空 속에 연장延長적 실재는 아니다. 이 점도 양자와 유사하다. 양자는 분명 붕괴되면 고전적인 물질이 되지만 양자자체는 시공 속의 물질의 성질을 갖지 않는다. 시공을 초월한 성격을 갖는다. 시간을 역으로 가기도 하고 얽힘을 통해 시공을 초월하기도 한다.[9,10] 공간 속에 연장적인 개체가 아니고 어디에서나 중첩적으로 존재하고 이를 확률적으로만 인식할 수 있다. 그래서 일부 과학자들은 이를 설명하기 위해 초양자적 존재의 가능성을 도입하기도 한다.[11] 양자도 물질로는 설명이 안 되는데, 초양자는 우리가 알고 있는 물질과는 전혀 다른 존재일 것이다. 물질이 아닌 물질일 수도 있을 것이다. 그야말로 단자라고 말할 수 있을지도 모른다. 양자의 양자이기에 그 차원은 상상할 수 없을 정도이다. 그러나 그러한 초기호적인 존재가 가능할 수 있고 이를 매개로 한 초정보도 가능할 수 있다는 설정을 해보는 것이다. 나는 이러한 초양자와 정보를 통해 영성이나 영혼이라는 다른 차원의 존재와 연결될 수 있는 가능성이 있다고 생각한다. 이러한 가능성은 단자가 초월성과 열려있을 수 있다는 것을 의미할 수도 있을 것이다. 이에 대한 더 자세한 내용은 11장을 참고하기 바란다.

단자의 설계와 목적론

    그런데 이 단자가 어떻게 다양한 물질과 자연과 생명을 연출하고 발생할 수 있을까? 이 부분이 단자의 가장 중요하고 어려운 부분이다. 단자는 유전자와 유사한 면을 갖는다. 단자는 유전자처럼 내적 욕구와 정보인 지각을 갖고 이를 발현하려고 한다. 유전자 지도가 다 밝혀졌지만 이 유전자가 곧 생명체는 아니다. 이것이 어떻게 발현되어 생명체가 발생하고 적응해나가는지는 아직 잘 모른다. 단자와 같은 난자의 한 세포에서 세포의 증식을 통해 다양한 형태로 발생하지만, 원래의 유전자도 같이 분열하면서 증식세포 속에 늘 동행한다. 이를 통해 발생 세포 속에 단자의 원정보가 항상 연결될 수 있게 되는 것이다. 라이프니츠는 이 과정을 접힘의 주름과 펼침으로 설명한다.[12] 접힘과 펼침은 세포분열 과정과 유사하다. 난자의 유전자는 이미 많은 접힘의 과정을 통해 주름이 형성되어 있다. 그러나 스스로 분열하지 못한다. 정자가 난자의 핵으로 접혀 들어가야 한다. 그 접힘을 통해 수정란은 새로운 주름을 형성한다. 그리고 세포분열을 통해 펼쳐진다. 이 펼침은 다시 접힘의 주름이 된다. 이를 무수하게 반복함으로 한 사람이라는 개체를 형성하게 된다.

    다윈의 진화론은 늘 창조론이나 지적설계론과 갈등을 빚는다.[13] 단자론도 이러한 문제에 봉착한다. 그런데 라이프니츠는 담대하게 창조와 예정조화라는 단자의 설계와 목적론을 도입한다. 그래서 단자론이 결정적이고 목적론적 형이상학으로 오해받는다. 그러나 단자론은 결코 그렇지 않다. 단자의 핵심은 조화이다. 단자가 다양체로 발생하는 과정을 돌연변이와 적자생존만으로 설명할 수 없다. 물론 창조와 지적설계만으로도 설명하기 어렵다. 단자의 발현에는 이 모든 것이 조화를 이룬다. 그리고 후성유전학과 양자유전학도 같이 조화를 이루며 참여한다. 그 어느 하나만으로 단자의 다양체가 형성될 수 없다. 그래서 단자론은 고정되지 않고 역동적이다. 접힘과 펼침의 주름의 역동성이 항상 있는 것이다. 접힘과 주름은 결정론적 설계가 아니다. 펼침도 단순한 정보의 결정론적 발현이 아니다. 우연과 목적, 내부와 외부의 정보 모두가 참여하는 과정이다. 모순이고 혼돈이지만 전체가 조화 가운데 하나의 결로서 통일된다. 이러한 단자의 모습은 양자의 부분적인 해체와 전체적인 전일성이라는 중첩성과 유사하다. 그리고 유전자도 결정되어 있는 것 같지만, 양자상태를 이루며 중첩적인 주름을 이루고 있다.[14] 그래서 유전자는 단순한 알고리즘의 저차정보가 아니고 양자의 고차정보이다.

단자의 핵심은 이 주름 운동에 있다. 펼침은 다양한 형상의 세포분열이고 접힘은 단자인 유전자로 하나 되어 돌아오는 과정이다. 단자는 일방적인 동일성의 재현이나 정보의 자기보존으로 움직이지 않는다. 접힘과 펼침의 주름은 항상 해체성을 동반한다. 동일성의 해체를 통해 접힘이 일어나고 접힘의 해체를 통해 펼침이 있다. 이 해체가 있어야 단자는 동일성과 보존성의 방해를 뚫고 단자의 원정보로 돌아갈 수 있다. 그래서 들뢰즈는 이 주름 운동을 그의 해체철학의 출발점으로 삼고 있다.[15]

그런데 형상이 발달하면서 이 주름 운동에 문제가 생기기 시작한다. 여기서부터는 정보의 문제가 된다. 형상은 기호이자 정보이다. 단자와 유전자의 원정보는 주체이자 초월성이다. 분열과 접힘이 반복되면서 발생한 형상의 정보는 원정보에서 벗어나 자신이 하나의 정보가 되어 독립적으로 움직이기 시작한다. 즉 원정보인 주체와 형상의 정보인 기호와의 갈등이 발생하는 것이다. 만물은 보존된다. 형상의 정보도 강하게 자신을 열역학적으로 보존하려고 한다. 그리고 세상은 이 보이는 기호와 형상으로 강력하게 움직이기에 더 강한 보존력의 힘을 갖는다.

가장 강력한 열역학적 동력인 뇌

언어에서 기표가 임의적으로 자신을 보존해 나가는 것과 같다. 이는 엔트로피의 증가에 반하여 안정을 추구하려는 열역학의 법이다. 이 보존력이 발달하게 되면 원 모나드의 정보를 향한 주름의 운동이 멈추어지고 스스로의 정보를 형성해 나간다. 이것이 가장 강력하게 일어나는 곳이 인간의 뇌이다. 뇌는 가장 강력한 열역학적인 동력을 갖는다. 즉 생명체가 가장 효율적이고 경제적인 적응을 하도록 정보처리를 한다. 뇌는 뉴론 안에 있는 미세소관을 통해 양자정보의 모나드를 형성한다. 그리고 이 양자정보는 시냅스를 통해 복잡성 정보로 발달한다. 그러나 뇌의 가장 강력한 정보체계는 알고리즘에 의한 정보처리이다. 복잡성 정보가 자기조직화를 통해 질서를 찾게 되면서 그 정보는 알고리즘이라는 질서에 지배받게 된다. 질서는 강력한 네겐트로피이다. 이는 세상의 질서의 법과 함께 강력한 제체를 구성하면서 주름이 없는 평면의 정보가 된다. 양자와 복잡성의 정보를 고차적 정보라고 하면 이 알고리즘 정보를 저차정보가 된다. 뇌는 효율성을 가장 우선으로 하기에 주름의 복잡하고 혼돈된 정보보다는 주름이 없는 대리석과 같은 평면의 정보를 선호한다. 이를 동일성 혹은 재현의 정보라고 말할 수 있을 것이다. 대량생산의 효율적인 등급과 계산의 기계적인 정보이다. 이를 원정보인 주체에 대한 기호와 언어의 반란이라고도 말할 수 있다. 이는 마치 원세포의 정보가 차단된 암과 같은 것이다. 암이 강력한 힘으로 자신을 대량생산하듯 동일성의 기호는 자기를 복제하는 것이다. 그리고 이 저차의 강력한 정보와 구조가 고차적인 인간을 종속시키고 그 체제와 틀 속에 가두어 놓는 것이다.

그래서 현대철학과 예술은 바로 이 단자의 원정보를 저차정보의 체제로부터 해방시키려는 시도들이다. 동일성의 차이인 시뮬라크르를 통해 다시 주름의 운동을 회복하려는 노력들인 것이다. 그런데 이를 가장 강력하게 저항하는 것이 뇌이다. 뇌는 너무도 알고리즘의 저차정보에 중독되어 있기에 좀처럼 그 평면의 세계에서 빠져나오지 못한다. 뇌의 평면에 공간을 마련하려는 틈이 있는데 바로 정서이다. 정서는 니체가 말한 디오니소스로서 주름의 틈을 마련해 준다. 그런데 현대 뇌과학은 이 정서가 몸에서 주로 발생한다고 밝히고 있다. 그런데 몸은 알고리즘 정보가 없다. 그래서 인간의 언어로 소통할 수 없는 몸만의 기호체계를 갖는다. 정서와 몸의 언어는 알고리즘적 언어가 아니다. 논리적인 언어를 해체하고 몸의 기호와 그 속의 정서적인 고차 정보를 직접 만날 수 있어야 소통할 수 있다. 그래서 현대철학과 예술은 이 알고리즘을 해체하고 정서와 몸의 기호들을 중시한다. 이러한 정서의 몸부림이 바로 주름 운동의 회복이다. 뇌의 알고리즘 정보를 내려놓고 몸의 고차 정보로 내려갈 수 있을 때, 전정한 주름운동이 시작될 수 있는 것이다. 이를 통해 뇌와 몸이 자연과 모나드의 양자정보 안에서 하나 되어 조화의 세계를 이루어 나갈 수 있는 것이다.

단자가 꿈꾸는 진정한 통합의 세계

나는 이글에서 인문학의 기호와 모나드가 과학의 물질과 정보 속에서 실제적으로 일어나는 현상으로 설명해보려고 하였다. 라이프니츠는 400여 년 전에, 그의 빛나는 직관과 천재성으로 내어놓은 그의 단자론이 실제 과학에서 언젠가 통합될 수 있을 것으로 꿈꾸었을 것이다. 현대 과학과 인문학은 이제 그의 꿈을 이룰 수 있는 만큼 충분히 발전되고 있다. 이미 여러 학자들이 그러한 가능성을 예상하며 다양한 면에서 이러한 글들을 내어놓고 있다. 나도 이러한 가능성을 이룰 수 있는 한 작은 시도로서 이 글을 써 본 것이다. 이를 통해 모나드가 꿈꾸는 진정한 통합의 세계가 한 발 가까워지길 기대하고 있다. (문학사상 2018년 6월호 게재)

10. 기호, 언어, 상징과 정보이론

정보과학과 인문학

　정보이론은 과학에서 시작되었다. 그러나 정보의 정성적인 면이 인문학적 내용을 담을 수 있기에 정보라는 개념을 통해 자연과학과 인문학이 자연스럽게 만날 수 있을 것을 기대해 볼 수 있다. 그래서 이 책은 이러한 연결점을 찾아보기 위해 쓰고 있다. 그러나 인문학에서도 정보라는 용어를 사용한 것은 아니지만 이미 정보의 내용에 가까운 실질적인 연구가 진행되고 있었다. 인간의 사고를 연구해온 철학이 정보와 그 처리에 대한 가장 심층적인 연구를 이미 해왔다고 볼 수 있다. 그래서 앞의 8장에서 철학사의 여러 개념과 사상에 대해 정보와의 연관성을 분석해 보았다. 철학 중에서도 정보에 가장 정밀하게 가까운 개념이 있는데 그것이 현대철학의 시작이라고 볼 수 있는 '기호'이다. 이에 대한 정보이론적 연관성에 대해서 라이프니츠의 모나드의 개념과 연결하여 9장에서 설명하였다. 이제 마지막으로 기호의 연장으로서 언어와 상징 등을 포함하는 더 넓은 영역에서 정보와 연결되는 부분을 설명해보려고 한다. 이는 현대철학의 핵심 부분이기도 하다. 그래서 아주 깊고 섬세하게 연구되어 있다. 비전공자로서 이를 정밀하게 비교하여 그 연결점을 찾는다는 것은 결코 쉬운 일은 아니다. 그럼에도 용기를 낸 것은 인문학적 내용을 분석하기 위한 것이라기보다는 이를 정보이론과 연결시켜 정보에 대해 부족하였던 미세한 부분을 보충할 수 있을 것으로 기대하였기 때문이었다. 또 이를 통해 인문학에서의 정보이론의 기초를 마련해 보는데, 도움이 되지 않을까 하는 기대 때문이다.

정보는 정량定量과 정성定性으로 나누어진다. 정량은 보이는 물질이 기초가 되고 정성은 보이지 않는 정보의 내용이 기초가 된다. 정량은 정성을 운반하고 표현하고 담는 도구와 그릇이 된다. 그렇다면 물질의 도움이 없는 순수 정보가 가능할까? 이것이 가능하다면 데카르트의 이분법이 될 것이고 가능하지 않다면 유물론적 일원론이 될 것이다. 동양사상에서는 이를 이理와 기氣로 설명한다. 이는 조선 유학에서 논쟁을 벌인 기대승, 퇴계[1]와 율곡의 이기론[2]과 비슷한 문제가 될 것이다. 그러나 이 책의 본문에서 말한 정보와 물질의 차원을 도입하면 이러한 갈등을 해소할 수 있는 이원적 일원론도 가능하다. 이기에 대한 율곡의 해법과도 비슷하다. 율곡은 기발이승일도氣發理乘一途를 주장했는데, 이를 정보의 정성과 정량의 관계에도 적용할 수 있다.[3]

양자는 붕괴되면 고전적 물질이 된다. 그러나 양자 상태는 단순한 물질이라고 말하기 어렵다. 물질의 기초가 되지만, 물질이라기보다는 에너지와 정보 덩어리이다. 한편은 물질 입자의 성격을 보이지만, 한편으로는 파동적인 정보의 이중성을 보인다. 아직 초양자 정보의 존재를 확인할 수는 없지만 이를 가상한다면, 이 차원에서는 이원二元적 상태도 없어질 가능성이 높다. 물질과 정신이 완전히 하나가 되는 어떠한 초월적 존재가 가능할 수도 있다. 그러나 양자에서는 물질과 정보가 어느 정도 분화된 상태에서 이원적 일원으로 볼 수 있다. 초양자를 무극으로 본다면 양자는 마치 태극과도 비슷하다. 이에 대한 더 자세한 내용은 11장과 12장을 참고하기 바란다. 라이프니츠가 말한 모나드는 현대물리학으로 표현하면 양자와 초양자 차원의 존재에 가깝다. 모나드는 물질과 정신이 어느 정도 분화되었든 아니든 하나의 상태로 그 속을 알 수도 들어갈 수도 없다. 그리고 모나드는 초월적 조화의 세계에 열려있다. 이러한 점이 바로 양자 이후의 세계와 유사하다고 볼 수 있다.

자연기호와 인공기호

양자가 붕괴되어야 정성과 정량의 정보가 완전히 분리된다. 즉 보이는 물질과 보이지 않는 정신이 분리되는 것이다. 이는 태극이 분화되어 음양이 되는 것과도 같다. 양자가 붕괴되면 다음 차원인 복잡성 정보가 된다. 이 복잡성 상태는 본질적으로는 물질과 정보가 분리되어 있지만, 현상적으로는 양자처럼 미분화 상태를 보인다. 이때 보이는 물질은 기호의 기반이 된다. 보이는 모든 것은 기호이다. 일원적 양자 상태에서는 물질과 정보가 하나이다. 물질이 정보가 되고 정보가 물질이 된다. 기호에서 말하는 기표와 기의가 분리되지 않고 하나라는 뜻이다. 그러나 붕괴될 때는 기표인 기호와 기의인 정보가 분리된다. 그렇지만 이때의 물질적 기표도 정보를 상당히 내포한다. 즉 물질의 형상은 그 내용을 많이 닮는다. 마치 사람의 모습과 행동이 부모의 유전정보를 닮듯이 물질도 붕괴 전의 고차정보를 드러낸다. 자연은 만물 속에 있는 고차정보인 이理를 자연히 드러내고 이를 탐구하고 아는 것을 격물치지格物致知라 한다.⁴ 자연의 모습에서 더 깊은 차원의 정보를 알아내는 것을 풍수지리라 하고 얼굴의 모습에서 보이지 않는 운명을 읽어보려는 것이 관상이다. 자연의 변화를 기호의 형상으로 표시한 것이 주역이다. 이처럼 자연은 제각기 다른 형상을 갖는데, 겉에 드러난 모습을 자연기호라고 말할 수 있을 것이다. 자연기호는 율곡이 말한 기발이승일도처럼 그 이전의 고차정보를 자연스럽게 드러내고 인간은 이를 같이 공감하고 느끼며 그 고차정보를 공유한다.

그런데 인간만은 자연기호로 끝나지 않는다. 모든 자연은 자연의 정보를 그대로 공감하며 자연의 기호로 표출한다. 자연은 양자 아니면 복잡성의 고차정보이다. 자연의 정보를 자연의 정보와 기호로 표현하고 주고받는다. 그러나 인간은 거기서 한발 더 나아간다. 인간만의 기호를 개발하여 이를 탐구하고 소통한다. 대표적인 기호가 인간의 언어이다. 이 언어를 통해 인간만의 정보를 주고받는다. 이 인간이 개발한 기호는 인공기호가 된다. 이제 이 인공기호에 대해서 정보이론적으로 더 생각해보려고 한다.

자연에는 고차정보만 있는 것은 아니다. 자연 속에 더 저차의 알고리즘 정보들이 많다. 이를 찾아내어 연구하는 것이 과학이다. 우주와 지구의 천문학 법칙, 물질의 물리학 법칙, 에너지와 운동의 법칙, 화학과 생물의 법칙 등 무수한 법칙과 원리들이 있다. 인간은 이를 발견하여 위대한 과학의 혁명과 발전을 이루었다. 이들은 복잡성이 아니다. 아주 단순한 수학적 원리와 논리로 작동된다. 이를 전체적으로 알고리즘 정보라 할 수 있다. 인간은 수數와 논리, 연산의 기호를 만들어 이 법칙들을 표현하고 계산한다. 자연 속에 숨어있던 알고리즘을 인간이 만든 기호로 찾아내고 활용할 수 있게 된 것이다. 이러한 기호를 학문에 도입한 학자가 과학자이면서 철학자인 라이프니츠이다. 그는 이러한 기호를 재현과 모사가 가능한 직관과 구별하여 상

징이라고 하였다. 상징의 기호는 그 계열 안에서만 의미를 갖는 맹목적인 관계를 맺는다.[5]

　자연 속에 있는 이러한 법칙과 이를 대신한 기호와 형식과학은 그 누구도 해체할 수 없을 정도로 완벽해 보였다. 그러나 과학이 절정에 이르는 20세기에 들어서서 그 관계에도 금이 가기 시작했다. 러셀의 패러독스와 괴델의 불완전성 정리 그리고 양자역학 등으로 인해, 알고리즘적 저차기호로 고차의 자연을 어떠한 간극도 없이 완전하게 표현할 수 없다는 것을 자신의 기호와 알고리즘으로 증명되고 말았다. 이는 인공기호의 문제라기보다는 자연 속에 존재하는 차원의 문제와 간극으로 보는 것이 타당할 것이다. 즉 양자와 복잡성의 간극과 복잡성과 알고리즘의 간극은 이미 본질적으로 존재하는 차원의 문제이기 때문에 그것이 자연이든 인공이든 어떠한 기호를 통해서도 그 간극은 극복될 수 없다고 보아야 할 것이다.

뇌와 언어

　그다음으로 인간이 발명한 기호가 언어이다. 이 언어는 앞서 개발한 과학의 기호와 함께 인류의 발전을 이루는데 절대적인 역할을 하였다. 이러한 인공 기호의 발전의 중심에는 인간의 뇌가 있다. 뇌는 스스로의 가상기호로 자연과 다른 자신만의 가상의 세계를 만들고 이 가상으로 세상을 다시 만들어 그 세상과 자연과 관계한다. 뇌가 어떻게 이러한 기호와 가상을 만들게 되었을까? 그것은 뇌의 가장 핵심적인 원리인 열역학적 효율성 때문이다. 뇌는 생물체가 현실에 적응하고 진화해나갈 수 있는 가장 효율적인 방법을 찾는 정보기관이다. 가장 작은 에너지로 가장 효율적인 길을 찾아야 한다. 그러나 자연의 양자와 복잡성 정보를 그대로 정보처리 하면 효율성이 떨어진다. 그래서 이를 축약한 기호 즉 언어를 만들고 그 자연과 현실을 계산 가능한 알고리즘 정보처리를 할 수 있어야 한다. 이는 마치 복잡성의 자연 속에 알고리즘 법칙이 내재 되어있어 자연이 스스로의 질서로 움직이는 것과 유사하다.

뇌나 생물의 몸은 대부분 양자와 복잡성의 정보로 움직인다. 그러나 이 고차정보는 겉으로는 우연이나 혼돈의 법으로 무질서하게 움직인다. 물론 내재적으로는 양자와 복잡성 정보 속에 질서와 조화가 있다. 그러나 이를 일방적인 지시나 설계대로 작동되지 않는다. 우연과 혼돈이라는 해체를 통해 질서와 의도된 조화와 설계가 발현되는 것이다. 이는 마치 스포츠를 보는 것과 비슷하다. 축구나 야구를 보면 운이라는 것이 있다. 준비한 프로그램이나 의도대로 되지 않는다. 또 흐름이라는 기운이 있다. 아무리 해도 안 될 때가 있고 모든 것이 절로 움직일 때도 있다. 홈런을 몰아칠 때도 있고 슬럼프가 올 때도 있다. 마음대로 안 되는 것이 운동 게임이다. 복잡한 멘탈 게임이라고 한다. 그리고 운이 따라야 한다고 한다. 그렇다고 실력이나 지략이 필요 없다는 것이 아니다. 운동이라는 우연과 혼돈을 통해 준비한 실력과 의도가 드러난다. 이것이 스포츠의 묘미이다. 그래서 사람들이 스포츠는 인생이라고 하며 열광하는 것이다. 이처럼 스포츠나 인생은 묘한 중첩을 통해 움직인다. 이것이 고차정보의 드러나고 작동하는 방식이다.

그렇다면 뇌는 어떻게 움직이고 있을까? 뇌는 그럼에도 자신의 알고리즘을 집착하고 강요한다. 그것이 효율적이라고 생각하기 때문이다. 고차정보는 광역대의 효율성은 높지만, 국소적으로는 효율성이 낮다고 했다. 국지적으로는 우연이나 혼돈의 방식이다. 그러나 저차의 알고리즘은 광역대의 효율성은 낮지만, 반대로 국소적으로는 높은 질서와 효율성을 보인다.(3장 참고) 뇌는 고차정보의 해체성과 저차정보의 질서와의 조화를 보여야 하는데,

낮은 차원의 정보의 강력한 보존성으로 인해 국소적인 질서와 효율성만 강화된다. 그래서 자연의 고차정보의 조화보다 가상의 정보가 더 강력한 지배력을 갖는다. 이것이 인공적인 언어와 기호에도 그대로 반영된다.

음성언어와 문자언어

이제 인간이 만든 언어에 대해 좀 더 자세히 들어가 보자. 인간의 언어를 음성과 문자언어로 나눈다. 이는 고대철학에서부터 아주 중요한 문제로 거론되고 있다.[6] 보이는 인간의 말이 얼마나 이데아의 진리를 담을 수 있는가가 중요한 문제로 제기되었다. 그렇지만 인간의 언어를 통하지 않으면 진리를 인식할 수도 표현할 수도 없기에 언어를 인정하지 않을 수 없었다. 그러나 그중에서도 음성이 아닌 문자언어는 그 현장을 떠나 있기에 진리를 왜곡할 가능성이 더 높다. 이처럼 문자로 표현될 때 화자의 의도와는 다른 뜻으로 전달되는 경우가 너무도 많다. 가장 쉽게 볼 수 있는 것인 언론의 왜곡이다. 그래서 성인들은 가능한, 스스로 책을 남기지 않는다. 많은 경우 제자들의 기록을 편집한 것이다. 이러한 경전은 성인의 뜻을 왜곡하기에 글을 의지하지 말고 진리를 스스로 탐구하라고들 권한다.

음성언어는 자연의 소리에서 출발한다. 고차정보가 붕괴되며 뇌와 음성기관을 통해 표출된다. 자연이 소리를 내는 것과 같은 기전이다. 그러나 개인의 소리나 언어가 아닌 공동체에 통용되는 언어가 되기 위해서는 어쩔 수 없이 인공적인 요소가 가미된다. 그래서 음성언어는 자연기호와 인공기호가 결합된 형태이다. 그러나 자연기호의 성향이 조금 더 강하다고 보아야 한다. 어머니, 아버지, 사랑 등의 음성에는 그 내용적 의미를 모른다고 하더라도 소리 자체의 기호만으로도 고차정보의 내용을 어느 정도 전달된다고 보아야 한다. 바람소리나, 새소리처럼 이미 그 자체에 고차정보가 내재되어있다. 그러나 더 복잡한 음성언어들의 발달에는 환경적이고 인공적인 요소가 담기지 않을 수 없다.

그러나 시각기호나 문자언어는 자연보다는 인공이 훨씬 더 많이 포함된다. 문자는 상형문자와 표음문자로 다시 나누어지는데, 상형문자는 자연의 형상을 기호화하였기에 자연 속의 고차정보를 그만큼 많이 내포한다. 그러나 인공적인 저차정보의 효율성은 낮다. 그러나 표음문자는 인공성이 강하기에 상형문자와 반대의 성향을 보인다. 그래서 어떠한 점을 보느냐에 따라 그 우수성과 의미가 달라진다. 라이프니츠는 상형문자의 자연 기호적인 성격을 강조하기에 상형문자의 우수성을 강조하고 헤겔은 표음문자의 효율성을 우수함으로 내세운다.[7] 가장 이상적인 문자라면 상형문자의 자연성과 표음문자의 효율성을 동시에 가질 수 있는 문자일 것이다. 그러한 이상적인 문자로서 한글을 주장하기도 한다.[8] 그 이유와 타당성에 대한 이야기는 여기서 다루기는 적절하지 않기에 다음 기회로 미루기로 한다.

인공기호의 열역학

이 글에서 기호의 자연성과 인공성의 구분을 강조하는 이유는 기호와 언어의 근본적인 문제가 바로 이 구분에서 시작하기 때문이다. 인공기호의 시작은 뇌의 열역학적 효율성 때문이라고 했다. 그런데 이 열역학은 자동적이다. 양자정보는 기호와 정보가 하나이고 복잡성도 본질적으로는 기호와 정보가 구분되나 기능적으로는 거의 하나처럼 움직인다. 그래서 자연기호는 고차정보로서 기호와 정보가 거의 분리되지 않는다. 그러나 인공기호와 언어는 기호의 축약과 효율성 때문에 기표와 기의가 분리될 수밖에 없다. 인공기호는 자연적인 고차정보의 축약이 아니다. 자연기호는 내부의 붕괴적 축약에 의해 결정되지만, 인공기호는 내부의 정보와는 관계없이 대부분 외부로부터 주어진다. 내부와 거의 무관한 기호로서 상호 약속과 습관에 의해 열역학적인 안정에 의해 결합된다. 그래서 인공기호의 주인은 열역학이다. 마치 물이 낮은 곳으로 열역학적인 법칙에 의해 흘러가듯, 바람이 기압이 낮은 곳으로 열역학적으로 불어가듯 인공언어와 기호 역시 그렇게 흘러간다. 물론 열역학도 자연의 법이나, 그 속에는 어떠한 고차정보가 있는 것은 아니다. 법칙 자체일 뿐이다.

고차정보에서는 기호(기표)와 정보(기의)에 어떠한 종속 관계가 있는 것은 아니다. 상호적이고 상생적이다. 구조적으로나 내용적으로 완전하게 분리하기 어렵다. 그러나 그보다 낮은 차원의 정보적 기호 특히 인공기호에서는 둘 사이에 분리가 일어난다고 했다. 고차정보를 효율적으로 정보처리하기 위해 인공기호나 언어가 필요한 것이기 때문에 인공기호는 단순히 도구나 그릇과 같은 수동적인 매개물이 될 수 있다. 즉 그 속의 고차정보는 주인이 되고 이를 대신하는 인공기호는 정보처리만을 위해 도입된 도구이기 때문에 종의 관계로도 볼 수 있다. 적어도 처음에는 그러한 종속 관계가 성립할 수도 있다. 그러나 기호가 장기적으로 그 기능을 수행하면서 종의 위치에서 벗어나 능동적인 위치에 선다. 대등한 위치에까지 섰다가 반대로 종속 관계가 역전되기도 한다. 이러한 기호의 능동성과 역전된 위치는 현대 기호학에서 밝힌 내용이다.

현대 기호학의 시조인 소쉬르는 이러한 기호의 자의성恣意性을 처음으로 밝힌 학자이다. 기호의 뜻이 외부로부터 주어지는 것이 아니라 기호 스스로 자의적으로 뜻을 만들어 간다고 했다. 그래서 뜻이 내재적으로 형성되지 않고 기호의 다양한 결합에 의해 그 차이로부터 만들어진다고 했다.[9] 인공기호는 일차적으로는 뇌의 산물이다. 그래서 이러한 기호현상은 뇌를 떠나서 이해할 수 없다. 이러한 기호의 자의적인 결합은 결국 뇌에서 일어나기 때문이다. 뇌의 열역학적 흐름에 의해 기호운동이 일어난다. 뇌는 가상의 공간이다. 뇌에서 일어나는 모든 정보처리는 가상이고 인공이다. 자연의 열역학적 법칙을 따른다고 하지만, 어디까지나 가상의 공간에서이다. 열역학은 국소적인 효율성을 추구한다. 그 안에서 기호는 자의적으로 여러 정보와 결합하고 이산離散한다. 이는 한 개인의 뇌만이 아니라 공동체의 뇌에서 동시적으로 일어난다. 이러한 기호의 결합과 이산의 총체적인 망이 그 뜻을 구성하게 된다. 이를 기호작용semiosis라 한다.[10] 이 작용에는 다른 저차기호와 고차정보 모두를 포함한다.

뇌는 효율성을 위해 동일성의 정보는 정보 가치가 없기에 반응하지 않고 공란으로 남긴다. 그리고 차이의 경계정보에 아주 예민하게 반응한다.[11] 그리고 차이를 과장하고 왜곡하기도 한다. 이러한 차이를 가지고 새로운 정보를 만든다. 그래서 정보는 차이의 정보가 된다. 또 한편으로는 뇌는 열역학적인 안정과 효율성을 위해 자기 보존적인 반응을 한다. 자기 보존성이란 동일성을 추구하고 강요함을 의미한다. 가능한 자기 복제정보를 만들려고 한다. 그래야 새로운 에너지도 적게 들고 안정적인 정보처리가 되기 때문이다. 이는 분명 뇌의 모순이다. 열역학적 효율을 위해 차이와 동일성의 추구가 동시적이고 모순적으로 추구된다. 뇌는 이러한 모순 운동을 통해 팽팽한 조화와 균형을 이루면서 작동한다. 이것이 건강한 뇌이다. 자율신경이 대표적이다. 상반된 기능인 교감과 부교감의 조화와 균형이 건강의 중심이 된다.

보존적 동일 정보의 지배

그런데 문제는 이 균형이 깨어지고 한쪽으로 기우는 것이다. 차이 반응으로 기울게 되면 마치 교감신경만 일방적으로 자극되는 흥분과 혼돈에 빠지게 된다. 대신 동일성으로 기울게 되면 부교감신경에 치우치는 것과 유사하다. 지나치게 억압적이고 안정만을 추구한다. 거대한 동일성의 정보를 구성하면서 자기 보존적인 정보처리를 한다. 종교, 형이상학, 이성, 이념 등이 때로 이러한 거대한 동일성의 정보로 자리 잡을 때가 있다. 그리고 이러한 기호와 언어는 거대 구조가 되어 이분법의 갈등을 형성한다. 동일성의 정보는 그 효율성 때문에 알고리즘의 저차정보와 가상의 인공정보로 구성된다. 그리고 그 앞에 기호와 언어가 결합되어 강력한 간판 역할을 한다. 그 기호와 언어만으로 막강한 동일성의 힘을 휘두르기도 한다. 고차정보가 들어오면 그 동일성이 깨어지고 혼란이 오기에 고차정보를 강력하게 억압하고 통제한다. 그 동일성 안에 다양하고 깊은 고차정보를 가둔다.

이러한 정보보존의 치우침이 왜 발생할까? 어떻게 균형이 깨어지고 거대 정보로 치우침이 발생하게 될까? 그 원인과 힘이 있다면 무엇일까? 그 원인으로 4장에서 고차정보의 손상과 이를 방어하고 보상하기 위한 삼각회로에 대해 설명한 바 있다. 저차정보는 자기성과 보존력이 강하기 때문에 늘 해체적인 노력을 하지 않으면 거의 자동적으로 강화된다. 그렇게 되면 고차정보가 억압될 수밖에 없다. 고차정보는 겉으로는 저차정보만큼 강하지 않지만, 자기성을 가지고 있기에 계속 억압되고 박탈되면 그 정보는 좌절되어 손상정보를 형성한다. 부정적인 정서가 곧 손상정보의 소리이다. 이로써 정보계가 혼돈과 불안정에 빠지게 된다. 바람직하게는 저차정보를 해체하고 고차정보를 돌보며 회복시켜야 하는데, 이러한 원인적인 해결보다는 불안을 임시적으로 차단하는 방어적인 정보를 가동하게 된다. 임시 방어에는 저차정보만큼 효율적인 방법이 없다. 그러나 뇌의 저차정보만으로는 약할 수 있기에 외부 세상의 저차정보와 결합을 시도하여 삼각회로를 형성하는 것이다. 그래서 더욱 견고한 저차정보의 거대한 구조를 만들게 된다. 이것이 저차정보의 막강한 보존적인 동력이 된다.

그러나 아무리 막강한 저차정보라도 고차정보를 본질적으로 통제하고 가두어 놓을 수 없다. 전체적인 힘과 에너지로는 고차정보를 당할 수 없기 때문이다. 그 고차정보는 차이를 비집고 올라오기도 하고 고차정보의 신호인 정서와 몸으로 말하고 행동한다. 니체, 프로이드, 맑스, 소쉬르, 라캉 등이 이러한 고차정보 회복의 기수들이다. 그리고 해체철학과 현대예술이 고차정보의 길을 더욱 견고하게 닦아 놓았다. 그러나 인공기호와 저차정보는 언어와 사고에 국한된 현상이 아니다. 사회에 전반적으로 형성되어 연합을 이루는 견고한 성과 같은 존재이다. 그리고 그 속에서 아주 막강한 힘을 휘두른다.

그 한 예가 화폐이다. 화폐는 가치에 대한 가상기호이다. 원래 화폐의 가치는 물건이나 노동의 가치를 대신하기 위해 시작되었다. 즉 노동과 물건이 주인이 되고 화폐는 종이 된다. 그러나 언어기호처럼 화폐는 원래의 주인을 떠나 스스로 자의적으로 자신의 가치를 만들어 간다. 자본시장에서 화폐는 스스로 자신의 가치를 결정하여 오히려 주인의 주체성을 박탈하고 자신이 주인이 된다. 법과 조직도 유사한 인공기호와 자기보존의 기능을 갖는다. 인간의 효율성을 돕기 위해 시작한 기호들이 스스로 발달하여 인간을 지배하는 기호와 구조로 발전한다. 그리고 주인이었던 인간은 법과 조직의 기호와 구조에 갇혀 버린다. 그래서 해체철학은 철학과 사고의 세계에만 갇히지 않고 그 밖으로 나와 사회의 억압적인 기호와 구조에 저항하며 인간의 고차정보를 회복하기 위해 고군분투하고 있다.[12] 그러나 견고하고 광범위하게 형성된 저차정보의 진을 허물어트리기에는 그 한계가 너무 명백하다.

그렇다면 저차정보의 지배는 영원할 것인가? 그 이상 고차정보를 회복할 수 있는 길은 좌절된 것인가? 사회 속에 형성된 저차정보의 막강한 연합 전선을 허물 수 있는 길은 더 이상 없을 것인가? 물론 쉽지는 않겠지만 희망이 없는 것만은 아니다. 그 대안이 바로 문화라는 거대한 전선이다. 철학사를 보아도 르레상스나 낭만주의라는 문화사조가 엄청난 힘과 영향력을 발휘한 것을 볼 수 있다. 문화의 중요성과 파급력은 그 당시보다 더 강력하기에 문화 속에서 이러한 정보에 대한 해결점을 발견할 수 있다면 희망을 걸어볼 수 있을 것이다.

고차정보로 열린 상징

문화의 핵심은 무엇일까? 문화는 모든 것을 상징으로 받아들이고 상징으로 표현한다. 세상이란 현실 속에서는 맹목적 기호나 문자 그리고 지시적인 개념과 언어라는 저차정보의 가상 속에서 산다. 그러나 인간은 고차정보의 생명으로 되어있기에 저차정보의 삶을 벗어나 고차적인 공명과 표출을 원한다. 이것이 문화에 대한 욕구이고 그 힘의 바탕이 된다. 그러나 세상은 보이는 것으로 되어있다. 그러나 그 보이는 기호 속의 고차정보와 자신 속의 고차정보의 만남과 공감을 찾는다. 그러한 기호, 언어들 속에서 상징과 상상의 넓고 깊은 세계를 추구한다. 상징에서는 모든 보이는 것들이 기호와 언어가 되고 상징이 된다. 모두가 기호이고 언어이고 상징이다. 사실 서로 구분되지 않는다.

상징은 저차적인 기호를 사용하나 그 속에서 고차정보의 회복을 추구한다. 소쉬르와 함께 기호학의 양대 산맥을 이루는 미국의 기호학자 퍼스는 기호라는 매개를 통해 기호와 맥락 속의 고차정보의 의미를 해석하고 생산하는 과정을 중시하였다.[13] 기호를 살아있는 생명체처럼 역동적인 대상으로서 기호를 인식하고 사람 속에서 계속 작용하고 생산하는 순환적 사유로서 받아드린다. 기호는 비록 저차적 정보에 불구하고, 고차의 세계와 사람을 연결하여 고차정보를 풍요롭게 생산하는 매개가 된다.

상징의 철학자인 카시르는 칸트의 도식을 확장한 개념인 상징적인 형식을 도입하여 상징을 설명한다.[14] 상징은 사람 속에서 수동적이고 직관적인 모사와 재현만을 이루는 것이 아니라 이를 뛰어넘어 능동적인 형식의 관계를 구성을 통해 더욱 자유롭고 초월적인 고차정보로까지 인도해줄 수 있다. 이로써 상징을 후기 구조주의와 해체철학으로 연결하고 있다. 상징과 기호가 이처럼 고차정보로 인도하고 열어주고는 있지만, 이 역시 그렇게 단순한 문제만은 아니다. 기호작용이나 생산 그리고 상징형식의 자유로운 운동만큼이나 저차정보의 보존성 역시 무시할 수 없기 때문이다. 이 모든 작용은 인간의 의식을 떠난 자동의 열역학 세계에서 일어나는 현상이다. 그래서 그 열역학의 흐름이 어떠한 방향으로 갈지 아무도 예상할 수 없고 이를 의도적으로 영향을 미치기가 쉽지 않다.

이러한 정보와 기호의 작용에 결정적인 영향을 미치는 것은 바로 사람 자신이다. 상징과 기호가 사람 밖에서도 작동되지만, 인간이 그 중심에 있다. 기호와 상징은 고차정보에 열려있지만, 끝없이 저차정보의 보존성의 강력한 영향을 받는다. 이는 자동적이고 자연스럽고 무의식적이라 인간이 잘 인식하기 어렵다. 고차정보의 열림으로 인간은 그냥 안심하고 자유하다고 착각할 수도 있다. 이것인 현대문화의 문제이다. 종속의 자유함이 가능하다. 자유하나 결국은 종속되어 있다. 마치 마약을 하면 엄청난 자유를 느끼지만 결국 약에 종속되어 있는 것과 비슷하다. 겉은 고차정보이지만 그 속은 저차정보의 보존성 속에 갇혀 있을 수 있다는 것이다. 사이버의 세계가 엄청난 자유를 선물하지만, 역시 그 안에 현실 세계보다 더 심한 종속이 숨어있을 수 있다. 현대 사회에서는 노예로서의 자유함이 충분히 가능하다. 그런데 문제는 그 자유함 때문에 자신의 진정한 신분을 망각하고 착각할 수 있는 것이다.

자유 자체가 아니라 진정한 자유인가 착각인가가 문제이다. 이를 결정할 수 있는 것이 무엇일까? 인간과 사회 속에 있는 종속 회로의 여부가 이를 결정한다. 종속 회로는 삼각회로에서 나온다. 고차정보의 생명이 좌절됨으로 발생하는 손상정보와 사람과 세상 속의 저차정보가 결합하는 회로이다. 상징형식과 기호작용 등을 통해 아무리 고차정보가 열리고 그 안에 능동적인 상징과 기호작용이 일어난다고 해도, 세상과 뇌의 저차정보의 보존성에 묶이게 된다면 그 고차성은 환상이라는 가상에 불과하다. 실제는 종속일 수밖에 없다. 겉으로는 해체의 자유함과 유희가 있더라고 그 속에서 결국 지배하는 힘은 강력한 자본이나 위장된 저차정보일 수 있다. 그 자유 속에도 얼마든지 조작, 의도, 조종, 통제와 상업성의 저차정보가 숨어서 사람의 고차정보를 지배할 수 있다.

저차와 고차정보의 주름운동

해체철학과 예술에서는 이러한 저차정보의 음모와 그 동일성의 복제와 통제에서 벗어날 수 있는 길은 무한회귀의 주름운동에 있다고 본다.[15] 접힘과 펼침의 해체운동을 통해 차이와 차연의 시뮬라크르를 생산함으로 저차정보로부터 벗어나 고차정보의 자유함과 창의성에 머물 수 있다고 말한다.[16] 그러나 문제는 접힘과 펼침의 운동이 아무리 활발하게 진행된다고 하더라도 힘으로 그 저차정보의 음모를 극복할 수 있느냐는 것이다. 이것은 결국 운동의 모양의 문제가 아니라 힘과 에너지의 문제이다. 이를 니체가 날카롭게 지적한 바 있다. 열역학은 결국 에너지에 의해 움직이기 때문이다. 주름운동이 어떠한 에너지를 발산하여 은밀한 저차정보의 보존을 해체하고 새로운 창의적인 정보에게로 나아갈 수 있느냐이다. 있는 것 같지만 결국은 무력하게 지배당하는 주름 운동이어서는 안 된다는 것이다.

라이프니츠의 모나드는 이러한 문제를 해결해 줄 수 있는 단초를 제공해 준다. 이에 대해서는 앞선 8장에서 상세히 서술한 바 있다. 현대철학의 해체 대상에 올라야 하는 400년이나 된 고전적 모나드 이론이 어떻게 현대의 최첨단의 문제를 해결해 줄 수 있다는 것인가? 무조건 고전으로 돌아가자는 것인가? 결코, 그렇지 않다. 모나드 이론은 물론 당시에 갈등하는 문제들의 통합을 위한 대안으로 제시되었지만, 시대를 초월한 천재적인 직관과 예견을 담고 있다. 그래서 현대의 이러한 문제를 해결할 수 있는 충분한 통찰을 제시하기에 부족함이 없다. 모나드는 우리에게 정보의 깊이에 대해 말하고 있다. 모나드적인 깊이의 정보에는 조화가 숨겨져 있다. 조화는 치우침을 해체하는 강력한 힘이 있고 자연계의 생명을 회복하는 에너지가 있다. 조화는 실제의 힘이고 에너지이다. 이러한 강력한 힘에 뿌리를 내리는 관통적 정보로서만 거대한 저차정보의 지배력을 극복할 수 있을 것이다. 단순한 주름운동이 아니라 새로운 시대를 열고 생명을 살리는 우주적인 주름운동과 연합된 힘에 열려야 한다는 것이다. 거대한 우주적인 주름운동이어야지 작은 벌레의 주름운동만으로는 힘들다는 것이다. 물론 작은 하나의 벌레 같은 주름운동도 소중하다. 이러한 작은 주름들이 모이고 그래서 관통적인 하나의 결로 형성되어나간다면, 이는 작아도 우주의 거대한 주름운동과 하나 되어 큰 힘으로 움직여 갈 수 있을 것이다. 이에 대한 더 자세한 이야기는 다음의 11장을 참고하기 바란다.

　세계의 거대한 사건들은 사실 작은 움직임에서 시작한다. 거대한 폭풍이 작은 나비의 날개짓에서 시작한다는 혼돈이론처럼 인류의 역사도 그러하다. 근대사의 거대한 재난들을 기억한다. 과거 제국주의의 침탈과 양대 세계전쟁, 냉전과 이념전쟁, 그리고 현재의 자유 자본주의의 팽창과 빈부의 격차 그리고 미래에 닥쳐올 혼돈과 해체의 정보사회, 4차 산업혁명과 포스트 휴머니즘 등 거대한 인류의 문제들이 산더미처럼 기다리고 있다. 그러나 이러한 거대한 문제들은 작은 하나에서 시작한다. 앞서 설명한 인공기호와 정보들이다. 이것들이 인류의 무한한 발전을 시작할 수 있게 한 계기와 동력이 되었지만, 이에 못지않게 인류의 모든 발전과 축복을 집어삼키는 블랙홀이 될 수도 있다. 나는 이를 막고 인류의 계속적인 진화의 길을 갈 수 있게 해주는 힘이 모나드의 고차정보에 있다고 믿는다. 기호와 상징의 주름 운동을 통해 열린 틈을 통해 작지만, 이 모나드의 고차정보의 깊이에만 열릴 수 있다면 거대한 우주적인 주름운동과 함께 인류가 지속적인 진화를 계속해 나갈 수 있을 것으로 기대하고 믿는다. 더 자세한 우주적인 총체적 주름운동에 대해서는 11장 후반부를 참고하기 바란다.

11. 양자, 우주, 정보 그리고 인간

우주와 정보인류의 미래

인류가 정보사회로 접어들면서 상상할 수 없는 발전을 이루어가고 있지만, 그 미래가 밝지만은 않다. 인류는 정보가 이룬 엄청난 발전을 제대로 누리기도 전에 자신의 정체성에 심각한 혼돈을 맞게 된다. 정보는 본질적으로 자기성自己性을 가지게 되고 그 정보가 복잡성으로 발달하게 됨에 따라 더 강력하고 고도한 주체성을 가지게 된다. 정보의 주체성이 서서히 인류의 주체성을 대신하고 인류 역시 자신의 주체성을 정보에 양도하기 시작한다. 대신 인류는 생활의 편리함은 얻지만 자기가 만든 정보에 의해 소외되고 지배받기 시작한다. 그래서 인류의 주인이 자신인지 자신 속에 있는 정보인지 혼돈되기 시작하는 것이다. 이러한 호모 사피엔스의 운명은 어떻게 될까? 정보가 인류를 완전히 대신하여 과거의 인류와 단절된 새로운 종으로서 정보인류가 등장하게 될까? 아니면 호모 사피엔스가 정보와 사피엔스의 하이브리드 형인 정보인류로 진화하게 될까? 정보인류로 진화된 인류만 생존하고 그러지 못한 인류는 도태되고 말 것인가? 아니면 호모 사피엔스가 정보인류에 저항하여 새로운 갈등의 국면으로 전개될 것인가? 그 결과 호모 사피엔스는 멸종되거나 숨어서 은둔하게 될까? 그렇다면 신정보인류의 삶은 어떻게 전개될까? 그 누구도 그 미래를 쉽게 예측할 수 없다.

그러나 인류는 지구라는 생태계에 속하고 이 지구는 거대한 우주의 한 부분으로 존재하기에 인류 역시 우주의 어떠한 흐름이나 힘에 영향을 받지 않을 수 없다고 가정한다면, 우주와의 관계성 속에서 정보인류의 모습을 어느 정도 예측해 볼 수 있지 않을까 기대해 본다. 코페르니쿠스 이전의 생각처럼 지구와 인류가 우주의 중심이거나 우주를 주도하는 주인일 수는 없다. 지구에 사는 인류는 우주의 한 작은 부분이고 그 거대한 흐름에서 결코 벗어날 수 없다는 의미에서 우주를 생각해 보자는 것이다. 우주를 거대한 추상적인 힘으로 신격화시켜 보자는 것이 아니라 우주를 과학과 정보라는 관점에서 다시 살펴봄으로 그 속에서 정보인류가 우주와 어떠한 관계 속에서 진화되고 있는지를 살펴보자는 것이다. 특별히 정보인류와 우주와의 정보적 관계 속에서 미래의 정보가 갈 길을 찾아보자는 것이다.

우주는 거대하고 거기에 비하면 인간은 너무도 작고 미비한 존재이다. 그러한 우주와 인간이 어떠한 연관성을 가지고 진화해가고 있다는 것은 너무도 인간 중심적인 사고가 아닐 수 없다. 그럼에도 이러한 연관성이 과학적으로 가능할 수 있다는 기대는 거대한 우주도 결국은 양자와 양자장의 망으로 연결되어 있기 때문이다. 양자장은 우주에 비하면 인간보다 더 작은 극미세의 존재이지만, 이를 통해 인간과 충분히 소통할 수 있는 연결망이 형성되고 있다. 인간 사회의 통신망이 전자기의 광자망으로 형성되듯 우주는 광자를 비롯한 더 많은 양자의 망에 의해 그 통신망이 형성되어 있다. 이 양자망은 전자기 망처럼 단순히 통신의 매개로서만 역할을 하는 것이 아니라 스스

로 고차적인 지능과 정보를 가지고 연산까지 하는 고급 양자 컴퓨터의 네트워크라 볼 수 있다.[1]

그러나 양자적인 교류가 가능하더라도 정신세계를 가지고 있는 인간과 양자컴퓨터인 우주와 실제로 어떠한 수준의 교류가 일어날 수 있을지 궁금하다. 인류는 놀랍게도 실제로 가보지도 않은 거대한 우주를 시공을 초월하여 탐구해오고 있다. 이 놀라운 작업은 단지 인류의 지능만으로 가능한 일은 아닐 것이다. 우주는 자기 스스로 광자를 비롯한 여러 양자정보들을 끊임없이 내보내고 인간은 이를 받아 측정한다. 그리고 이 자료를 정신과 의식을 통해 분석하고 구성하여 가능한 수식과 이론을 만들어 낸다. 이것이 과학이다. 이 과정에서 인간의 지능이 중요한 역할을 하지만, 논리적인 지능만으로 가능한 것은 아니다. 과학의 혁명은 끊임없이 과거의 지식을 초월하는 직관과 혁신적인 창의적 사고가 뒷받침되어야 했고, 또 서로 연관되지 않는 공시共時적인 인식과 시대적인 흐름이 중요한 역할을 해왔다.[2,3,4] 그래서 과학의 발전은 논리성보다는 직관과 창의적인 관찰과 사고가 더 중요한 역할을 한다고 볼 수 있다. 이런 뛰어넘는 사고와 직관의 배경에는 불연속적인 양자의식이나 사고가 중요한 역할을 할 것으로 생각하고 있다.[5] 그래서 우주는 자신의 자료만을 수동적으로 제공하는 것만이 아니라, 자신의 구조와 법칙들을 스스로 드러내고 인간의 양자적 의식과 능동적으로 교류할 수 있는 가능성이 있다는 것이다.

그리고 우주가 빅뱅으로부터 어떻게 인류라는 생명체가 살 수 있는 환경이 조성되었는지에 대해서 많은 연구들이 있었다. 이를 인류원리라 하고 특별히 이렇게 우주가 형성되는 데는 여섯 개의 수가 절묘하게 유지되어야 한다고 한다.[6] 이렇게 우주가 형성되어가는 과정을 우연으로 설명하는 것이 과학적으로 타당한 면도 있지만, 그 절묘한 확률을 모두 과학적으로 설명할 수는 없다. 그렇다고 우연을 배제한 채 창조나 지적설계를 일방적으로 도입하는 것은 문제를 더 혼돈스럽게 만든다. 과학적이면서 현실적으로 가능한 절충안이 필요하다. 가능한 하나의 가설로서 양자에 내재된 고차원적 정보와 전全의식panconsciouness과의 양자적 교류에 의한 우연적 양자붕괴의 가능성이다. 이에 대한 더 자세한 설명은 이글 후반부에서 다시 있을 것이다. 이러한 가능성의 토대 위에서 인류와 우주의 보이지 않는 정보적 교류를 짐작해 볼 수 있을 것이다.

우주의 양자가 붕괴되는 데는 아주 미세한 부분에서는 양자적인 상호작용에 의한 자연 붕괴도 가능하지만, 인간의 정신과 의식이 개입되는 양자측정이 양자붕괴의 주요 원인이 된다. 인간 의식에 의한 양자붕괴는 양자역학의 끊임없는 논쟁거리를 제공한다.[7] 그럼에도 양자붕괴에 의한 우주진화에 인간의 의식이 어느 정도 개입되고 있음을 부인할 수 없다.[8] 인간의 뇌 속에서 의식과 정신이 양자와 긴밀한 연관성을 가지고 작동하고 있음이 밝혀짐에 따라[9], 우주의 양자붕괴 속에 양자의식에 의한 정보교류는 충분히 가능한 것으로 인식되고 있다. 그래서 이 글은 양자, 우주 그리고 인간을 양자정보라는 매개를 통해 이해하고 그 관계를 설정해 보려고 한다. 이러한 관계적인 구조가 설정되면, 그 안에서 자연스럽게 상호 주고받는 영향을 분석하고 예측해 볼 수 있을 것이다.

양자와 우주

우주의 가장 작은 기초는 양자이다. 그리고 그 양자들이 모여 가장 거대한 끝을 이루는 것이 우주이다. 그래서 양자와 우주는 물질의 양극이다. 그리고 그 중간에 인간이 있다. 그런데 양자, 인간 그리고 우주를 다스리는 물리 법칙은 각기 다르다. 인간이 사는 보이는 세상은 뉴턴의 고전역학이 지배하고 양자는 고전역학과 많이 다른 양자역학이 그리고 우주는 중력이 중심이 되는 상대성 이론이 지배한다. 아직 이 모든 세계를 관통하는 하나의 법은 발견되지 않고 있다. 현대과학은 양자역학과 상대성 이론이 만나는 양자중력이 이를 밝혀줄 것을 믿고 많은 과학자들이 이에 집중하고 있다. 물질은 다양한 소립자들로 구성된 표준모형으로 대부분 설명되고 있지만, 거기에는 중력은 무시되고 있다. 표준모형에는 우주의 네 가지 힘 중에 강한 핵력과 약한 핵력 그리고 전자기력은 포함되지만, 나머지 하나인 중력은 그 힘이 무시할 만큼 미약해 포함되지 못한다. 그래서 이 표준모형으로는 중력과 상대성 이론이 지배하는 우주를 다 설명할 수 없다.

그래서 이를 해결하기 위해서 등장한 이론들로서 초끈super string 이론, 고리loop 양자중력 이론, 홀로그래피holography 이론 등이 있다.[10] 그리고 열역학과 정보이론이 통합적 이해를 보충하는데, 중요한 역할을 하지 않을까 기대하고 있다.[11,12] 이러한 시도들은 그야말로 현대물리학의 최첨단 전선의 불꽃 튀는 뜨겁고 난해한 내용이다. 그러므로 저자와 같은 비전문가에 의해 소개될 수 있는 일반적인 내용은 결코 아니다. 그러나 모든 과학은 상상에서 시작한다. 그 상상은 누구든지 할 수 있다. 그렇다고 구름 잡듯이 아무렇게나 상상할 수는 없다. 최소한의 과학적인 언어와 개념 그리고 정합적인 사고가 뒷받침되어야 한다. 과학자들도 그들의 새로운 이론들을 만들 때 상상에서 시작한다. 그리고 정합적인 수학과 실험 등으로 이를 뒷받침하게 되므로 과학적인 이론으로 자리 잡게 된다. 이글에서는 수학이나 실험은 불가능하지만, 적어도 과학적인 개념과 정합적인 사고를 기초로 하여 하나의 상상은 가능할 수 있기에 특별히 정보라는 관점에서 그러한 시도를 해보려는 것이다.

　지금까지 물리학은 물질의 질량과 에너지 그리고 그 운동에 집중되어 있었다. 거기에 정보가 가세한 것은 몇 십 년이 안 된다. 그러나 아직도 물리학에서 정보이론은 비주류에 속한다. 정보가 중요하고 그동안 물리학에서 해결하지 못한 무언가를 밝혀줄 것 같은 예감은 들지만,[11,12] 정보의 성격이 기존 물리학에서 연구해 온 것과는 다른 생소한 점들이 있기에[13] 정보물리학이 큰 진척을 보지 못하고 있다. 그동안의 정보는 그저 물질과 에너지의 구조와 기능에 대한 이차적이고 부수적인 내용으로 생각해 왔다. 그리고 물질을 통해 정보처리를 하는 실용적인 의미가 강하게 자리 잡고 있었다. 정보는 이처럼 기능적이고 인식론적인 대상이지 물질처럼 확고한 실재적 존재로 탐구되지는 못했다. 그러던 중, 양자역학에서 양자와 아인슈타인의 상대성 이론을 통해 과거의 직관으로 이해하기 어려운 특이한 현상들이 출현하면서 정보에 대한 좀 더 다른 이해를 하게 되었다.

　양자의 난해함은 물질의 기초인 입자의 성격을 분명히 가지고 있으면서, 입자와 다른 모습들을 가지고 있다는 것이다. 입자와 함께 파동이라는 성격을 갖는 것이다. 입자는 개체적이고 국소적이다. 그리고 위치와 운동량이 확정된다. 그러나 파동은 그렇지 않은 것이 문제이다. 무엇이든 가능하다. 그래서 확정적이지 않고 평균인 확률로서만 표시된다. 그래서 비개체적이고 비국소적이고 불확정적이다. 그런 양자가 관측이라는 상호작용을 통해 고전적인 물질로 붕괴된다. 양자의 모순된 이 두 가지 모습 때문에 난해하게 생각하고 있다. 그렇지만 과학은 이러한 모순들을 무수하게 겪으면서 발전해 왔다. 어떠한 발견과 이론이 성공적으로 입증되고 나면 또 다른 이론이 나타난다. 이 이론 역시 정합적이다. 그런데 이 두 이론이 어떠한 부분에서는 갈등하는 모순을 보일 수 있다. 과학자들은 이런 갈등과 모순을 해결하는 새로운 이론과 수식을 찾음으로 이를 극복해 왔다. 이것이 과학의 발전 과정이다.

새로운 이론이 과거의 갈등을 풀 수 있게 된 것은 과거의 이론에서 없던 새로운 변수나 차원을 도입함으로 가능하게 되었다. 뉴턴은 갈릴레오의 포물선과 케플러의 타원을 조합하여 더 큰 차원의 만유인력을 발견하였고, 막스웰Maxwell의 전자기장 방정식은 서로 분리되어 있던 전기장과 자기장을 하나로 묶음으로 더 큰 차원의 전자기장을 가능하게 하였다. 일반 등속도에서 제대로 작동하는 뉴턴의 방정식과 막스웰의 전자기 방정식이 광속에 가까운 속도에서는 서로 모순된 것을 발견하고 이를 극복한 새로운 이론을 만든 것이 아인슈타인의 특수상대성 이론이다. 양자역학은 전자기학에다 힐베르트Hilbert라는 고차원적인 상태 공간을 도입함으로 만들어졌다. 특수상대성 이론에다 양자역학을 행렬역학으로 적용하여 디랙Paul Dirac의 그 유명한 양자장 이론이 만들어졌다. 양자장과 전자장을 결합한 것이 파인만 Richard Feynman의 양자전기 역학(QED)이다.

그리고 가장 난해한 중력과 전자기장을 결합하여 새로운 5차원 공간을 창출한 칼루차 Theodor Kaluza와 클라인 Oskar Klein 이론이 있다. 그 외에도 이러한 새로운 차원의 이론적인 결합은 무수히 많다. 이러한 시도의 가장 궁극적인 목표가 되는 것이 우주를 지탱하는 4개의 힘을 하나의 대통일 이론으로 통합하는 것이다. 이를 위해서 가장 중요한 것이 양자역학과 상대성 이론을 하나로 묶는 양자중력 이론이다. 현재까지 가능한 시도들로서 초끈 이론과 고리 양자중력 이론 등이 제기되고 있다. 물론 이는 아직 이론적인 차원에 머물고 있으며 실험적인 증거는 찾지 못하고 있다. 초끈 이론은 수학적인 정합성을 얻기 위해 여분의 차원을 11차원까지 확장하기도 한다. 이처럼 과학은 새로운 변수나 확장된 차원을 도입한 더 보편적 이론을 통해 갈등하는 문제를 해결해오고 있다. 이러한 적용 범위의 확장은 단순히 영역만을 확장한다고 되는 것은 아니다. 대상들을 한 단계 올려서 위에서 보는 차원의 확장이 포함되어야만 가능하게 된다.

　이처럼 과학의 역사는 차원의 확장을 통해 진행되고 있다고 볼 수 있다. 차원의 확장은 4차원 이상의 시공간적 확장만을 의미하는 것은 아니다. 같은 시공에서도 새로운 변수와 방정식을 도입함으로 상호 모순된 갈등을 해소하는 새로운 차원이 얼마든지 가능하다. 양자의 모순된 현상을 해결하는데도 이러한 차원의 도입이 필요하다고 생각한다. 양자를 낮은 차원에서 보기 때문에 이해할 수 없는 모순에 빠진다고 보아야 한다. 낮은 차원이나 같은 차원에서 보면 모순적이지만, 더 높은 차원에서 보면 얼마든지 이를 해결할 수 있는 길이 열릴 수 있다는 것이다. 인간은 자신들의 고전적인 4차원 시공간에서 살도록 최적화되어 있다. 모든 직관과 인식구조가 그렇게 되어있다. 그러나 그 이상의 차원의 세계가 가능하다는 것이 과학으로 밝혀지고 있다면, 인간의 차원에 익숙한 직관적 사고를 너무 고집할 필요가 없을 것이다. 인간은 4차원과 보이는 물질과 에너지가 주인인 고전역학의 세계에서 살아간다. 이 세계의 관점에서만보면 양자는 이해할 수 없는 아주 이상한 것이 될 수밖에 없다. 그러나 인간이 사는 이 세상은 여러 세상의 한 스펙트럼에 불과하다. 인간이 볼 수 없는 빛의 스펙트럼이 있듯이, 그 이상의 차원이 분명히 존재한다. 이는 상상만이 아니라 그 실재를 과학이 증명하고 있다. 단지 이해하기 어려울 뿐이다. 대상의 차원이 달라지면 이를 이해하는 정보의 차원도 달라지기에 인간이 인식하는 정보도 바꾸어야 한다. 그런데 인간은 다른 대상의 차원을 고전적인 정보의 차원으로만 보려고 하니 인식의 한계가 올 수밖에 없는 것이다. 이는 칸트가 다른 대상에 따라 다른 인식구조를 제시한 것과 유사하다. 즉 그는 그동안 혼돈되어 있던 대상을 경험적 실재론과 초월적 관념론으로 나누어 인간의 인식을 접근하였다. 이에 대한 자세한 내용은 앞의 8장을 참고하기 바란다.

그래서 이제는 그 이해의 차원, 즉 인간의 인식과 정보의 차원을 바꾸어 볼 필요가 있다. 그러나 시공의 차원은 인간의 대상이기에 이를 과학적인 방법으로 어느 정도 풀어나갈 수 있지만, 인식의 주체인 인간의 정보의 차원을 바꾼다는 것은 결코 쉬운 일이 아니다. 과학이라는 척도의 기준을 바꾸는 것과 같기에 대혼란이 일어날 수 있다. 그리고 인간이 익숙한 직관자체를 바꾸는 것이기에 본능적으로 저항감이 강하게 작용하지 않을 수 없다. 과연 그것이 가능할 것인가? 과연 플라톤의 동굴의 그림자에 익숙한 인간들이 그 동굴을 박차고 새로운 차원으로 나올 수 있을까? 인간의 사고가 그림자에 갇혀 있다면 아무리 새로운 그림을 그려보아도 결국 그림자에 불과할 수밖에 없을 것이다.

차원을 넘어설 통로는 전혀 없는 것일까? 인간은 역사적으로 문제에 봉착할 때마다 이를 해결하기 위해 늘 새로운 차원을 상상하고 시도해 왔다.[14,15] 어떻게 그것이 가능할 수 있었을까? 바로 인간의 의식이다. 인간의 의식은 시공이나 정보의 차원에 갇혀 있지 않다. 마치 중력이 여분의 차원과 그 막을 관통하는 것처럼[16] 의식에는 차원을 넘나드는 관통성이 있어 이를 넘어설 수 있는 길이 가능한 것이다. 문제는 이를 어떻게 과학적인 사고와 개념으로 표현하고 구성하느냐이다. 칼루차와 클라인이 5차원을 상상하고 이를 수학적으로 표현한 것처럼 인간의 사고와 정보에 대해서도 그 이상을 상상하고 이를 과학적인 개념으로 구성해보자는 것이다. 이를 위해서는 그동안 밝혀진 물질에 대한 현대 물리학의 주요 내용을 정보라는 차원에서 다시 살펴볼 필요가 있다. 그래야 물질의 차원에 따른 정보의 차원을 추적해 볼 수 있기 때문이다.

양자에 대한 정보이론적 해석

차원이 상승하게 되면 시공만이 아니라 물리 법칙과 함께 정보의 차원에도 변화가 생긴다. 그래서 양자 차원의 역학과 정보는 고전역학과 정보와 아주 다른 면을 보일 수밖에 없다. 그동안 물리학은 물질의 차원만을 다루었지 이에 상응하는 정보의 변화에는 관심을 갖지 못했다. 그래서 물질의 변화된 차원에 적절하지 않은 정보의 차원으로 이해하려고 하니 문제가 생기지 않을 수 없었던 것이다. 물질 차원의 변화에 따라 무엇보다 역학과 정보의 위치에 변화가 생기게 된다. 고전역학에서는 역학이 중심이 되고 정보는 부수적인 역할을 한다. 그러나 양자 차원에서는 그 위치가 역전되는 양상을 보인다. 양자에서는 정보가 오히려 중심이 되고 역학이 이를 보조하는 역할을 하게 된다. 물론 양자에는 아직까지 물질과 정보가 대등한 위치를 유지하지만, 물질의 본질로 더 들어갈수록 그렇게 된다는 뜻이다. 이러한 위치와 역할의 역전 때문에 양자역학의 여러 이상한 모습이 출현하게 된다고 볼 수 있다. 물론 이는 정보이론적 해석에 불과하다. 양자의 여러 난해한 현상을 더욱 이해할 수 있는 정합적 현상으로 구성해보려는 하나의 해석이다. 그러나 이러한 해석이 양자 현상을 과거보다 더 정합적으로 설명할 수 있다면 언젠가는 수용될 수도 있기에 이 글에서 새롭게 제시해 보려는 것이다. 양자에 대한 수많은 해석들이 이미 존재하기 때문에[17,18] 그중에 새로운 하나의 시도로서 이 글에서 밝히고 싶은 것이다.

인간의 4차원은 시공간이 가장 절대적이고 물질과 에너지도 절대적인 실재가 된다. 모든 것이 뉴턴의 법에 의해 한 치의 오류도 없이 절대적으로 작동되고 보존된다. 그러나 이 절대적인 시공과 물질과 법칙은 양자 특히 양자중력 앞에서는 상대적 아니 그 존재 자체가 위협을 받는다.[19] 그 견고하고 절대적인 실재인 물질이 양자 앞에서는 그 실재가 의심받게 되는 것이다. 그래서 인간이 그토록 신뢰하고 절대화하는 시공과 물질은 뿌리가 없이 떠다니는 구름과 같은 존재가 된다. 이런 인간의 차원을 어떻게 절대화하여 우리 세계의 척도로 모든 것을 판단할 수 있겠는가? 다행히 인간은 이를 넘어설 수 있는 의식의 관통성이 있다고 했다. 물론 이런 의식의 관통성과 과학에 대해서는 앞의 글들에서도 다루었지만, 나중에 다시 자세히 언급할 것이다.

그러나 적어도 인간이 사는 4차원의 세계에서는 물질과 시공이 절대적인 주인이 된다. 그리고 정보는 이를 기능적으로 뒷받침하는 부수적이고 실용적인 역할을 한다. 그래서 물질은 절대가 되고 정보는 상대화된다. 그러나 차원이 올라가면 물질이 오히려 상대화되고 정보가 절대적인 주인이 된다. 결국 고차원의 세계는 점점 더 물질보다 정보가 중심이 되는 세계로 변해간다는 것이다. 먼저 이러한 사고의 전환이 있어야 한다. 그리고 고차원의 양자를 다시 보자는 것이다. 물론 4차원의 세계에서는 정보는 저차정보이다. 인간이 가장 자랑하는 논리성으로 구성되는 알고리즘은 저차정보이다. 그리고 이보다 한 단계 높은 것이 복잡성 정보인데, 이는 저차인 알고리즘과 고차인 양자정보의 중간에 서서 서로를 보호하며 교류하게 하는 경계선 정보라고 하였다. 그렇지만 본질적으로는 4차원 세계의 고전정보이다. 고차인 양자로 오면 이러한 물질은 상대적인 입자의 역할만 하게 된다. 그래서 양자는 입자와 파동의 이중성을 가진다. 이때 파동은 곧 정보를 의미한다.

전자기의 파동은 현대 정보와 통신기술의 기초가 된다. 이처럼 파동은 정보를 매개하는 가장 적합한 물리적 상태이다. 왜 양자가 입자와 파동의 이중성이어야 하는가에 대한 이유를 바로 양자의 정체성이 정보이어야 하기 때문으로 볼 수 있다. 고전적 세계에서도 정보는 있지만 저차 정보로 물질에 종속되어 있어도 큰 문제가 없다. 그러나 양자부터는 정보가 고차이어야 하고 그래서 물질에 종속될 수 없고 물질과 대등한 위치로 존재해야 하기 때문에 양자의 이러한 이중성은 필연적이라고 볼 수 있다. 그렇다면 양자부터는 고차정보가 주도해야 한다면 초끈처럼 순수한 파동의 정보가 되지 않고 입자와 파동의 이중성을 왜 가져야만 하는가? 그것은 고차정보로 역할을 하기 위해, 필요한 특별한 이유가 있다고 생각한다.

이제 양자가 고차정보로서 가져야 하는 특수성을 생각해 보자. 고차정보는 저차정보와 달리 비교할 수 없을 정도의 많은 용량의 정보를 담고 있어야 한다. 저차에서 필요한 거의 모든 정보를 보유하고 있어야 한다. 그리고 이를 처리하는 속도 역시 저차와는 비교할 수 없을 정도로 빨라야 한다. 이를 효율적으로 가능하게 하는 방법이 바로 중첩이다. 중첩은 거의 모든 정보를 가지고 있다. 그리고 중첩으로 인해 양자정보의 처리 속도는 엄청나다. 이를 활용한 것이 양자컴퓨터이다. 그래서 이 중첩성은 양자정보에 있어 필연적이라고 볼 수 있다. 그러나 중첩만으로는 모든 것이지만 아무것도 아닐 수 있다.

정보의 본질은 다른 것이어야 하기 때문이다. 동일한 것은 정보가 될 수 없다. 뭔가 달라야 정보가 된다. 정보로서 역할을 하려면 자기와 다른 개체성을 띠어야 한다. 정보가 모든 것이라는 것은 본질적으로 정보가 아닐 수 있다. 모든 가능성의 정보는 정보가 아니다. 모든 가능성의 정보는 무질서이기 때문에 네겐트로피를 지향하는 정보일 수가 없는 것이다. 그리고 정보처리는 다른 것들을 처리하는 것이다. 정보는 yes와 no라는 구별을 통해서 처리된다. 정보는 구별되는 자기self를 가짐으로 시작된다. 정보는 비자기와 구별되는 자기라는 정체성이 본질이 된다. 무한한 가능성과 연속성은 정보가 될 수 없다. 양자의 중첩성과 불확정성은 정보로서의 가치를 상실한다. 그래서 입자물리학에서는 수학적으로 무한이 나오면 이를 재규격화 하여 유용한 정보를 얻는다.[20] 그리고 물리학은 정확한 기술이 가능한 유효이론만을 그 대상으로 하기도 한다.[21] 양자 속에 있는 무한한 가능성을 배제하고 그 합이나 평균인 확률만을 구한다.[22] 정보는 이처럼 무한이거나 모든 것이어서는 안 된다. 그렇지만 고차정보는 모든 것을 포함해야 한다. 이것이 고차정보의 딜레마이다. 모든 것이면서도 자기성과 개체성을 가져야 한다. 이것이 바로 양자가 입자이면서 파동이어야 하는 이유라고 생각한다. 파동은 가능성이고 입자는 개체성이다. 파동은 해체성이고 입자는 보존성이다. 이 둘을 가진 것이 곧 고차정보의 본질이라고 앞의 여러 글에서 설명한 바 있다.

그리고 양자의 또 다른 큰 특징은 양자라는 불연속성이다. 막스 프랑크 Max Planck에 의해 양자가 처음 발견된 것도 흑체복사에서 발견된 불연속적인 주파수였고 이것을 나중에 양자quantum, 量子라고 부르게 된 것이다. 그리고 닐스 보어Niels Bohr에 의해 전자의 에너지 준위와 이를 유지하기 위해 양자가 불연속적인 도약을 한다는 것이 밝혀짐으로 양자의 불연속성이 더욱 중요한 특징으로 자리 잡게 되었다. 양자의 무한 가능성이 이러한 불연속성으로 단절된다. 그래서 양자에는 무한의 해체성이 있지만, 양자로서의 불연속적인 개체성을 갖게 되는 것이다. 이를 통해 고차정보의 해체성과 보존성이 유지될 수 있는 것이다.

그리고 양자의 또 다른 신비요 수수께끼가 바로 양자붕괴이다. 가능성의 중첩상태가 측정으로서 일시에 붕괴된다. 이를 아직도 과학적으로 확실히 설명하지 못한다. 보어Bohr와 하이젠베르크Heisenberg를 비롯한 코펜하겐 학파에서는 양자의 불연속적인 속성과 함께 양자붕괴의 불연속성을 주장한다. 그들은 행렬역학으로 이를 시공간에서 표현하기가 불가능하고 그 의미 역시 알 수가 없다고 한다. 반면에 슈뢰딩거Schrödinger는 자신의 파동 방정식으로 이를 시공간에서 연속적이고 단일적unitary이며 인과론적이고 결정론적으로 설명할 수 있다고 주장한다. 수학적으로는 분명히 가능하지만, 실제로는 불연속적이고 불확정적인 양자를 그 이론으로 충분히 설명할 수는 없었다. 그래서 이 붕괴 역시 연속성과 불연속성의 상보성으로 설명하려고 한다. 이 상보성 역시 고차정보의 해체성과 보존성의 상보성과 같은 의미로 볼 수 있다.

양자붕괴에서 이야기하려는 것이 단지 정보의 상보성만을 다시 강조하기 위한 것만은 아니다. 붕괴이론을 정보이론으로 설명해 보기 위해서이다. 앞서 말한 대로 붕괴이론의 가장 큰 줄기는 불연속성과 연속성으로 설명하려는 것이다. 그러나 어느 한 가지만으로는 이를 다 설명하기 어렵기에 이 두 가지 이론을 병합적으로 설명하려는 시도들이 많다.[23] 그럼에도 아직 명쾌한 해석이 나오지 못하고 있다. 그래서 역학적인 설명만으로 한계를 보이자 새롭게 등장한 것이 양자정보 이론이다.[24] 이는 양자붕괴를 물리학적으로 보기보다는 정보처리 과정으로 보는 것이다. 결국, 이 이론은 보어의 해석의 연장선에 있다. 그래서 보어도 양자역학을 양자의 실재보다는 양자의 정보를 구하는 정보이론으로 보는데 동의하고 있다.[25,26] 이러한 흐름에서 더 발전한 해석이 서울해석이다.[27]

서울해석은 1990년에 장회익[28]에 의해 처음으로 제기된 이래 이중원,[29] 김재영[30] 등에 의해 체계화되고 발전해 왔으며 공식적으로 '서울해석'이란 이름이 사용된 것은 2012년부터이다.[31] 서울해석은 기존 양자역학적 해석과는 달리 양자의 물리학적 역학과 이에 대한 고전적 인식과 해석에서 벗어나 양자역학적 인식구조를 먼저 규명하려고 한다. 이러한 인식 과정에서 가장 중요한 핵심은 정보이다. 양자의 물리적 상태는 직접 알 수 없고 결국 측정을 통해 드러난 정보에 의해 파악할 수밖에 없다. 그런데 인식 과정에서 정보의 흐름에 따라 여러 층위의 정보를 얻게 된다. 양자의 측정 과정에서 그 장치는 인식 주체의 일부로서 이해해야 하며, 측정을 물리적 사건으로서보 다는 정보적 교촉 작용으로 받아들여야 한다고 주장한다. 그리고 이러한 정보의 인식 과정은 메타 차원으로서 물리나 동역학적으로 환원될 수 없다고 한다. 인식 과정은 다시 사건과 상태 서술로 나누어지는데, 사건은 측정으로 인해 인식 주체가 획득한 사실적 정보를 말하며 상태는 측정에 무관한 확률적 예측정보를 말한다.[32] 양자역학의 인식 과정은 이 두 상태가 결합하는 구조로서 비라플라스적 서술체계를 가지고 있다고 볼 수 있다. 그리고 양자의 실재성 역시 물리학적인 방법보다는 이러한 인지적 정보의 구성에 의해 가능할 수 있다고 한다. 그래서 서울해석은 이러한 정보와 인식을 더 중요한 핵심적 과정으로 보고 다른 물리적 붕괴과정은 비라플라스적 서술체계에서의 단속적인 상태변화에 대한 다른 방식의 표현으로 본다.[33]

코펜하겐 해석은 양자의 저차적인 실용 정보만을 활용할 것을 주장하고 그 실재에 대해서는 의미를 부여하지 않고 있으나, 서울해석은 사건과 상태 정보를 통해 양자의 존재론적인 실재에까지 접근한다. 즉 서울해석은 양자정보를 상태정보로 확장시킴으로 고차적 정보로 인정하는 것이다. 그래서 이를 통해 양자정보를 실재성의 범주로까지 확장하려고 한다. 그리고 양자붕괴를 지금까지는 역학 중심적으로만 해석하려고 함으로서 모순을 풀기가 어려웠지만, 서울해석은 양자붕괴를 메타적인 정보인지 과정으로 보고 오히려 역학적인 것은 이를 위해 필요한 물리적 과정으로 설명함으로 그 갈등을 해결하려고 하였다.

그러나 이 글에서는 한 걸음 더 나아가 양자역학의 모든 물리적 현상을 고차정보의 존재와 처리를 위해 부수적이고 보완적으로 필요한 상태로 보려고 한다. 높은 수준의 정보의 실재와 거대한 용량과 초고속 정보처리를 위해 양자는 마치 하드웨어가 되어준다고 볼 수 있는 것이다. 양자 컴퓨터의 원리와 유사하다. 양자전산을 위해 특수한 양자적 하드웨어가 필요한 것처럼 저 차정보와 다른 고차정보를 위해서는 고전적 하드웨어와 다른 양자적 하드웨어가 필요한 것이다. 양자정보의 원리를 알지 못하고 양자의 하드만 보기 때문에 난해함에 빠질 수밖에 없다고 생각한다. 그러나 양자정보의 고차성을 이해하면 양자의 구조와 기능을 좀 더 잘 이해할 수 있다는 것이다. 존 휠러 John Wheeler가 왜 세계가 양자화되어 있는가에 대한 질문에 대해 안톤 차일링거Anton Zeilinger는 세계의 정보가 양자화되어 있기 때문이라고 답한 것과 같은 의미로 받아들일 수 있을 것이다.[34]

다시 한번 정리하면, 고차정보의 대용량과 우주의 모든 정보를 저장하고 처리하기 위해 양자의 중첩성과 불확정성이 필연적으로 필요하며 정보의 개체성과 자기성을 가지기 위해 양자의 이중성과 불연속성 등도 필요하다고 볼 수 있는 것이다. 그리고 저차정보의 보존성을 막기 위해 양자정보의 비개체적 해체성과 양자붕괴의 불연속성 그리고 우연성이 필연적으로 필요하다는 것이다. 이는 고차정보로서 잘 작동하기 위해, 필요한 방어 시스템일 수도 있다. 이러한 양자의 정보와 하드웨어 덕분에 우주의 정보가 빈틈없이 작동되고 큰 사고 없이 운행되고 있다고 보아야 한다.

상대성 우주와 정보

이제 이 양자를 미세한 수준으로만 아니라 거대한 우주로 확장시켜보자. 그리고 그 속에서 정보가 어떠한 역할을 하는지도 알아보자. 양자는 고차정보로서 잘 방어되고 보존되어야 한다. 그래서 고전적 세계의 저차정보와 어떠한 거리가 필요하다. 저차와 고차정보는 본질적으로 서로 많이 다르다. 그

만큼 양자와 고전적 세계는 많이 다를 수밖에 없다. 그래서 이 두 세계가 직접 부딪히면 양자는 무조건 붕괴하고 만다. 그리고 그 속의 양자정보는 고전적 세계에서 금방 사라지고 만다. 고전적 저차정보는 투박하고 자기 보존력이 강하다. 마치 중력이 나머지 3가지 힘(강력, 약력, 전자기력)에 비해 아주 약해서 힘을 못 쓰듯이 고차정보도 저차의 세계에 오면 아주 약해서 그 존재와 힘을 발휘하지 못한다. 고차정보가 저차정보에 영향을 주어 저차의 블랙홀 같은 붕괴를 막기 위해서는 고차정보가 그 섬세함을 잘 보존하고 힘을 키워주는 자궁과 같은 시스템이 필요하다.

이를 경계선적인 완충 시스템이라고도 할 수 있다. 고전적인 시스템에서 이러한 경계선이 되는 곳이 바로 복잡성과 생명 시스템이라고 할 수 있다. 이에 대해서는 이미 앞의 글에서 자세히 설명한 바 있다. 이러한 시스템은 주로 인간이 중심이 되어있는 사회, 자연과 생명체 등에서 많이 나타난다. 그러나 우주에서는 어떠할까? 우주 역시 이러한 복잡성 시스템이 가동되고 있다. 우주의 양자장과 양자중력의 세계가 복잡성으로 얽혀 있다. 이에 대해서는 다시 설명할 것이다. 그리고 복잡성의 특수한 형태로서 나타나는 현상들이 있는데, 이를 상대성과 홀로그래피라고 볼 수 있다. 먼저 우주의 상대성 세계에 대해 설명하려고 한다.

양자의 극단에는 팽창하는 거대한 우주가 있고 그 우주의 주인은 중력이고 이를 지배하는 가장 큰 법은 상대성 이론이다. 아인슈타인의 상대성이론은 과학의 꽃이고 인류가 발견한 과학 중에 가장 아름다운 이론이라 한다.[35] 상대성이론은 양자역학처럼 고전역학과 아주 배타적이지는 않다. 그러나 뉴턴의 고전역학만으로는 이해하기는 쉽지 않다. 고전역학에서는 시간과 공간이 분리되어 절대적으로 존재하는 가운데 그 안에서 질량을 가진 물질의 운동량과 위치를 계산한다. 그러나 상대성이론에서는 그 역학법칙은 그대로 성립하지만, 그 배경이 되는 시간과 공간은 상대적으로 존재한다. 그리고 시간과 공간이 분리되지 않고 시공이 하나로 움직인다. 고전의 세계에서 절대적이라고 생각해 온 시공간이 상대화되는 것이다. 절대적인 실재라고 생각해온 시공간이 상대화된다는 의미는 무엇일까?

양자에서는 물질도 불확정적이지만, 적어도 고전역학이 지배하는 물질계에서는 물질은 확정되어 있다. 그래서 물질은 고전계에서는 절대적이다. 이 물질을 지배하는 뉴턴의 방정식도 절대적이다. 그러나 고전적 물질계에서 시공간이 절대적이지 않다는 것은 시공간이 고전적 물질이 아니라는 뜻이기도 하다. 양자중력 이론에서는 시공간의 본질을 양자와 양자장으로 본다.[36] 양자는 위에서 말한 대로 물질인 동시에 정보이기에 결국 시공은 본질적으로 정보라고 말할 수 있다. 고전계이지만 시공이 상대화되는 것은 그 본질이 정보이기 때문에 상대화되는 것으로 볼 수 있다. 그래서 광속에 의해 시공의 정보가 변할 수 있고 또 중력에 따라 시공의 정보가 변하여 휘어지는 것이다. 보이는 시공간은 광자와 중력자와의 관계에 따라 변하는 상대적이고 관계적인 정보인 것이다. 이에 대해서는 양자중력에서 다시 언급할 것이다.

그렇다면 절대적인 실재는 없는 것인가? 상대성이론에서는 시공이 상대성이 되고 광속과 중력이 절대적인 존재로 부각된다. 그러나 이 절대성도 상대적이다. 속도가 광속에 가까워야 하고 거대질량에 의한 강한 중력이 존재할 때만 이러한 절대성이 나타난다. 그리고 그 절대성이 나타나는 경우에도 그 광자와 중력자 속으로 들어가 보면 그들도 역시 양자이므로 그 본질 역시 절대적이지 않다. 절대적인 입자는 아닌 것이다. 정보이면서 입자인 양자의 중첩성이 그 본질이다. 결국 모두가 정보이다. 상대성이론은 양자역학과 상대성이론이 만나는 정보의 장場이다. 실제로 이 둘이 만나는 양자중력에서는 시간과 공간의 존재 자체와 절대적인 실재가 사라지고 오직 관계성만이 나타난다.37 관계성은 곧 정보이고 정보처리이다. 그래서 세계의 근원은 정보가 되는 것이다. 상대성의 세계는 이처럼 고전역학에 속하지만, 양자의 현상이 보존되는 경계의 세계이다. 그래서 절대적인 물질과 시공이 상대적인 정보로 약화되고 대신 양자의 정보가 더 강력한 힘을 발휘한다.

그렇다면 우주 속의 양자는 어떠한 모습을 보일까? 그 속에서 정보는 어떻게 되어질까? 바로 이를 다루는 분야가 양자중력이다. 현대물리학의 최종 목표고 최전선이기도 하다. 이를 통해 우주의 모든 힘이 통합될 수 있다. 양자중력 연구의 주류는 현재로는 초끈 이론과 고리이론이다. 비슷한 면이 있으면서 그 배경은 많이 다르다. 이를 간단히 소개하면서 정보 이야기를 계속해 나가려고 한다. 먼저 그중에서도 더 주류를 이루고 있는 초끈 이론에 대해서 정보이론으로 설명해 보려고 한다.

초끈 이론과 정보

새로운 이론은 무조건 상상으로만 탄생되는 것은 아니다. 기존의 이론에서 생기는 문제나 갈등을 해결할 방법을 모색하다가 새로운 개념과 차원의 이론을 구상하게 되고 이를 수학적인 정합성을 확인하고 최종적으로는 실험으로 이를 증명할 수 있어야 한다. 끈 이론도 이러한 과정에서 발생하게 되었다. 표준모형으로 물질의 모든 것을 설명할 수 있을 것이라 기대했지만, 새로운 문제들이 제기되기 시작했다. 그중에서도 가장 큰 문제가 계층성의 문제였다. 물리학의 최종 목표인 대통일 이론이 가정하는 바로는 빅뱅으로 우주가 시작될 때, 모든 물질은 하나에서 출발했다는 것이다. 하나의 상태에서 힉스 메커니즘에 의해 자발적 대칭성이 깨어지고 양자장의 가상입자의 영향으로 각기 강력, 약력과 전자기력과 소립자들이 형성된다. 물론 아직 중력은 어떻게 형성되고 있는지를 설명하지 못한다.

    이런 과정 중에서 가장 큰 문제가 계층성의 문제이다. 입자들이 생성되는 과정에서 이를 발생시키는 가상 입자, 플랑크 질량과 힉스 입자 질량들이 서로 차이가 크지 않고 상호 교환이 가능해야 하는데, 상상할 수 없을 정도로 큰 차이를 보인다. 중력은 너무도 약하고 이보다 큰 약력도 강력에 비하면 너무도 약하고 가볍다. 대통일 이론에서 입자들의 질량 차이가 10 조 배나 된다. 왜 중력은 이처럼 작고 플랑크 질량은 커야 하는가? 그 차이가 1 경배라면 기존 이론만으로는 도저히 해결할 수 없는 근본적인 문제가 있다고 보아야 한다. 이를 극복할 방법을 연구하다가 찾아낸 것이 초대칭 이론이다. 초대칭이란 표준이론의 소립자들인 페르미온과 보손과 짝을 이루는 물질이 존재한다는 이론이다. 가상 입자의 전자와 양전자가 쌍생성하고 쌍소멸하듯 입자들의 질량이 아무리 크더라도 쌍소멸할 수 있는 길이 열림으로 계층성의 문제를 해결할 수 있는 것이다. 이를 수학적으로 설명하기 위해 탄생된 것이 초끈 이론이다.[38]

    여기서 생각해 보아야 하는 것은 왜 물질의 궁극의 문제를 해결하는데, 초대칭이라는 대칭이론을 만나게 되는 것인가? 도대체 우주에서 대칭의 의미는 무엇인가? 과학자들에게 깊이 뿌리내리고 있는 신념들이 있는데, 그중 하나가 대칭성이다. 우주와 물질의 대칭성이다.[39] 고전적 세계와 양자와 중력의 세계와 이를 지배하는 법칙들이 각기 다르지만, 이를 관통하는 원리들이 있다면 그중에 가장 강력한 것이 대칭성이다. 뉴턴의 고전적인 세계도 만물이 법칙으로 보존되는 시공의 대칭성이 지배하고 있고 양자도 게이지 대칭이라는 법이, 양자중력에도 초끈 이론의 초대칭성이 그 중심에 자리 잡고 있다. 그리고 만물의 시작이고 근원이라고 볼 수 있는 양자장은 가상입자의 대칭성이 가장 중심에 있고 물질이 생성되는 힉스 메커니즘에도 대칭성과 깨어짐이 가장 핵심적인 원리이다. 화학과 생물학에도 대칭성이 가장 중요한 원리가 되고 있다.

이처럼 우주는 대칭성과 그 깨어짐의 비대칭의 조화로서 생성되고 운행된다고 보아도 과언은 아니다. 왜 우주는 대칭성과 비대칭의 깨어짐으로 움직이는가? 왜 대칭성이어야 하는가? 대칭성의 본질은 무엇인가? 대칭성의 본질은 정보이다. 대칭의 구조가 무엇이든 대칭과 비대칭의 차이는 정보이다. 대칭은 정보의 보존이고 대칭의 깨어짐은 정보의 해체인 동시에 새로운 정보의 누출이다. 생물도 유전자 정보의 복제가 대칭의 보존이고 그 깨어짐이 돌연변이다. 이 돌연변이를 통해 새로운 정보가 유전자에게 주입되고 이를 통해서 진화가 일어난다. 그래서 이 대칭과 대칭의 깨어짐은 우주의 다른 여러 법들을 관통하는 중요한 원초적인 법이 되고 있다. 이는 만물의 원리가 정보라는 뜻을 암시하기도 하는 것이다.

물질과 에너지의 계층성 문제를 해결하게 하는 초대칭도 결국은 정보이다. 대칭과 대칭의 깨어짐을 통해 물질과 에너지가 형성된다. 정보의 누출을 통해 물질이 만들어진다. 대칭 입자의 하나인 가상 입자도 결국 정보를 통해 양자장에서 물질과 에너지에 영향을 준다. 가상입자를 통해 일시적으로는 엄청난 에너지와 질량의 유입이 가능하지만, 결국 쌍소멸을 통해 원상복구 된다. 즉 에너지와 질량이 보존되는 것이다. 그리고 정보의 총량도 보존된다. 그러나 정보의 내용은 변화된다. 고전계에서도 에너지, 물질 정보의 양은 항상 보존되지만, 에너지의 내용이고 질인 엔트로피는 변화된다. 이 엔트로피가 곧 정보의 내용을 말한다. 이처럼 양자장은 정보의 복제와 새로운 유입이 발생하는 장인 것이다. 그 정보의 발생이 대칭과 그 깨어짐을 통해서 일어나는 것이다.

양자장에서 정보와 함께 물질과 에너지의 생성도 있게 되는데, 이 과정에도 보이지 않게 정보가 중요한 역할을 하는 것으로 기대된다. 즉 양자장 속에 있는 대칭정보들이 대칭의 깨어짐을 통해 발생된 가상입자와 끈과 같은 진동정보가 물질과 에너지를 형성하고 작동하게 한다고 볼 수 있다. 물질의 가장 작은 기초가 되는 소립자인 쿼크들을 구성하는 초미세 입자들이 있는데, 이들을 스핀의 상태에 따라 보손boson과 페르미온fermion이란 두 가지 입자로 구분한다. 초대칭은 바로 이 두 물질의 대칭을 의미한다. 페르미온은 물질의 형태를 구성하는 소립자를 만든다. 그래서 같은 양자이지만 더 물질적인 성질에 가깝다. 개체적이고 보존적이고 배타적이다. 그러나 이 페르미온에 에너지와 정보를 매개하는 입자가 있는데, 이것이 곧 보손이다. 이는 정보에 더 가깝다. 우주 초기에 약력 게이지 보손들이 합쳐져 다른 보손을 만들고 또 힉스장에서는 질량을 만들기도 한다. 양자장의 초대칭에서 생성된 정보가 물질로 발달되는 과정에서 여러 다양한 물질과 에너지의 형태가 발생하는 것이다. 이는 마치 유전자에서 단백질이 형성되는 과정과 유사하다고 볼 수 있다.

이처럼 만물과 우주가 정보로 생성되고 발생되고 있다고 볼 수 있다. 뒤에서 정보와 물질의 관계를 다시 정리하며 설명하겠지만, 물질과 정보가 분리될 수 없는 미분화 상태 즉 물질도 정보가 되어있는 순수정보에서부터 점진적으로 정보와 물질이 분리되는 과정이 곧 우주의 생성과 진화과정으로 볼 수 있을 것이다. 그러나 진화의 각 단계에서 물질과 정보의 성격과 의미는 달라진다. 그중에서 더 실재적이고 관통적 역할을 하는 것이 정보라고 보아야 할 것이다. 우주의 과정에서 정보와 물질은 늘 하나로 움직여가지만, 정보가 더 능동적인 위치에 서 있고 물질은 정보의 성격이 변하여 가는데 맞추어 변모되어가는 그러한 수동적인 모습을 보인다. 그렇다고 물질을 정보의 부수적인 현상으로 보는 것은 아니다. 데카르트의 이원론이나 유심론을 주장하는 것도 아니다. 우주는 물질과 정보가 하나인 일원성이다. 그러나 역할의 차이가 있다는 것이다. 이는 정보가 고급이고 물질이 저급이라는 말도 아니다. 물질도 정보와 같이 중요하다. 정보가 바르고 효율적인 정보가 되기 위해서는 각 차원마다 적절한 물질의 도움이 필수적으로 요구된다. 기능적인 보완이 아니라 본질적으로 필요한 존재인 것이다. 그래서 물질이 형태적인 구성과 에너지를 보존하고 운반하는 본래 역할과 함께 정보를 진정한 정보가 되게 하는데 아주 중요한 역할을 한다고 보아야 한다. 이런 뜻에서 란다우어 Rolf Landauer의 말처럼 정보는 물리적이고 물리적이어야 하는 것이다.[40]

양자중력과 정보

일반 상대성이론과 양자역학의 통합은 대통일 이론의 확립과 양자중력의 바른 이해를 위해 반드시 필요하다. 그런데 이 두 이론이 모두 정합적인 것은 사실이지만, 제한적인 조건이 있다. 즉 양자역학은 초단거리만 적용되고 일반 상대성이론은 우주 같은 장거리에만 적용된다. 초단거리에서는 중력이 무시되고 장거리에서는 양자역학이 무시된다. 그러나 양자와 중력이 만나기 위해서는 이러한 거리의 조건을 넘어선 통합이 필요하다. 또한 상대성 이론은 시공에 대해서는 상대적이지만 관측에 대해서는 고전적이다. 그리고 양자역학은 반대로 시공에 대해서는 고전적이지만 관측은 양자적이다.[41] 이러한 난제를 풀기 위해서 가장 먼저 요구되는 것은 물질의 가장 작은 단위인 양자의 프랑크 길이(10^{-33}cm)로 내려가야 한다. 이 길이에서는 양자와 중력 모두가 중요하다. 빅뱅과 블랙홀을 설명하기 위해서도 이 플랑크 길이는 아주 중요하다. 그러나 이 길이에서는 에너지와 질량이 급증하게 되고 서로 간에 무한대의 충돌이 일어나게 된다. 이렇게 되면 에너지가 무한대가 되어 수학적인 예측이 불가능해진다. 이를 극복하는 길이 바로 끈과 고리이론이다. 이 두 이론 모두가 입자들의 무한대 충돌을 방지하기 위해 만들어졌다.

이러한 의미에서 끈 이론은 아직 실험적인 근거가 부족함에도 현대물리학의 난제를 해결하는 최선의 이론으로 자리 잡아가고 있다. 끈이란 진동하는 에너지 조각을 의미한다. 진동의 방식에 따라 입자가 생성된다. 그래서 끈은 에너지이면서도 정보이다. 끈은 진동이고 진동은 곧 정보가 된다. 이처럼 물질의 문제를 궁극으로 해결하기 위해 도입된 것이 정보가 된다. 대신에 고리이론에서는 플랑크 길이의 무한대 충돌을 방지하기 위해 양자장을 플랑크 부피의 불연속적 격자로 본다.[42] 격자 속에 양자화된 전기력이 고리처럼 작용하여 교차와 매듭, 꼬임 등의 연결고리를 형성하게 된다. 그래서 양자장과 중력장을 고리로 설명한다. 로저 펜로즈는 이 고리를 스핀 네트워크로 설명하기도 한다.[43] 고리이든, 스핀 네트워크이든 고리와 네트워크의 관계적 망과 계산을 통해 시공이 창출되고 입자와 물질이 발생한다고 본다.[43] 플랑크 길이의 양자들이 관계적 망을 이루어 거기서 처리되는 정보들에 의해 시공과 우주가 형성되고 진화된다는 것이다.

20세기 미국 양자물리학의 최고 권위자로 인정받고 있는 존 휠러John Wheeler는 양자중력의 기초를 다지고 발전시키는데 큰 기여를 하였다.[44] 그리고 미래 물리학에 양자 정보학의 중요성을 강조한 바 있다.[11] 한 번은 아인슈타인이 휠러에게 상대성 이론을 한마디로 말해보라고 요청한 적이 있었는데, 그는 이에 대해 "물질은 공간에게 어떻게 굽어졌는지를 말하고, 공간은 물질에게 어디로 가야 할지 말한다."라고 답하였다. 그런데 이 말을 양자 컴퓨터와 양자정보의 대가인 세스 로이드Seth LLoyd는 "정보는 공간에게 어떻게 굽어졌는지를 말하고, 공간은 정보에게 어디로 가야 할지 말한다."라고 바꾸어 표현하였는데, 이 말은 양자중력의 본질을 정보로 보고 있다는 뜻이다. 양자중력의 고리와 끈들의 네트워크를 그는 정보가 흘러가는 선들로 보면서 선들은 양자 논리 게이트를 만나고 여기에서 양자정보는 변화되고 처리된다고 하였다.[45] 그래서 양자의 망에 의한 정보가 우주의 시공간과 물질을 창출하고 변화시켜나가는 것이다. 결국 양자중력을 정보의 망으로 본 것이다. 그러나 이 네트워크는 고전적인 복잡성의 망과 달리 양자의 복잡성이다. 고차정보의 복잡성인 것이다.

양자만 해도 고전적 물질과 다른데, 이 양자는 구름과 같은 중첩의 복잡성 망을 이루며 연산을 해나가기에 우리가 상상할 수 있는 이상의 차원이다. 그런데 이 복잡성의 양자망을 홀로그래피로 설명하는 학자들도 있다. 우주를 홀로그램들의 네트워크로 보고 그 홀로그램 안에 그들 상호관계에 대한 정보가 있는 것으로 본다. 즉 우주를 어떠한 실체나 물체보다 정보처리의 과정과 흐름으로 보는 것이다. 블랙홀의 열역학과 엔트로피 정보에 대한 연구를 하던 중에 베켄슈타인Bekenstein 한계라고 하는 홀로그래피 원리가 발견되었는데, 이는 "어떤 영역에 포함된 정보의 양은 유한할 뿐, 플랑크 단위로 잰 그 영역 경계면의 넓이에 비례한다."는 원리이다. 블랙홀의 엔트로피와 정보를 계산하는 중에 일반적으로는 정보의 양이 부피에 비례해야 하는데, 오히려 경계면의 넓이에 비례하는 것을 발견하게 된 것이다.[46] 이 홀로그래피의 원리는 우주 전체가 홀로그래피의 평면일 수 있다는 것이다. 우주를 홀로그래피 안의 양자들의 망에 의해 정보처리가 진행되는 정보 흐름으로 보는 것이다. 그래서 그 안의 시공과 물질들은 홀로그래피의 정보에 의해 형성되고 변화되어가는 것이다.

차원에 따른 물질과 정보

그렇다면 우주도 실재가 아니라는 것이다. 그 이상의 차원의 실재가 있을 수 있다는 이야기이다. 홀로그래피의 원본의 실재가 고차원으로 존재할 수 있다는 이야기이다. 이를 초양자적인 차원의 세계로 볼 수도 있을 것이다. 양자를 넘어선 세계에 대해서는 봄Bohm이 처음으로 아양자subquantum 라는 말을 도입하였다. 고전적인 이론으로 이해하고 설명하기 어려운 양자의 미분화되고 중첩적인 현상을 설명하기 위해서 그는 양자현상의 배후에 양자 포텐셜 같은 숨은 변수가 있어 이를 가능하게 한다고 주장하고 있다. 이 변수가 작용하는 숨어있는 세계를 아양자라 했다.[47] 그러나 이 글에서는 좀 더 넓은 개념으로 확장하기 위해 초양자라고 하였다. 양자만 해도 상상하기 어려운 세계인데 초양자라는 세계는 도저히 상상할 수 없는 차원의 이야기이지만, 인간의 상상은 무한하기에 그 이상을 다시 상상해 보자. 그것도 과학적인 언어와 정합성으로 말이다. 앞서 설명한 양자중력과 양자장도 양자와 연결은 되어있지만, 이를 넘어선 세계로 볼 수 있을 것이다. 그리고 초끈이론과 막 이론도 초양자의 세계로 볼 수도 있을 것이다. 양자와 초양자의 경계를 정하는 것도 사실은 불가능하다. 일단 양자현상의 배후를 설명하는 모든 것들을 이에 포함시킬 수 있을 것이다. 그리고 초양자에서도 더 근원적인 배경이 또 있을 것이다. 그 무궁한 깊이와 한계에 대해서는 사실 무엇이라고 말할 수 없는 세계이다.

그중에서 일단 나름 검증된 이론이 초끈과 양자장이론이다. 이를 중심으로 초양자에 대한 이야기를 해나가려고 한다. 1968년 끈 이론이 시작된 이래, 많은 시행착오와 발전을 거듭한 끝에 여분의 6차원을 포함한 10차원의 초대칭 끈 이론이 탄생하게 되고 이를 통해 대부분의 입자와 힘을 설명할 수 있게 되었다. 그러나 그 이후 너무 많은 끈 이론들이 수학적으로 가능하고 그 외에 적지 않은 문제들에 봉착하게 되자, 이를 돌파하기 위해 M 이론과 막을 포함한 11차원의 초끈 이론으로 발전하게 되었다. 이 안에서 다시 여러 막과 공간에 대한 다양한 이론들이 제시되고 있다.

이러한 이론들에서 흥미로운 것은 격리sequester와 무정부주의 원리라는 것이다.[48] 인간이 사는 4차원 공간의 양자장은 마치 무정부 상태와 같다. 양자장에서는 일어날 수 있는 모든 가능성의 정보와 함께 가상 입자와 양자 요동을 통해 우연과 혼돈이 소용돌이친다. 그리고 안에서 무작위적인 상호작용도 무질서하게 일어난다. 그러나 놀랍게도 그러한 양자장의 무질서한 배경에서 우주의 질서가 탄생되고 유지된다. 요동치는 그 파도의 격량 속에서 어떻게 이 우주는 안정적으로 항해해 나가고 있는가? 표준모형에 나타나는 계층성의 혼돈을 어떻게 극복하면서 4차원의 우주는 질서와 조화를 이루어 나가고 있는가?

대칭성과 여분 차원과 막 이론이 이러한 무질서를 극복해나갈 수 있는 대안으로 제시되고 있다.[48] 앞서 무질서한 계층성을 초대칭으로 흡수할 수 있다고 했다. 그런데 초대칭 입자를 그대로 두면 더 많은 혼란에 빠진다. 그래서 이를 격리하고 숨겨야 하는데, 암흑물질이 이들을 숨겨둔 대안으로 떠오르고 있지만, 초끈 이론가들은 막과 다른 차원을 통해 깨어진 초대칭 입자와 강력한 에너지와 질량의 입자들을 숨기고 격리시킬 것으로 생각한다. 그리고 여분의 차원과 그 사이에 있는 벌크라는 공간을 통해 에너지와 질량을 약화시킴으로 표준모형의 약한 힘과 작은 질량을 분리하여 그 질서를 유지할 수 있게 된다고 설명한다. 그러나 막으로 완전히 격리되는 것만은 아니다. 막과 고차 공간을 넘나들면서 막과 공간을 매개하는 물질도 있다. 대부분의 입자들은 열린 끈으로서 막에 구속되나 중력 입자만은 닫힌 끈으로 막을 초월하여 움직이는데, 이 중력자가 막과 공간을 초월하여 정보와 에너지 교류에 중요한 역할을 할 것으로 기대된다. 이에 대해서는 봄David Bohm의 전체와 접힌 질서에 대하여 설명하면서 다시 언급할 것이다.

지금까지 물질과 우주에 대해 여러 이야기를 하였다. 이제 이를 계층별로 한 번 더 정리해 보려고 한다. 이글에서는 많은 물리학적인 사실과 이론들을 소개하였지만, 이를 관통하고 연결하는 개념은 정보이다. 그래서 정보라는 관점에서 이를 다시 계층적인 차원으로 정리해 보려는 것이다. 앞의 글들에서 나온 정보의 차원을 다시 언급하고자 한다. 먼저 저차정보의 세계이다. 이는 알고리즘에 의한 정보들이 주류를 이루는 세계이다. 뉴턴의 고전역학이 지배하는 고전적인 물질세계인 것이다. 그다음 고차정보가 양자인데, 섬세하고 힘이 약한 고차정보를 보호하고 키워나가길 위해 경계선적인 정보의 세계가 필요하다고 했다. 이 세계가 복잡성인데 특별히 생명과 생태계가 이러한 역할을 한다고 했다. 이는 고전역학에 속하지만, 양자적인 고차정보의 성격을 닮고 있다고 했다. 이러한 차원들에서 물질과 정보의 관계도 흥미롭다. 저차정보에서는 물질이 주主가 되고 정보가 종從이 된다. 물질이 실재가 되고 정보가 기능이 되는 것이다. 이것이 인간들이 사는 세계의 드러난 모습이다. 그러나 그 세계를 조금 더 깊이 들어가 보면 알고리즘으로 설명하기 어려운 복잡성의 세계가 있고 여기에서는 알고리즘 계보다 정보가 조금 더 강세를 보인다. 그러나 여전히 고전적인 세계로서 물질이 우세한 세계이다. 그다음의 물질의 차원은 고전적 상대성의 세계이다. 여기에서는 물질이 우세하지만, 그 절대성이 더 약화된다. 그리고 정보가 상대성이지만 그 강도가 강해진다.

그리고 물질이 양자로 들어가게 되면 앞서 설명한 대로 정보가 더욱 강세를 보여 물질과 정보가 거의 동격이 된다. 입자와 파동의 이중성이 바로 이를 말한다. 양자의 이해하기 어려운 여러 모습은 고차적인 양자정보의 본질과 기능을 위해 어쩔 수 없는 현상이라고 했다. 양자는 물질과 정보가 분리될 수 없는 한 동전의 양면과 같은 독특한 존재이다. 그래서 양자를 물질로만 보면 난해하지만, 정보와 물질이 같이 있는 존재로 보면 훨씬 이해하기 쉽다고 했다. 그래서 양자에서는 물질과 정보가 거의 동격이지만, 정보가 다소 우세한 위치를 점한다. 고차정보를 위해 물질이 양자화될 수밖에 없는 것을 보아도 이를 알 수 있을 것이다. 그런데 물질의 끝은 양자가 아니다. 그 이상의 차원들이 있다.

그다음이 양자중력의 세계라고 볼 수 있다. 이 차원에서는 정보와 물질의 균등한 위치가 정보 쪽으로 더욱 기울게 된다. 그래서 모든 시공과 물질이 상대적인 가상이 된다. 정보가 더 실재적인 존재로 되어가는 것이다. 고리 양자중력과 스핀 네트워크 그리고 홀로그래피 원리에서 이러한 시공과 물질의 존재의 의미에 대해 설명한 바 있다. 그리고 그다음이 양자의 복잡성 세계이다. 이는 양자장과 양자들이 고리를 맺으면서 더 복잡한 망을 이루는 양자 복잡성인 것이다. 양자들이 탄생되고 소멸하면서 요동하고 상호 작용하는 양자장은 양자와 또 다른 일면을 보인다. 이는 마치 고전의 세계에서 알고리즘과 복잡성의 차원이 다르듯 같은 양자에서도 일반 양자와 복잡성의 양자와는 차원의 차이가 있는 것이다. 고전적 물질이 복잡하게 망으로 상호 작용하는 것만으로도 엄청난 다른 차원의 정보가 존재하는데, 중첩의 양자정보들이 상호 복잡성으로 작용하는 정보의 차원은 상상하기 어려운 고도의 차원이 될 것이다. 이러한 양자장은 혼돈과 무질서의 세계이다. 양자가 정보의 고차성을 위해서 중첩과 비개체성과 불확정성 등을 가져야 하지만, 양자의 불연속성과 입자라는 개체성을 동시에 가져야만 정보로서의 정체성을 유지할 수 있다고 했다. 그래서 물질성이 동등하게 유지되어야만 했다. 그러나 양자장으로 오게 되면, 물질성은 더 와해되고 무작위의 가상 입자와 무질서와 혼돈 등이 끝없이 요동친다. 정보라는 정체성을 찾을 수 없을 정도의 혼돈과 무질서 상태에 빠진다. 그래서 이런 양자장을 아무것도 존재하지 않는 진공상태로 부르기도 한다.[49] 그런데 이 무작위의 바다에서 우주가 끊임없이 생성되고 유지된다. 무작위의 정보에서 신비롭게도 질서의 우주가 탄생되고 진화되어가는 것이다.

양자와 양자장의 혼돈만으로 도저히 이를 다 설명할 수가 없다. 그래서 이 양자장 너머의 여분의 차원과 막들이 존재할 수 있다는 초끈 이론의 설명을 도입해 보았다. 물론 이러한 여분의 차원과 막들은 여전히 양자장의 연장으로도 포함시킬 수 있을 것이다. 그러나 이를 양자의 연장이라도 편의상 초양자의 차원으로 생각해볼 수 있을 것이다. 물론 이 세계는 아직 상상의 세계이다. 그러나 수학자들이 수학적인 정합성을 찾으며 꾸준히 그 존재를 어떻게라도 확인해보려고 한다. 그 한 방법으로서 그 세계에서 나오는 물질적인 흔적들이라도 찾아보려고 한다. 기대하는 한 입자가 KK Kaluza Klein라는 입자이다.[50] 이 세계는 빅뱅과 블랙홀을 이루는 본질이면서도 근원이 되는 차원일 것이다. 빅뱅과 블랙홀이 순환되는 그 중심의 차원일 수도 있을 것이다.[51] 이 차원에는 초대칭과 깨어진 입자들이 숨겨져 있고 또 고에너지와 고질량의 물질과 함께 고차원의 정보가 고밀도로 채워져 있을 것이다. 그래서 빅뱅과 블랙홀의 본질적인 모습일 것이라고 생각하는 것이다. 그러나 그 속의 물질은 우리가 낮은 차원에서는 상상할 수 없는 모습이다. 정보도 저차나 고차의 양자정보와는 전혀 다른 모습을 가질 것이다. 그저 숨겨진 우주나 정보 혹은 물질이라고밖에 설명할 수 없을 것이다. 그런 의미에서 봄이 말한 숨겨진 우주나 홀로그래피의 본체가 되는 세계일 수 있을 것이다.

초양자의 차원에서 정보는 어떤 모습일까? 그 속에서도 물론 물질성이 있을 것이다. 빅뱅의 시원과 블랙홀의 종말로 생각한다면, 그 속의 물질은 분명 양자를 넘어선 어떠한 물리적인 상태일 것이다. 그 세계의 물리에 대해서는 그 누구도 상상하고 예측하기 어려울 것이다. 그러나 희미하나마 하나의 상상이 가능하다면 물질과 정보의 상대성에 대한 예측이다. 고전적 세계에서 양자와 초양자로 올수록 물질과 정보의 상대성이 변화되어 갔다. 저차정보의 고전에서는 물질이 우세하지만, 고차정보로 갈수록 정보가 우세해졌다. 양자장에서는 물질이 거의 가상의 수준으로 와해되고 정보가 더욱 실재적인 존재로 부각된다. 그렇다면 초양자의 차원에서는 정보만 실재로 존재하고 물질이 없는 그러한 순수한 이데아의 세계가 가능할 수 있다는 것이다. 그렇다면 이 정보의 세계가 인류가 늘 추구하는 순수정신과 영혼의 세계일 수도 있을 것이다. 그렇다면 초양자에서는 데카르트의 이분법이 완성되는 것인가?

알 수 없는 세계이지만, 나는 적어도 그렇게 생각하지 않는다. 초양자의 정보는 순수정보이지만 물질과 정보가 순수하게 하나가 되어있는 상태로 생각한다. 순수정보이지만 물질과 정보로 분화되지 않은 그러한 미분화적 순수정보로 볼 수 있다는 것이다. 정보이지만 분화된 그러한 정보가 아니고 물질이 미분화된 상태로 숨겨진 그러한 정보라고 보아야 한다. 이런 정보는 우리가 상상하기 어려운 정보이다. 그러나 이러한 정보의 실체를 우리의 세계에서 엿볼 수 있는 경우가 있는데, 이것이 바로 양자정보의 얽힘entangle 현상이라 생각한다. 양자의 어려운 문제들이 많지만, 그중에서도 가장 불가사의한 현상이 정보의 얽힘이다. 광속과 무관하게 거리와 시간을 초월하여 정보가 전달되고 얽히는 현상인 것이다. 양자나 고전적인 차원에서는 도저히 설명할 수 없다. 물리성이 없는 정보를 상상할 수 없기 때문이다. 광속이 매개하지 않는 정보의 교류는 불가능하다. 그러나 분명 물질과 관계없이 정보가 얽혀 있다. 초양자의 정보라면 가능할 수 있을 것이다. 물질과 정보가 미분화 상태의 순수정보로서 정보라면, 이러한 얽힘이 가능하지 않을까 기대해보는 것이다. 이 초양자의 정보는 인간이 상상할 수 있는 가장 고차적인 정보일 것이다. 이 정보는 정보와 물질이 하나이면서 고밀도로 응집된 에너지 상태일 것이다. 그래서 빅뱅과 연결된 시원으로 생각해 볼 수 있을 것이다.

지금까지 설명한 물질의 차원에 따른 물질과 정보의 상대적 변화를 다음 표11-1에 정리해 보았다. 모든 물질과 정보는 초양자라는 차원에서 정보와 물질이 미분화된 일원一元상태에서 시작된다. 그다음 양자장의 복잡성을 거쳐 양자 중력과 양자에 이르게 된다. 이러한 과정에서 정보가 절대적인 우세를 보이고 물질은 상대성을 보인다. 그리고 그 강도가 점진적으로 변한다. 이를 강 상대성, 중 상대성 그리고 강 절대성, 중 절대성 등으로 표현해 보았다. 강 절대성이란 절대적인 위치에서 주체적인 강한 영향력을 의미하며 강 상대성이란 상대성이 아주 강하다는 뜻으로 절대성에 많이 의존되는 강한 상대성을 의미하는 것이다. 그다음 중 절대성이란 절대성이 강에서 조금 줄어들었지만, 여전히 절대성을 유지한다는 뜻이다. 중 상대성 역시 상대성이 강에서보다 줄어들어 스스로 영역이 늘어나게는 되었지만, 여전히 절대성에 의존되어있는 모습이다.

그리고 양자의 세계에 오게 되면 물질과 정보가 거의 비슷한 위치의 이중성을 보이지만, 정보가 약간은 우세함을 보인다. 이를 정보의 약 절대성, 물질의 약 상대성으로 표시하였다. 약 절대성이란 절대성이 다소 감소하였지만, 여전히 주체적인 절대성을 유지한다는 뜻이고 반대로 약 상대성이란 상대성이 늘어나 거의 대등한 관계를 보이지만, 절대성에 비해 약간의 약세를 보인다는 뜻이다. 그리고 물질이 붕괴되면서 고전적 중력인 상대성과 복잡성의 세계 그리고 고전역학의 세계로 발전하게 되는데, 이에 따라 물질은 좀 더 절대적인 위치에서 정보를 지배해 나간다. 그리고 정보는 더 상대적인 위치에서 약세를 보이게 된다. 이러한 변화를 역시 앞에서와 같은 방식으로 표현해 보았다. 이러한 절대성과 상대성은 기능적인 면보다는 존재적인 실재성의 위치를 의미한다. 고전역학에서는 정보가 강 상대성이라는 뜻은 존재 자체가 그렇다는 뜻이다. 그러나 실용적인 기능면에서는 정보가 결코 물질에 뒤지지 않는다. 이것이 현재 정보사회의 모습이다. 그러나 존재적인 실재성이란 개념도 현상적인 면에서 그렇다는 뜻이지 더 본질적인 실재성을 의미하는 것은 아니다. 더 본질적이고 철학적인 실재론에 대해서는 이글의 마지막 부분에서 다시 자세히 다룰 것이다.

물론 이러한 물질과 정보의 변화는 아직 가설적인 추론에 불과하다. 그러나 이러한 추론만으로도 과거와 같이 한 차원의 정보로만 해석함으로 생기는 문제를 더 선명하게 이해하는데, 도움을 줄 수 있으며 앞으로 물질과 정보를 과학적으로 연구하는데도 어떠한 도움을 줄 수 있을 것으로 기대해본다. 무엇보다도 이 책의 주요 주제인 과학과 인문학이 대화하고 통합하는데, 이러한 정리는 좋은 이정표가 될 수 있을 것이다. 그리고 과학만이 아니라 물질과 정신의 이분법적 갈등 가운데 있는 여러 인문학에도 새로운 통찰의 기회가 열릴 수 있으며, 특별히 심리철학과 같이 물질과 정신의 관계를 다루는 학문에서 새로운 해석의 가능성도 열어 줄 수 있을 것이다.

표11-1. 차원에 따른 물질과 정보의 절대성과 상대성의 변화

차원	고전역학	고전복잡성	고전중력	양자역학	양자중력	양자복잡성	초양자
물질	강 절대성	중 절대성	약 절대성	약 상대성	중 상대성	강 상대성	미분화 일원
정보	강 상대성	중 상대성	약 상대성	약 절대성	중 절대성	강 절대성	미분화 일원

양자, 우주와 인간

이제 이러한 물질과 정보의 차원과 인간의 관계에 대해서 생각해 보자. 이러한 물질로 되어 있는 우주의 정보와 인간의 정보는 도대체 어떠한 관계를 맺고 있는지 그 역동성에 대해 이야기해 보려고 한다. 이를 통해 우주와 물질 속의 인간과 정보의 의미를 찾을 수 있을 것이고 그 속에서 정보인류의 미래도 점쳐볼 수 있을 것이다.

앞서 밝힌 대로 정보와 물질은 자연과 우주 속에서의 상호 연관되며 순환된다. 처음은 물질과 정보가 분화되지 않은 미분화 상태이다. 이를 초양자의 초고차정보라고 했다. 이제 이 미분화 정보와 물질이 양자중력의 양자요동과 고리의 복잡성 정보를 거치면서 서서히 분화되기 시작한다. 이 상태에서는 정보가 주主가 되면서 물질은 가상적이고 상대적인 모습을 보인다. 그러다가 양자 상태가 되어서는 정보와 물질이 거의 대등하게 병립하면서 정보와 입자의 이중적인 상태가 된다. 양자정보에서는 정보가 고차성을 유지하지만, 고전적 물질로 붕괴되면서 고차성을 상실하고 저차정보로 변하게 된다. 이때 가능한 고차정보의 영향을 보존하고 증폭시키기 위해 복잡성의 정보가 나타나지만, 이 정보도 시간이 지나면서 결국 저차의 알고리즘 정보로 변하게 된다.

고전적 물질계로 오면서 물질은 절대적인 존재가 된다. 그리고 정보는 상대적이고 오히려 가상적인 존재가 된다. 양자장과는 역전된 상태인 것이다. 그런데 가상적인 저차정보는 강력한 보존성으로 일시적으로는 강한 빛을 발하는 것 같지만, 결국에는 물질의 블랙홀처럼 밀집되어 소멸되고 만다. 그리고 물질 역시 자기 보존성과 밀집성으로 자기의 무덤인 블랙홀에서 그 최후를 맞게 된다. 이것이 대충 살펴본 정보와 물질의 일생이다. 그러나 블랙홀에서 물질은 완전히 소멸되지만, 정보는 가상입자의 정보를 통해 다시 초양자정보로 살아남아 새로운 순환으로 들어간다.[52] 물질은 초양자에서 분화되어 별의 일생을 통해 결국은 블랙홀로 일생을 마치지만, 정보는 가상입자의 정보로 시작하였다가 다시 가상입자의 정보로 귀환한다. 이것이 우주 속에 있는 정보와 물질의 순환적 일생이라 생각한다.

이러한 정보와 물질의 순환에 인간과 그 정보가 어떠한 영향을 미치고 있으며, 그 속에서 인간 정보의 의미는 무엇일까? 우주 진화에 인류원리가 주는 의미는 분명히 있다. 인류원리로서 우주 속에 인류가 이렇게 생존되도록 환경을 조성해 주고 있는 것을 우연으로만 볼 수 없다. 양자장의 가상입자와 양자붕괴의 원리가 무작위에 의한 것이기 때문에 이를 우연으로 보는 것이 자연스럽기는 하지만, 초양자의 여분의 차원 속에 있는 초고차정보와 인류정보의 교류 가능성을 완전히 배제할 수는 없다. 그리고 양자붕괴와 복잡성이 오히려 양자정보를 보호하고 증폭시킬 수 있는 것처럼, 초양자의 정보도 양자요동과 무작위의 복잡성을 통해 오히려 보호되고 증폭될 수 있다. 그래서 이 우연을 현상적으로만 해석해서는 안 된다. 구체적인 기전은 알 수 없지만, 본질적으로는 초고차정보의 출현을 오히려 도와주는 방법이 될 수 있다는 것이다. 고차정보의 보존과 해체의 이중성처럼 초고차정보의 우연성이 그 정보의 보존을 위한 필연적인 이중성이 될 수도 있다는 것이다.

인류원리처럼 인류의 생존적 정보와 우주의 정보를 우주와의 접촉을 통해 얻어낼 수 있다고 한다면, 그 접촉은 어떻게 가능할 것인가? 이를 이해하기 위해서는 우선 생명체에 대한 바른 이해가 전제되어야 할 것이다. 우주에 있어서 생명의 의미는 무엇일까? 우주에서 생명체는 우연히 출현된 것인가 아니면 우주의 어떠한 필요성에 의해서 발생되어진 것일까? 그렇다면 왜 우주는 생명체를 진화시켜야만 하는가? 우주 자체가 양자컴퓨터라고 했다. 우주는 거대한 정보망과 전산을 스스로 해나간다. 마치 복잡성 정보가 스스로 조직화되면서 어떠한 질서의 정보를 창출해나가듯이 우주도 그렇게 해나가고 있다. 그러나 우주의 정보망이 너무도 방대하기 때문에 그 효율성에 문제가 있을 수 있다. 물론 초양자적 정보망이 스스로 조직화해 나갈 수 있지만, 그 발현 방식이 무작위이기 때문에 효율성이 떨어질 수 있는 것이다.

보이는 고전적인 세계에서 이를 같이 공조하고 공명하며 돕는 어떠한 정보체계에 대한 필요성을 느낄 수 있을 것이다. 우주의 초양자 정보망에 어떠한 피드백을 주면서 초양자 정보망을 이해하고 소통할 수 있는 어떠한 정보체계가 필요하다는 것이다. 나는 이러한 공조 시스템이 곧 생명이라고 생각한다. 이를 위해서는 초양자의 끝에서 고전적인 물질의 형태를 가지면서도 초양자와 양자정보와 교류할 수 있는 특별한 장치가 필요하다. 물론 용량과 정보처리 속도에서는 초양자정보를 따라갈 수는 없지만, 어느 한 생명의 한계를 넘어 생명계의 생태적인 망을 통해 이를 어느 정도 극복할 수 있을 것이다. 그리고 무엇보다 중요한 것은 성보를 전체적으로 볼 수 있으면서 저자부터 고차에 이르기까지 관통할 수 있는 특별한 장치가 필요하다. 이를 가능하게 하는 것이 곧 의식과 그 속에 있는 자기self라 생각한다.

우주와 의식의 양자적 접촉

의식의 여러 고도한 기능들도 바로 통합성, 자기성 그리고 관통성에서 나온다고 보아야 한다. 이 글에서는 이러한 의식에 대해서 자세하게 다루지는 않으려고 한다. 이 부분에 대해서는 저자의 또 다른 저서인 '정보인류'를 참고하기 바란다.⁵³ 생명체는 이러한 의식과 자기성을 모두 가지고 있다. 물론 인간의 의식과 자기가 가장 발달된 것은 사실이지만, 다른 생명체에도 나름의 의식과 자기는 있다고 보아야 할 것이다. 이와 함께 생명체는 양자정보를 보호하고 처리할 수 있는 효율적인 기관이라는 것이다. 우주의 광대한 양자 컴퓨터와는 다르지만, 양자정보를 보호하고 처리해 가는데 필요할 만큼의 충분한 하드웨어가 되어주고 있다. 그래서 생명체는 작지만 아주 효율적인 양자 컴퓨터로서 우주와 교신할 수 있는 충분한 기능을 갖추었다고 보아야 할 것이다. 양자 컴퓨터로서의 생명체에 대해서도 '정보인류'에서 충분히 다른 바 있다.⁵⁴

그렇다면 생명이 출현하기 전부터 이미 우주가 인류원리를 향해 진화되어 온 것에 대해서는 어떻게 설명할 수 있을까? 이 역시 알 수 없는 일이기는 하지만 상상은 해볼 수 있을 것이다. 지금까지 말한 초양자정보와 양자장의 복잡성정보에 의해 생명의 필요성을 미리 알고, 그들이 생존할 수 있는 인류원리를 스스로 조성해나갈 수 있을 것이다. 그리고 양자중력에서는 시공간이 상대적인 정보이기 때문에 시간을 초월하여 얼마든지 인류원리가 작동될 수 있다. 고전적 세계에서 보는 시공간은 절대적으로 시간에 따라 순차적으로 공간이 형성되어나가지만 양자장의 초양자 정보에 의해서는 시간의 의미는 절대적이지 않다. 그래서 인류원리는 초시간적으로 가능할 수 있다는 것이다. 그리고 양자의 지연된 선택delayed selection과 시간에 의해서도 시간의 역행은 얼마든지 가능하다.⁵⁵

생명체에서 가장 진화된 인류와 우주와의 정보적 접속이 가능하다면, 이제 이 과정이 구체적으로 어떻게 가능한지에 대해 생각해 보자. 인류의 뇌를 포함한 몸이 양자전산과 정보처리를 위한 하드웨어가 된다고 했다. 그리고 의식과 자기가 그 정보교류와 처리의 중심에 있다고 했다. 의식이 우주의 양자정보와의 교류에 가장 중심에 있다고 보아야 할 것이다. 우주양자는 의식의 측정에 의해 붕괴되는 그 과정에서 교류된다. 이 과정을 자세히 설명한 양자물리학자가 있다. 유명한 양자물리학자인 파울리Wolfgang Pauli와 하이젠베르그Werner Heisenberg와 같이 연구한 바 있는 스태프Henry Stapp가 이를 자세히 연구하고 설명한 바 있다. 그는 이를 위해 양자역학의 수학적인 기초를 마련하고 정보이론의 초석을 마련한 노이만von Neumann의 이론을 도입하였다. 그래서 먼저 노이만의 양자이론을 소개하려고 한다.

그는 인간을 포함한 모든 우주는 양자 상태의 역동적 과정을 통해 나타난다고 본다. 그는 이 과정을 세 단계로 나눈다.[56] 첫째 과정은 우주의 참여자로서의 인간의 선택 과정이다. 이 선택을 '하이젠베르그의 선택'이라고 했는데, 그 이유는 하이젠베르그가 양자역학에서 이러한 선택을 강조하였기 때문이다. 이 과정은 뇌의 의식과 양자정보가 자연의 양자정보에게 선택적인 질문을 하는 것이다. 뇌의 양자정보와 자연의 양자정보가 결합하는 과정이기도 하다. 두 번째 과정은 양자역학에서 고전역학적인 과정이다. 이 과정은 슈뢰딩거의 방정식에 따라 인과적이고 결정론적인 계산을 통해 진행된다. 이는 뇌와 의식이 선택한 것에 대한 자연의 반응으로서의 선택의 과정이기도 하다. 이를 '디랙Dirac의 선택'이라고도 한다. 처음에는 가까운 양자들끼리 국소적인 반응에서 시작하다가 점점 더 큰 영역으로 확장되어 간다. 세 번째 과정은 제일 과정에 대한 자연의 반응으로서 자연의 양자가 붕괴되는 과정이다. 뇌의 질문에 대한 자연의 실제적인 반응이 표현되는 과정인 것이다. 그런데 이 과정은 불연속적이고 확률적인 정보로서 표현된다. 이러한 자연의 붕괴 정보는 몸과 뇌의 복잡성 정보로 들어가 생물체의 정보처리 과정에 참여하게 되는 것이다.[57]

스태프가 이러한 과정을 통해 밝히고 싶은 것은 인간의 의식과 정보가 양자의 결정론적 계산과 우연적인 붕괴로서 결정되는 것이 아니라는 것이다. 먼저 제일 과정을 통해 의식의 자유의지가 먼저 자연의 양자에 영향을 주게 되고, 이에 대한 반응으로서 양자의 처리 과정과 붕괴가 있게 된다는 것이다. 그래서 인간의 정신과 의식의 자유의지가 보존될 수 있으며, 우주의 양자적 정보도 일방적인 계산이나 무작위적인 정보가 아니라 인간의 질문에 대한 반응으로서의 정보라는 것이다. 이를 통해 인간과 자연의 양자를 통한 인격적인 접촉과 정보교류가 가능하다는 것이다. 이러한 과정에서 의식이 아주 중요한 역할을 한다. 그렇다면 뇌에서 의식이 실제로 자유의지적인 정보가 가능한지, 이에 대한 의문도 적지 않다. 뇌의식 자체가 뇌의 양자나 생물학적 정보에 종속된 기능이라면 결국 전체적으로 보면 인간의 자유의지와 우주의 정보교류라는 것도 내용으로 보면 양자의 결정론적 계산과 우연적 붕괴의 결과물일 수도 있다. 그래서 의식 속에 실제적인 자유의지가 가능할 수 있는지를 알아보는 것이 중요하다.

의식과 양자

의식이란 정보처리를 전체로서 통합적으로 보는 역할을 한다. 국소적인 정보처리나 병렬과 분산적 정보처리도 중요하지만, 정보를 한 화면에서 전체로 볼 수 있는 기능이 필요하다. 바로 의식이 그러한 화면의 기능을 한다. 물론 의식은 단순한 화면의 역할만을 하는 것은 아니다. 그 안에 자기라는 주체성과 능동성이 있고 또 관통성이 있다. 의식이 뇌의 산물임에도 어떻게 이러한 자기성이 가능할 수 있을지 이 글에서 다시 생각해 보려고 한다. 이러한 주체성이 신경의 계산적이고 결정론적인 부산물인지 아니면, 스스로 주체성을 가진 특별한 존재인지에 대해 다시 한번 더 검토해 보려는 것이다.

뇌의 분산적 병렬계산만으로 대부분의 정보처리를 감당하는데, 큰 어려움은 없다. 의식은 사실 계산적이지 않다. 계산만으로 충분하다면, 의식이 과연 필요할까? 의식이 있으므로 오히려 자동적이고 효율적인 계산을 방해할 수 있다. 의식은 뇌에서 엄청난 에너지를 소모한다. 그래서 이 에너지를 계산으로 돌린다면 더 효율적인 정보처리를 할 수 있을 것이다. 스포츠나 예술에서 의식이 없이 무의식적이고 동물적인 감각으로 뇌와 몸이 하는 대로 맡겨두면 더 좋은 결과를 만들 수 있다고 하여 흔히들 의식을 비우라고 권한다. 인간은 뭔가를 의식하는 순간 계산이 잘못될 수 있기 때문이다. 그럼에도 많은 에너지를 잡아먹는 의식이 필요한 이유는 무엇일까? 이는 분명 계산으로 할 수 없는 뭔가 더 중요한 것이 있기 때문일 것이다. 그것이 무엇일까?

괴델의 불완전성은 계산으로 증명할 수 없는 명제가 존재한다는 것을 밝혔다. 이는 계산으로 밝힐 수 없는 세계가 분명 존재한다는 것이다.[58] 의식은 계산하지 않고 전체를 하나로 파악하고 본다. 이를 이해, 통찰, 직관, 공감과 느낌 등이라고 말한다. 물론 최근의 발달된 인공지능은 유명한 일파고가 시도한 것처럼 다층적인 심층학습deep learning을 통해 의식의 고도한 기능들에 도전하고 있지만, 계산을 넘어선 감성, 울림, 존재감, 감각질과 주체성 등의 고차원적인 기능에는 아직 접근하지 못하고 있다. 그래서 과학철학자 차머스Chalmers의 말대로 분명 의식은 뇌과학적인 계산만으로 설명하기 어려운hard 문제라고 볼 수 있다.[59] 그렇다고 의식이 뇌와 전혀 무관하게 존재하고 작동한다고 볼 수 있는 것은 아니다. 단지 뇌의 계산 영역 안에서 다 설명할 수 없다는 것이다. 그래서 이러한 간극을 양자정보가 메꾸어 줄 것으로 기대한다.

물론 무조건 문제만 생기면 무조건 이상하게 생긴 양자로 땜질해보자는 뜻은 아니다. 그럴만한 이유와 근거가 있다. 계산으로 설명할 수 없는 것을 양자정보로 대치한다고 해서 양자정보가 계산을 하지 않는다는 뜻은 아니다. 그러나 고전적인 계산 방식과는 많이 다르다. 고전적 계산은 명확한 답을 요구한다. 인 것yes과 아닌 것no을 구별하는 개체성이 있다. 그러나 양자는 이것일 수도 저것일 수도 있는 중첩성으로 비개체적이고 확률적이다. 인 것과 아닌 것이 공존하고 상호 교류한다. 불명확한 구름과 같은 정보이다. 그래서 하나로는 알 수가 없고 전체를 보아야 한다. 그리고 그냥 받아들이고 느껴야 한다. 모순되더라도 그 울림을 이해하고 공감해야 한다. 그래서 의식에 오른 정보는 전체를 보아야 한다. 이 전체는 고전적 계산으로 알 수가 없다. 어떠한 결을 이루어야 하는데, 이 결은 양자의 가장 큰 특징이다. 그리고 논리적인 연속과 정합성이 아닌 모순의 중첩성을 이해할 수 있어야 한다. 이를 의식의 초월성과 관통성이라고 할 수 있을 것이다. 그래서 돌연변이 정보나 창의성, 예술성 같은 정보들은 연속적인 계산으로 나올 수 없는 속성이다. 양자의 불연속성이나 터널, 얽힘 등이 어떠한 역할을 할 것으로 생각된다. 마지막으로 의식의 존재감, 감각질과 주체성 등도 고전적 계산으로 나올 수 없는 정보의 상태이다. 이는 중첩성이나 결이 같이 일어나는 양자의 성격과 연관되지 않고는 도저히 설명하기 어려운 것이다.

이처럼 의식은 고전적인 계산만으로 도출되기 어렵고, 양자를 도입해야만 용이하게 이해할 수 있는 면이 있다. 그렇다면 양자와 의식의 관계는 어떻게 가능할까? 양자가 의식에 연관될 수 있는 가능성은 두 가지이다. 양자의 중첩상태와 연관되든지 아니면 양자의 붕괴상태와 연관되는 것이다. 아니면 이 두 가지 모두 의식과 연관되는 것이다. 의식이 양자 상태를 지속함으로 가능하다고 주장하는 학자는 스태프이다. 일반적으로 자연이 자연을 측정하거나 자연을 인간이 측정하게 되면 양자붕괴가 자연히 일어난다. 그런데 양자를 반복적으로 측정하게 되면 오히려 붕괴를 막을 수 있는데, 이를 양자제노 Quantum Zeno효과라 한다.[60] 이처럼 뇌에서도 집중 등으로 뇌의 양자를 계속적으로 측정하게 되면 양자붕괴가 생기지 않게 되는데, 이 상태가 의식과 연관된 것으로 설명한다.[61] 그리고 반대로 의식이 양자붕괴와 연관된 것으로 설명하는 학자가 있는데, 펜로즈와 해머로프이다.[62] 그리고 양자상태와 붕괴 모두가 의식과 연관된 것으로 설명하는 학자는 카우프만이다.[57]

그러나 의식을 한 가지 양자상태로 설명하기보다는, 의식의 다양한 상태와 기능을 설명하기 위해서 위에서 말한 모든 가능성을 다 생각해 보는 것이 좋을 것으로 생각한다. 중첩성과 같은 양자의 특성이 정보처리에 반영되려면 의식이 양자상태와 관계되어 있어야 한다. 그리고 의식의 초월성이나 불연속적 도약 그리고 저차적이고 계산적인 정보를 담으려면 양자가 붕괴상태와 연관되어야 한다. 이를 위해서 의식에는 양자성과 붕괴성 모두가 있는 것이 자연스럽다. 공명이나 울림, 직관이나 직감, 감성이나 공감 등과 같이 의식의 깊이나 관통성과 관계된 부분은 의식의 양자성이 연관될 것으로 생각되며, 의식의 명료성과 집중이나 기억 등과 같이 고에너지를 필요로 하는 부분은 양자붕괴와 연관되지 않을까 생각된다. 양자 상태와 연관된 의식을 원元의식protoconsciousness 혹은 전全의식panconsciousness이라할 수 있다. 혹은 정신분석학에서 말하는 전前의식preconsciousness과도 연관될 수 있다.

여기서 한번 짚고 넘어가야 할 것이 있는데, 의식이 과연 인간에게만 있는 것인지, 아니면 모든 정보처리에 보편적으로 나타나는 현상인지에 대한 것이다. 보편적이라고 할 때는 의식의 수준은 다르지만, 인간의 의식과 유사한 더 원시적인 의식이 있을 수 있다는 것이다. 동물에는 나름대로 의식이 있을 것으로 기대되지만 세포 단위의 미생물이나 물질의 정보처리에도 과연 유사의식이 있을 수 있을지 한번 질문해 보아야 한다. 의식은 인간에게만 주어진 특이한 현상인지 아니면 의식도 물질과 정보의 진화와 함께 낮은 수준에서 높은 수준으로 진화되어 온 것인지 살펴보자는 것이다.

의식은 단독 기능이라기보다는 자기self와 연관되어 발생한 것으로 보아야 한다. 자기는 정보의 발달에 필연적으로 나타나는 현상이다. 정보는 엔트로피를 낮춤으로 에너지를 효율적으로 관리한다. 정보의 보존성은 엔트로피를 저하시키는데 아주 중요하다. 정보의 보존과 에너지의 효율성을 위해서는 자연스럽게 자기가 형성되지 않을 수 없다. 자기가 중심에 있어야 정보가 보존되고 효율성이 유지될 수 있다. 그래서 자기가 있는 생물체 즉 핵이 있는 세포가 발생되는 것이다. 생명체는 모두 그 중심인 자기가 있다. 그리고 물질도 강한 핵력 등으로 자기의 형태를 유지하려고 하고 화학반응도 에너지의 효율성을 위해 자기성을 갖추게 된다. 그래서 자기성은 그 수준에 차이는 있지만, 물질의 정보처리에 있어 보편적인 현상으로 볼 수 있다. 자기가 있다면 나름의 의식이 동반되지 않을 수 없다. 자기는 중심성과 함께 개체의 전체성을 의미하기 때문에 이 전체성의 정보처리를 위해서는 의식이 반드시 발달되어야 하는 것이다. 그래서 만물에는 자기와 의식이 자기에 적합한 수준으로 형성되어 있으며 생물이 발달할수록 자기성과 의식성이 더 진화하고 발달한다고 볼 수 있을 것이다. 그래서 이 전의식 혹은 원의식은 양자 상태와 연관되어 모든 정보처리에 보편적으로 나타날 수 있는 것으로 보는 것이 더 자연스러울 것이다.

그러나 인간에게만 독특하게 일어나는 의식의 현상이 있는데, 이는 강력하고 명료한 의식이다. 강한 에너지가 동반되는 강한 자의식이다. 이는 양자 상태로 보기보다는 양자붕괴와 연관되는 것으로 생각된다. 양자붕괴와 의식과의 관계에 대해서는 양자 물리학자인 펜로즈Roger Penrose와 마취과 의

사인 해머로프Stuart Hameroff[62]가 한 연구에 의존해서 설명해 보려고 한다. 양자붕괴는 양자의 난해한 문제 중의 하나이다. 양자붕괴를 보는 각도가 학파와 학자에 따라 많이 다르다. 양자붕괴 자체를 부정하는 학자들도 있다. 대표적으로는 슈뢰딩거이다. 그는 양자가 시간에 따라 단일적unitary이고 연속적이고 결정론적으로 작동된다고 했다. 이를 따르는 학자로서 다중우주를 주장하는 에버릿Everett 등이 있다. 그리고 완전한 붕괴로서 설명하는 학자들이 있는데 대표적으로 보어Bohr 등의 코펜하겐 학파이다. 대부분 학자들은 붕괴와 단일성이 같이 일어나는 것으로 받아들인다. 그러나 붕괴와 단일성을 설명하는 방식은 서로 많이 다르다.

이글에서는 펜로즈의 객관적 붕괴objective reduction OR에 대해 주로 설명하려고 한다. 그는 실제적으론 양자들이 단일적으로 상호 작용한다고 한다. 그러나 이러한 상태에서는 앞서 말한 원의식 상태로 머문다. 그러나 이러한 양자작용이 계속 늘어나게 되어 양자 질량들이 어떠한 역치를 넘어가게 되면 양자 중력에 의해 여러 양자들이 공명을 하면서 붕괴가 일어난다고 설명한다. 양자 질량의 증가는 곧 에너지의 증가를 의미하게 되어 의식이 가능한 정도의 에너지 수준에 도달하게 된다. 양자 공명은 실제적으로 뉴런의 미세소관microtubule에서 일어나며 뇌의 피질에서 감마 파동으로 감지된다. 이러한 양자공명은 마치 양자들이 오케스트라orchestra를 연주하는 것과 유사하다고 해서 이를 orch OR이라고 명명하였다.[62] 그는 이 이론을 통해 양자 상태의 중첩적인 정보처리와 단일적 계산 모두가 가능한 상태가 가능하며 그리고 양자 공명으로 인간에게만 있는 높은 수준의 인지적 의식도 가능할 수 있다고 설명한다.

펜로즈의 의식 이론은 스태프의 우주와 인간의식의 교촉 현상을 더 잘 설명할 수 있게 해준다. 양자상태나 의식의 전구적 원의식은 반드시 뇌에만 일어나는 것은 아니다. 몸에 있는 양자들에 의해서도 가능하다. 원의식이나 전의식은 모든 생물과 무생물에도 가능하다고 했다. 그러므로 몸에도 그러한 전의식이 충분히 가능하고 이 전의식을 통해 우주의 양자와 교촉할 수 있을 것이다. 특히 장에서 미생물과의 양자적 접촉이 활발한데, 미생물의 양자망을 통해 우주와 연결될 수 있을 것이다. 이처럼 원의식과 의식을 통해 우주의 양자와 접촉할 수 있다. 이때 인간의 정보가 우주에 전달된다. 그리고 우주는 슈뢰딩거가 말한 단일적인 정보처리를 통해 이에 대해 정보를 준비한다. 그리고 이에 따라 뇌와 몸의 정보도 단일적인 계산을 병행해 갈 것이다. 이러한 우주와 뇌의 단일적인 정보처리가 어떠한 임계점이나 역치에 다다르게 되면 양자붕괴가 일어나며 고도한 뇌의 의식이 우주의 정보를 받아들이게 된다. 이때 계산적인 정보도 가동되지만, 우주의 양자정보와 인격적이고 전체적인 교감이나 공명되는 그러한 반응도 충분히 가능하다. 그래서 의식은 계산적인 정보와 함께 직관, 공감, 이해 혹은 공명 등의 특이한 현상들이 발생할 수 있게 되는 것이다. 이는 앞서 스태프가 언급한 노이만의 3단계의 정보처리 과정과 거의 일치한다.

의식과 자유의지

의식의 또 하나의 문제가 있는데, 바로 자기와 자유의지에 대한 것이다. 자기와 자유의지가 독립적으로 존재하는 것인지, 아니면 뇌의 결정론적인 계산의 부산물로서 나타나는 것인지 이에 대해 한 번 더 살펴보자. 그래야 우주와 인간의 교류가 의미가 있는 것이 된다. 그렇지 않으면 우주의 양자계산의 결과를 수동적으로 수용하는 의식이 되고 만다. 대등하지는 않아도 상호 주체적인 정보교류가 가능할 수 있는지를 알아보아야 한다. 의식의 자유의지가 가능해야 인간의 정보교류가 의미 있는 것이다. 인류의 의식과 우주적 정보가 단순한 우주의 계산정보의 결과물이라면 인류원리나 정보인류에 대한 전망도 의미 없는 것에 불과하기 때문이다.

일반적으로 의식의 생각과 의지가 행동을 유발하는 것으로 생각되어 왔으나, 실제의 실험에서는 의식적 생각 이전에 이미 뇌전위가 발생하는 것으로 밝혀졌다. 이를 준비 전위 Readiness Potentials RP라고 하며 컨후버Kornhuber가 처음 발견하였다.[63] 그래서 이 전위가 발생한 다음 150-500ms 지나서 의식 현상이 느껴지기 때문에 의식이 선행적인 것이 아니라 단지 뇌의 부수 현상에 불과한 것으로 생각되었다. 대표적인 유물론적 심리학자인 데넷Dennett은 이를 기초로 한 더 섬세한 실험을 통해 의식은 실제적인 것이 아니라 과거를 가상적으로 편집하고 구성한 것에 불과하다고 했다.[64] 그래서 그는 의식의 자유 의지는 인간의 그럴듯한 환상일 뿐 사실적으로 존재하는 것이 아니라고 하였다.

조금 더 정밀한 반복 실험에서도 늘 같은 결과가 나왔다. 그런데 의식의 뇌전위 연구의 권위자인 리벳Libet은 담대하게 의식은 결코 뇌의 부수적인 현상이 아니라고 주장하면서 그 이유로서 전혀 이해하기 어려운 새로운 해석을 내어놓았다.[65] 의식이 선행되지만, 뇌전위가 먼저 나타난 것은 의식의 역시간적 주행의 결과라는 것이다. 의식이 현재의 실재 사건으로서 과거의 유발전위를 역시간적으로 형성한다는 놀라운 발상을 한 것이다. 그리고 그는 이를 뒷받침하는 실험을 내놓았다. 의식이 있을 때는 100msec 파가 뇌에 나타나는데, 이 파가 500m sec 지속되지 않으면 의식과 연관된 전위가 나타나지 않는다는 것이다.[66] 그래서 이 파를 의식에 의해서 역시간적으로 뇌전위를 만드는 기전으로 설명하고 있다. 그리고 기능적 뇌자기공명영상fMRI

과 전기피부 활성electrodermal activity 검사에서도 의식이 발생하기 0.5초에서 2초 전에 이러한 현상이 확인되었다.[67,68]

결국, 역시간적 현상을 과학적으로 설명할 수 있는 길은 양자밖에 없다. 양자의 지연된 선택 delayed choice 실험[55]에서 현재의 양자선택이 과거의 양자 상태를 결정하게 하는 역시간적 주행을 의식에도 적용한 것이다. 의식의 현재가 과거를 결정하는 그러한 역시간적 원리로 문제를 해결하는 것이다. 이는 의식이 양자 현상이라는 것을 한 번 더 확인하는 것과 함께, 의식이 뇌유발 전위에 선행함으로 뇌의 부수적인 현상이 아니라 독립적인 실재로서 존재하는 것을 확인하게 한다. 그리고 의식이 뇌의 결정론적인 영향을 벗어나는 자유의지가 가능할 수 있다는 것을 보여준다. 이를 통해 앞서 스태프가 말한 대로 인간의 의식과 우주가 양자적 교촉이 가능하다는 것을 알 수 있고, 무엇보다도 자유의지로부터 나온 선택적 정보가 우주에 전달 될 수 있다는 것도 알 수 있다. 그리고 스태프는 우주도 양자적인 정보처리를 통해 인간의 선택적 정보에 대한 선택적 정보를 전달할 수 있다고 한다.[69] 이를 통해 인간과 함께 우주도 자신의 선택을 통해 어떠한 자유의지나 인격적 반응이 가능할 수 있다고 볼 수 있는 것이다. 그래서 인간과 우주의 기계적이고 결정론적인 정보교류가 아니라 상호 선택적이고 인격적인 정보교류가 가능할 수 있는 것이다.

이처럼 인류가 속한 우주에 있어서 우주는 단순한 물질의 시공은 아니다. 그 속의 양자를 통해 인류의 양자와 끊임없이 교통하며 단순한 물질적인 정보교류만 일어나는 것이 아니라, 그 속에 자유의지와 선택의 인격적인 교류가 있을 수 있다. 그래서 우주를 단순한 물질로서만 보지 않고 인류의 마음처럼 스스로 인식하고 진화하는 우주로 보고 있다.[8] 그래서 적지 않은 양자물리학자들이 인류를 우주의 능동적인 참여자로 인정하고 상호간의 진화적인 관계에 대해 물리학적으로 설명하고 있다.[8,70] 그동안 우주의 진화는 물질의 진화로 진행되면서 생명체와 인류의 진화는 그 속에서 수동적으로 적응하고 생존해 나가는 그러한 방식으로 이해해 왔지만, 인류가 우주의 진화에 적극적인 참여자로서 개입함으로 이제는 새로운 각도에서 우주와 인류의 진화를 바라보게 되었다. 이제 이러한 진화를 좀 더 구체적으로 생각해 보자.

우주 진화와 정보

지금까지의 물리학은 질량과 에너지라는 물질에 국한하여 우주의 진화와 일생을 설명해왔다. 그러나 이글에서는 우주의 진화를 정보라는 관점에서 다시 설명해 보았다. 물질만으로 우주의 진화를 설명하기에는 부족한 듯하여, 정보의 진화를 부가하여 이를 설명하였다. 특히 정보와 물질의 변화를 진화와 연관하여 설명하였다. 이 진화가 이글의 가장 핵심적인 기초가 되기에 이를 다시 한번 요약해서 설명하려고 한다. 빅뱅 이전의 상태를 초양자적인 정보로 보고 이 정보는 물질과 정보가 미분화된 상태로 고밀도의 초양자적 순수정보라고 했다. 이를 가장 고차적인 정보로 보았다. 빅뱅으로 중력양자의 양자장이 발달되고 여기서는 정보가 주가 되고 물질과 시공은 모두 상대적이고 가상적인 상태가 된다고 했다. 양자로 오면서 물질과 정보가 거의 대등한 위치에 서게 되고 양자가 고전적 물질로 붕괴되면서, 물질이 더 주主가 되고 정보가 물질에 의존되는 상대성을 보이게 된다고 했다. 그리고 물질은 더 보존되고 농축되어 블랙홀로 소멸되는 반면, 정보는 양자장의 가상입자를 통해 정보로 살아남아 정보의 순환에 다시 들어가게 된다고 했다. 그러나 우주의 진화는 단순한 순환만은 아니다. 이러한 순환 속에서 물질과 정보의 어떠한 방향성을 찾아볼 수도 있다.

그런데 이러한 물질과 정보의 진화에 중대한 문제가 발생한다. 진화과정을 통해 정보는 절대적인 고차에서 상대적인 저차로 변화되는 반면, 물질은 상대적인 저차에서 절대적인 고차로 변화된다. 양자장의 고차정보에서는 물질은 가상적이고 단순하다. 양자에서도 온전한 물질이 되지 못한다. 그러나 고전적 물질로 붕괴되면서 물질은 소립자, 원자와 전자, 분자들이 강한 결합력으로 연결되면서 더 복잡하고 다양한 고차적 물질로 진화해나간다. 더 견고해지고 그 보존성도 강화된다. 물질이 절대화된다. 물론 열역학 제2 법칙에 의해 물질도 영원할 수는 없지만, 당분간은 물질이 막강한 힘을 휘두른다. 이와 함께 고차정보에서 저차로 붕괴된 정보는 고전적인 물질과 함께 강력한 자기 보존적 정보가 된다고 했다. 저차정보는 스스로 사라져 자연 속의 순환으로 들어가야 하는데, 인간에 있어서는 뇌와 인공적인 세상의 발전으로 저차정보가 사라지기는커녕 물질과 함께 그 지배력을 더 막강하게 키워나가고 있다고 했다. 인간의 인공적인 언어와 과학발달이 이러한 저차정보의 팽대함을 야기하고 말았다. 저차정보와 고차정보의 성격이 너무나 다르기 때문에, 이러한 정보의 균열은 정상적이고 자연스러운 우주의 정보의 흐름과 진화에 중대한 문제를 줄 수 있다. 즉 저차정보가 그 지배력을 강화하기 위해 고차정보의 흐름을 막고 저차정보만으로 진화해나가려고 하기 때문에 우주와 자연의 정상적인 진화와 생태계에 심각한 문제를 일으킨다. 이것이 현재 인공의 정보사회와 정보인류의 문제라고 지적했다. 이것이 인간의 정보와 물질의 진화에 대한 현주소라고 볼 수 있다.

그런데 물질과 정보의 진화에 새로운 변수가 개입하기 시작했다. 바로 생명체이다. 특히 생명체의 진화의 중심에 있는 인간이 우주의 진화에 중요한 참여자로 개입하게 되었다. 인간이 우주와 만나는 지점은 의식이다. 그래서 정보, 물질과 함께 이 의식의 진화에 대해서도 같이 생각해 보아야 한다. 물론 의식을 생명체와 인간을 대변하는 것으로 보고 이 의식을 통해서 인간과 생명의 진화도 아울러 생각할 수 있을 것이다. 의식은 본질적으로 물질과 정보와 어떠한 관계를 가지고 있는가? 생명과 의식은 왜 발생하게 되었는가? 앞서 우주의 고차적 정보가 고전적 세계에서도 효율적인 역할을 수행하기 위해 피드백과 공명의 조력자로서 그 존재의 필요성에 대해 언급한 적이 있다. 그래서 생명과 의식은 필연적으로 고전적인 물질의 세계에 속해 있으면서 고차적인 정보와 연결될 수 있어야 한다. 그래서 생명은 고전적 물질과 양자의 경계선에 위치한 특수한 유기체라고 했다.[54] 그러므로 의식도 생명처럼 고전적 물질과 양자가 공존하는 특수한 장이다.

그렇다면 의식은 물질과 생명의 진화의 부수물인가? 그렇지 않다고 앞서 설명하였다. 그러나 생명은 물질과 함께 나타나고 의식도 물질과 생명과 함께 나타난다. 정보도 물질의 발현을 통해 드러나는 것처럼 의식도 물질을 통해서 드러난다. 그러나 그 본질은 물질이 아니다. 정보가 물질에 의존되는 것은 사실이나 본질적으로는 물질이 아니듯이 의식도 동일하다. 그렇다고 정보나 의식을 데카르트의 이분법적 존재로 보자는 것은 아니다. 본질적으로는 하나이다. 분화된 물질과 정보 혹은 물질과 의식은 다르다는 것이다. 본질은 하나인 일원적 이원성이다. 그러나 의식이 출생될 때는 물질을 통해서이다. 그렇다고 의식의 본질은 물질은 아니다. 정보와 더 가깝다. 의식에는 정보가 나타나 정보와는 가깝지만, 의식 자체를 정보라고는 볼 수 없다.

물질, 정보, 의식과 생명 모두가 하나의 초양자 정보에서 나온다. 그러나 그 진화와 분화의 길은 다소 다르다. 의식과 생명은 특별히 물질과 정보의 여러 차원을 다 관여하고 통괄하는 성격이 강하기 때문에 물질과 정보의 진화와는 다를 수밖에 없다. 물론 의식과 생명은 물질과 정보의 진화에 의존되어 나타나는 것은 사실이나 종속되지는 않는다. 물질과 정보는 초양자라는 뿌리를 떠나 하나의 현상으로 변화해가지만, 의식과 생명은 고차정보와 관통해야 하기 때문에, 본질적으로 고차성 즉 초양자와 양자적 상태와 깊이 연결되어 진화해간다. 즉 본질에 뿌리를 두고 진화해가는 것이다. 물질과 정보는 동물적인 면으로 진화해가고 의식과 생명은 뿌리를 가진 식물처럼 진화해간다고 볼 수 있는 것이다. 이것이 물질과 정보, 그리고 의식과 생명의 진화가 다른 점이다. 그래서 의식과 생명은 모두 관통성이 강하고 양자와 초양자성을 많이 가지고 있다. 그러나 생명은 의식되지 않는 반면, 의식은 의식된다. 생명과 의식은 서로 연결되어 있지만, 의식의 정도는 다른 것이다. 생명과 의식은 서로 보완하면서 자신의 뿌리를 찾아 관통해 간다. 그래서 의식과 생명은 분리될 수 없으며, 서로 유사한 점을 많이 보일 수밖에 없다. 그러나 여기서는 우선 의식에 국한하여 생각하려고 한다.

의식이 잠재적으로 고차성을 가지지만, 처음부터 그런 것은 아니다. 의식도 물질에 의존되어 진화하기에 처음에는 물질처럼 저차원적이다. 그러나 의식은 물질이 고차원적으로 발달하면서 의식도 고차원적으로 변화되어가지만, 의식은 정보의 진화에도 영향을 받기에 그 속의 정보는 아직 저차원에 머문다. 물질의 고차원은 정보로 보면 저차원적이기 때문이다. 그러나 의식은 스스로 내재된 고차성으로 인해 자기반성과 참조를 가동하게 되고 이를 통해 생명 지향적인 고차정보를 추구하게 된다. 이로서 의식은 본질적인 관통성을 회복하게 되어 저차에서 고차정보까지의 다차원적인 정보로 관통하게 되는 것이다. 이로써 의식은 고차적인 우주의 정보와 접촉하고 교신할 수 있게 되는 것이다. 이것이 의식의 진화이다. 그러나 의식이 진화되지 않고 물질과 저차정보에 종속되어 단순한 수동적인 화면 수준에 머물 수도 있다. 이런 경우는 고차적인 우주의 정보와 단절될 수도 있다. 식물적인 의식에서 동물적인 의식이 되는 것이다.

　물질과 정보가 고전적 세계로 분화된 다음, 물질의 보존성과 저차정보의 보존성이 합세하여 더욱 강력한 보존성으로 계속 가게 되면 결국 물질과 정보는 블랙홀로 소멸되어 갈 수밖에 없다. 보존성으로 인한 소멸을 방지할 수 있는 길은 없을까? 이것이 현재 정보인류의 문제라고 앞서 말한 바 있다. 결국, 이를 해결할 수 있는 길은 생명과 의식의 관통성이 될 것이다. 의식과 생명이 그 고유의 관통성을 활성화시킬 수 있다면, 정보가 고차정보와 하나 되어 물질과 정보의 보존성과 소멸을 방지할 수 있는 것이다. 그렇게 되면 저차정보와 물질이 분리되어 소멸의 길을 가지 않고 고차정보와 같이 한 진화의 방향으로 나갈 수 있다. 물론 그 진화의 방향은 구체적으로 잘 알 수는 없겠지만, 고차정보에 뿌리를 두고 저차정보와 하나 되어가는 것임에는 틀림없을 것이다. 그리고 물질도 이러한 정보를 정보 되게 하는 중요한 역할을 하면서 다시 정보와 물질이 분리되더라도, 하나로 되어가는 그러한 방향이 될 것이다. 그러나 시초의 미분화 정보와는 다르게 물질과 정보가 분화되더라도 고차에서 저차까지 다양한 정보와 물질이 하나 되어가는 그러한 방향이 될 것이다. 분리된 동물성적인 물질과 정보가 의식과 생명의 영향으로 다양한 차원이 하나로 연결되는 식물성을 회복하게 되는 것이다. 이것이 우주와 생명이 진화되어가는 방향이 될 것이다.

　이러한 우주와 인간 그리고 의식의 진화는 결코 새로운 이론만은 아니다. 이미 상당 부분 철학에서도 연구되고 있다. 대표적인 철학자가 화이트헤드 Alfred Whitehead이다. 그는 아무리 합리적인 내용이라도 사변적인 수준에만 머물게 되면 참 이성적인 진리가 될 수 없다고 했다. 현실과 우주 속에서 경험되고 연결됨으로 새롭게 성장하고 생성되는 과정을 통해서 논리의 완전성과 관계의 정합성을 이루어 갈 수 있다고 한다. 특히 우주와 같이 움직이는 생명체로서 우주와 유기적인 관계를 통해 하나로 나아감으로 더욱 완전하고 이상적인 진리가 되어 갈 수 있다고 주장한다.[71] 이는 앞서 말한 의식이 저차정보로 머물고 보존되는 것을 막고 우주와 생명의 관계를 통해 고차정보로 관통되고 확장되는 과정과 일치하는 과정으로 볼 수 있다. 스태프를 비롯한 적지 않은 양자물리학자들도 화이트헤드의 과정 철학을 인간의 의식과 우주가 하나 되어 진화하는 과정으로 설명하기도 한다.[72]

현대 프랑스 철학의 아버지로도 불리는 베르그송 Henri Bergson은 그의 지속과 생명의 형이상학과 창조적 진화라는 철학을 통해 이러한 진화를 더욱 세밀하게 분석하고 있다. 베르그송 역시 화이트헤드처럼 시간성과 생성이 배제된 부동의 철학과 과학을 배격한다. 운동과 변화를 수반하는 생명과 시간은 불완전할 수밖에 없기에, 존재는 다양한 성질과 차이들을 유기적으로 통합하려고 한다. 그것은 시간 속에서 끊임없는 생성과 사건으로 가득한 연속적 흐름으로 나타나며 이런 점에서 본질적으로 생명적 과정을 닮는다.[73] 물질은 비가역적으로 진화되면서 고체화되고 그 타성과 반복성, 공간적 확장으로 이완되고 하강한다. 대신 생명은 의식의 흐름인 지속을 통해 생성하고 상승한다. 생명은 우주의 근원적인 생명의 힘인 엘랑비탈과 결합하며 물질의 해체적인 힘을 극복하며 창조적 진화를 이끌어 나간다. 이 역시 앞서 설명한 우주와 의식의 진화와 같은 흐름을 보인다. 물질에 의해 저차적인 정보로 보존되어 갈 수밖에 없는 물질의 진화에 맞서 인간의 의식이 우주의 원초적인 고차정보인 엘랑비탈과 하나 되어 우주와 인간의 진화를 고차적이고 창조적인 방향으로 이끌어 나갈 수 있다고 말하는 것이다.

이러한 우주와 인간의 진화를 고고학자이면서 신학자인 떼이야르 드 샤르댕 Thelhard de Chardin은 신학과 영성적인 면에까지 확장시킨다. 그는 우주의 물질이 복잡화를 통해 시공간 내의 유기적 통일체로 진화되어간다고 했다. 이 유기적 통일체는 강한 밀집성으로 응축되어 간다. 물질로만 결합되고 수렴되면 잘못된 진화로 가게 된다. 그래서 인간의 의식이 필요하다. 이런 전체를 보고 생명의 바른 진화를 위해 반성할 수 있는 고도한 의식이 요구되는 것이다. 이를 통해 인간은 우주의 능동적인 관찰자로서 우주의 진화에 참여하게 되는 것이다. 의식은 영성적인 공통사고와 초사고를 통해 임계점으로 수렴하게 되는 우주의 오메가를 향해 진화가 지향되어가는 것이다.[74] 이러한 의식의 진화는 앞서 말한 고차정보로서 관통되어가는 의식과 우주의 합일적 진화와 같은 방향의 이야기이다. 이러한 과학과 철학 그리고 신학적인 이론을 통해 우주와 인간이 상호 참여하는 진화가 충분히 가능할 수 있다는 것을 확인해 볼 수 있다.

관계적 정보와 실재성

지금까지 기능적인 면에서 물질, 우주, 정보와 인류의 관계와 진화의 방향에 대해 설명하였다. 모든 것이 상호적인 관계이다. 정보이고 움직임이고 변화이다. 그 어떤 것도 확정적이거나 절대적이고 불변의 존재로서 영향을 미치는 것은 없다. 서로의 필요성에 의해서 존재하고 관계할 뿐이다. 인간도 우주 속에 그러한 존재이며 그 속에서 관계를 맺으며 진화되어간다. 그러나 인간은 이 속에서도 절대적이고 영원한 불변의 진리나 실재를 찾고자 한다. 그러나 현대물리학이나 현대철학은 이를 거부한다. 상대적으로 변하고 해체될 뿐이다. 이러한 기능과 정보밖에 없는 것인가? 그럼에도 한 번쯤은 이러한 실재에 대한 이해와 설명이 필요하다.

고전적인 세계에서는 물질과 뉴턴의 운동법칙이 절대적이었다. 물질은 변화함에도 불구하고 절대적인 실재이다. 그러나 양자물리학의 등장으로 물질의 절대적인 근거가 없어졌다. 물질의 뿌리는 비어있고 구름과 같다. 그리고 이를 분석하고 판단하는 인간의 언어와 정보 역시 믿을만한 것이 못된다. 저차적인 정보에 불과하다. 저차적 정보로 고차적 정보의 세계를 표현하고 이해할 수 없다. 그저 막연히 느낄 뿐이다. 주관적이고 정서적이다. 인식 자체가 객관적이지 못하다. 그래서 실재에 대한 분석과 인식 자체가 불가능하다. 고전적 세계에서 실재를 논한다는 자체가 불가능하다. 그렇다면 고차적인 세계와 정보는 실재인가? 초월의 세계로서 그 절대성을 인정할 수 있는 것인가? 결코 그렇지 않다. 적어도 고전적인 언어로는 그 세계는 주관적이고 중첩적이고 불확정적이다. 모든 것이 가능하며 무작위로 나타나며 통계로서만 접근할 수 있다. 느낌으로 인식할 수 있다. 물론 고차적인 정보로는 정합적일 수 있을지 모르지만, 그것은 인간의 언어가 아니다. 문제는 신이나 고차원의 실재가 아닌, 인간에 있어서 실재가 무엇인지를 연구하는 입장에서는 고차적이고 초월적이라고 해서 이를 무조건 받아들일 수만은 없다. 적어도 인간에 있어서 인간의 언어와 정보로 실재가 무엇인가를 물어보고 대답할 수 있어야 한다.

저차의 물질과 정보도 아니고 고차의 정보와 물질도 실재가 아니라면, 도대체 실재는 인간에 있어서 불가능한 것인가? 그저 우주와 인간은 관계와 기능으로서만 이해하는 것으로 만족해야 하는가? 왜 인간은 실재와 존재에 집착하는가? 그냥 기능으로 만족할 수 없는 것인가? 인간의 인식은 자기 속에 없는 것을 찾을 수 없다. 뇌는 예측으로만 움직이기 때문이다. 이미 있기 때문에 뭔가를 찾는다. 찾지 않는 것은 인간에 없는 것이다. 인간이 실재와 존재를 찾는다는 것은 그 속에 그것이 있기 때문이다. 없으면 없는 것으로 만족한다. 있기 때문에 없는 것을 아쉬워하고 그것을 갈망한다. 그런 뜻에서 분명 인간에게는 실재적 존재가 있다.

그렇다면 그것은 무엇인가? 우리가 알고 있는 그 어떤 것에도 실재는 없었다. 이 모순을 어떻게 극복할 것인가? 바로 관계이다. 우주와 생명이 이루고 있는 관계의 복잡성이 바로 이를 말해주고 있다. 양자도 요동과 중첩이고 이중성의 관계이다. 양자중력도 본질적으로 관계이다. 우주에 있는 것 중에 어느 하나로는 불완전하다. 실재일 수가 없다. 그래서 불완전한 것들끼리 관계함으로 완전함을 찾아가는 것이 우주이고 생명체이다. 그래서 이 관계와 그 안에 있는 운동성이 실재라고 볼 수 있을 것이다. 앞서 과정철학의 화이트헤드나 생철학의 베르그송 그리고 샤르댕이 말한 멈추지 않고 우주와 관계하며 움직여가는 진화 속에 그 실재를 찾을 수 있다는 것이다.

한 예로서 나self라는 실재가 무엇인가? 물어볼 수 있을 것이다. 심리적인 정체성과 면역학적 신체의 자기성이 과연 실재하는 것인가? 아니면 가상의 존재를 상상하는 것인가? 인간이 필요성에 의해 자기를 구성하고 만든 허구인가? 그 실상은 없는 것인가? 심리적인 자기는 결국 대상에 의해 결정된다.[75] 자기와 비자기의 관계의 상대성이 자기라는 실재를 만든다. 면역학적 자기도 자기와 비자기의 복잡성의 관계에 의해 결정된다.[76] 자기의 절대성이 있는 것이 아니라, 비자기에 의해 자기가 만들어지고 이 자기와 비자기의 관계의 운동성이 자기가 된다는 것이다. 이제 이를 물질과 우주에서 찾아보자.

이러한 관계의 운동성을 가장 핵심적으로 설명하고 있는 학자가 있는데, 바로 양자물리학의 이단아로 불리는 봄David Bohm이다. 그의 전체와 접힌 질서에 대한 이론에서 이를 찾아볼 수 있다.[77] 고전적인 세계에서 물질이 강력한 실재인 것처럼, 이 물질로 구성된 신체는 아주 확고한 실재이다. 모든 자연도 그러하다. 그러나 인간의 몸은 죽음으로 해체된다. 물질의 뿌리가 양자라는 구름이 되듯 인간의 몸 역시 그 뿌리는 양자로 되어있는 고차정보의 생명과 영혼이다. 고차정보는 전체성이고 접힌 질서implicate order이다. 그러나 그 질서는 고차적인 질서이다. 저차적 질서는 알고리즘으로 되어 있다. 그러나 고차적인 질서는 가능성의 중첩으로 되어있다. 그리고 그 질서가 풀리고 열릴 때는 우연과 무작위로 나타난다. 홀로그램의 전체적인 본체가 평면 속에 알아볼 수 없는 방식으로 숨어들어오는 것처럼 고차적인 질서는 저차적인 정보의 세계로 은밀히 숨어들어오는 것이다. 바이러스가 숙주에 숨어들어 가듯이 고차정보는 무작위를 통해서 저차정보로 숨어들어 간다. 그래야 고차정보가 보존되고 보호받을 수 있기 때문이다. 마치 암호를 무작위 수로 숨기고 보호하듯이 고차정보를 우연으로 보호하는 것이다. 저차정보로 노출되면 그 고차성과 전체성이 상실되기 때문에 고차정보는 저차정보에 프랙탈처럼 전체성으로 숨어들어 간다. 그래서 무작위와 우연과 불연속적 붕괴가 고차정보의 바른 발현을 위해 필연적으로 필요한 것이다. 이것이 고차와 내연implicate 질서와 저차의 외연explicate 질서의 관계성과 운동이다. 우주는 이 관계와 운동을 통해 진화하고 움직여 나간다고 한다.[78]

의식의 관통성도 이러한 접힘과 펼침의 관계적 운동으로 작동한다. 뇌의 대부분의 정보처리는 고전적인 저차정보이다. 저차정보가 의식을 지배할 수 있는데, 이렇게 되면 고차정보의 붕괴와 펼침이 제한된다. 그래서 의식은 저차정보를 해체하고 무작위를 지향한다. 그렇게 되면 의식은 고차정보로 접혀 들어간다. 그래서 우주의 양자 정보와 뇌의 의식의 양자가 접촉하며 교신한다. 스태프가 말한 노이만의 과정을 거쳐 우주의 고차정보가 뇌로 펼쳐진다. 이 역시 무작위의 해체적인 과정을 통해서 펼쳐진다. 그리고 복잡성의 정보처리를 통해 질서를 찾게 된다. 이것이 우주와 뇌의 접힘과 펼침의 만남의 운동이다.

철학에서 존재와 정보의 운동

현대물리학의 접힘과 펼침의 운동을 이미 400여 년 전에 알아차린 천재적인 철학자가 있었다. 바로 라이프니츠Leibniz이다. 그는 뉴턴과 별도로 미적분학을 창안한 수학자이기도 하다. 그는 만물의 나눌 수 없는 기초를 단자monad라고 하고 이에 대한 아주 독특하고 흥미로운 이론을 발전시켰다. 단자는 물질의 기초이지만 일반 물질과는 다르다. 나누어질 수 없는 하나이며 밖에서 들어갈 수 있는 창이 없다. 그러나 그 속에는 어떠한 내용과 지각이 있다. 결국, 단자는 양자처럼 물질이면서 정보이다. 그 정보는 양자정보처럼 안에서 붕괴되어 나올 뿐, 밖에서는 그 정보를 알 수도 없고 어떠한 영향도 줄 수도 없다. 그 정보는 신과 영혼과 같은 고차적인 정보와 연결되어 창조, 예정, 조화 등의 저차정보로 표출된다.[79] 그래서 단자는 양자나 초양자의 모습과 유사하다. 물질이면서 정보의 이중성을 가진 양자나 더 시원적으로 아직 물질과 정보로 분화되지 않은 초양자 정보의 모습일 수 있는 것이다.

그는 이러한 고차정보인 단자가 다양한 형태와 구조의 물질로 분화되고 표출되어 나오는 과정을 접힘의 주름과 펼침의 운동으로 설명한다.[80] 접힘은 태고부터의 사건의 정보들이 주름처럼 잡혀서 물질이나 생명체의 특이성을 이룬다. 접힘은 뿌리의 고차정보로부터 시작된 정보의 축적 즉 주름으로 표현된다. 접힘은 의식이나 생명처럼 식물적인 관통적 정보를 의미한다. 그래서 고차정보를 담은 단자가 되는 것이다. 그리고 펼침은 잠재된 고차정보가 보이는 물질의 저차정보로 표현되는 과정을 의미한다. 이 펼침을 통해 다양한 개체들이 생성되고 존재하게 된다. 이러한 펼침은 양자중력의 고리loop나 스핀 네트워크가 다양한 관계를 통해 만드는 매듭을 통해 시공을 창출하는 것이거나[81], 초끈의 진동을 통해 다양한 입자를 형성하는 과정[82]과 유사하다고 볼 수 있다. 그리고 봄이 말한 전체의 내포 질서와 펼침의 외연 질서의 운동과도 일치한다. 라이프니츠가 말한 접힘은 양자와 초양자의 고차정보의 접힌 질서를 말하며 펼침은 곧 저차정보의 외연적 질서로 펼쳐지는 과정으로 볼 수 있다. 접힘의 정보는 예정조화의 형이상학과 관통됨으로 초고차 정보가 되고 물질과 정보가 분화되지 않은 가장 원초적인 정보로서의 단자가 되는 것이다.

현대 해체철학을 선도하고 있는 철학자 중에 한 사람인 들뢰즈Gilles Deleuze는 그의 '주름'이라는 저서에서[83] 라이프니츠의 주름이론을 바로크의 미학으로 재해석하면서 그의 해체철학의 출발점으로 삼았다. 접힘을 통해 형이상학과 접촉하지만, 우연과 불확정적인 펼침의 해체적 과정을 통해 다양한 차이를 창출해낸다.[83] 이러한 펼침은 마치 고차정보가 양자요동과 붕괴 등의 무작위성과 불연속성을 통해 저차정보로 드러나는 과정과 유사하다. 이 주름의 과정은 단번에 저차정보로 확정되지 않고 계속 무작위의 요동과 불확정과 불연속의 과정을 거치면서 고차정보가 저차정보로 은밀히 스며드는 그러한 과정이다. 심리적이고 신체의 면역적 자기를 형성하는 과정과도 유사하다.[76] 즉 자기가 스스로 확정되는 것이 아니라 자기와 비자기와 지속적인 교류를 통해 차이의 자기를 형성해 가는 과정과도 일치한다고 볼 수 있는 것이다.

그래서 이를 우주와 생명계에서 고차정보가 저차정보로 붕괴되는 일반적인 과정이라 볼 수 있을 것이다. 물리적 현상과 정보 그리고 인문학적 현상의 유사성을 통해서 이 현상들이 하나에서 출발되고 있다는 것을 시사하고 있다. 그래서 고차정보의 해체성과 해체철학의 해체성과 동일한 것의 다른 표현일 수 있는 것이다. 해체철학은 과거의 존재론이나 형이상학을 해체하는 것은 분명하지만, 주름 운동을 통해 새로운 차원의 존재와 형이상학을 정립해 나가고 있다.[84] 이 역시 현대물리학에서 과거에 확고한 실재와 존재로 생각했던 물질과 시공이 해체되고 있지만, 봄의 접힘과 펼침의 운동을 통해 새로운 실재의 가능성을 찾아가고 있는 것과 유사하다고 볼 수 있다.

이제 마지막으로 현대물리학과 철학의 존재론이 만날 수 있는 가능성에 대해 다시 한 번 생각해 보려고 한다. 양자물리학과 하이데거Heidegger의 존재론을 연결시켜 연구한 정신과 의사이면서 철학자인 그로버스Gordon Globus의 이론[85,86]을 소개하면서 현대물리학의 실재론에 대해 마무리하려고 한다. 하이데거의 존재론의 시작은 탈근거der Abgrund이다. 탈근거는 존재이지만 어떠한 객관적인 근거가 없는 상태이다. 하나의 가능성의 상태이고 객관성이나 시공과 물질 등이 생성되기 이전의 시원적인 상태이다. 이는 앞서 말한 물질과 정보가 분화되지 않은 초양자나 양자의 양자장 상태라고 볼 수 있을 것이다. 그러나 탈근거는 어떠한 기초라기보다는 역동성을 의미한다. 양자장의 끊임없는 가상입자의 출현처럼 탈근거에서도 지속적으로 어떠한 사상Sache 혹은 사건들이 꿈틀거리며 발생한다. 이를 생기生起Das Ereignis라고 한다. 탈근거와 생기의 과정은 은폐되어 있어 알 수도 말할 수도 없는 상태이다. 그러나 이러한 생기들이 보이는 시공의 세상으로 드러나는 것을 현존재Dasein라고 한다. 현존재로 드러나는 과정을 던져짐Geworfenheit이라고 하는데, 이는 그냥 수동적이고 일회적으로 던져지는 것이 아니라 은폐되어진 것과 드러난 것 사이에서 지속적인 조율을 통해 역동적으로 자기를 형성하고 들어내며 관계를 맺어가는 과정이다. 이 과정은 화이트헤드가 말한 과정과도 일치한다. 하이데거는 이 조율이 일어나는 사이das Zwischen를 아주 중요시하면서 현존재는 이 사이에서 존재의 은폐와 세계의 드러남에 열려진 역동적 상태로 보고 있다.

그로버스는 이러한 존재와 현존재의 역동적 관계가 뇌의 양자장에서 바로 일어나고 있으며 이를 세 과정으로 설명하고 있다.[85] 탈근거의 존재는 이 글에서 말한 시공전時空前의 초양자의 상태로 볼 수 있을 것이다. 그리고 이 초양자로부터 양자장이 형성되는데 일차적인 양자장의 상태가 곧 생기의 상태이다. 그로버스는 가장 기초적인 양자장을 일차 양자뇌역동QBDQuantum Brain Dynamic이라고 한다. 기본적인 양자장은 거의 에너지가 제로에 가까운 진공이며 또한 결을 이루는 대칭 상태이다. 여기에 자극이 오게 되면 대칭이 깨지면서 그 비대칭은 보손 응집체boson condensation로 보존된다.[86] 이것이 기억을 형성하게 하며 이를 반복하게 되면 의식화된다고 한다.[87]

비티엘로Vitiello[88]는 일차 양자 뇌역동 이후 기억과 환경의 두 정보 형태가 이산dissipation시스템으로 처리되는 과정이 있다고 하였는데, 이 과정이 바로 하이데거가 말한 현존재가 형성되기 위한 조율의 과정이다. 이 과정을 2차 양자뇌역동이라고 한다. 환경의 정보는 다시 둘로 나누어진다. 대상과 뇌 스스로의 자기 정보이다. 그리고 기억의 정보까지 합하면 3가지 정보가 된다. 이 세 정보가 양자장에서 상호 쌍coupling반응을 하며 현존재를 위한 조율작업을 한다. 가상입자들이 쌍반응하듯 정보와 진공은 쌍생성과 쌍소멸을 한다. 그리고 바탕이 되는 진공은 그 정보들 사이에 있다. 적게는 환경과 기억의 두 정보 사이에 많게는 대상, 자기와 기억 사이에 양자장의 진공이 있게 되고, 이 진공상태가 새로운 존재 상태로 드러나게 된다고 한다. 이 사이가 의식을 이루고 이 사이가 드러남이 된다. 3차 양자뇌역동은 사이의 드러남이 현존재로 던져지는 과정이다. 현존재가 보이는 시공의 세계에 현현하는 과정인 것이다.

그로버스는 이 현존재는 라이프니치가 말한 단자와 같다고 한다.[85] 단자는 초월세계와 열려진 물질의 기초로서 바로 사이로 드러난 현존재와 같은 것으로 보는 것이다. 그리고 이 현존재는 단자가 되어 접힘의 주름과 펼침의 운동을 통해 더 복잡하고 다양한 세계 속의 현존재로 발달해 나간다고 설명한다. 결국, 그는 실존의 현존재를 정보의 조율을 이루는 진공의 사이로 보고 있는데, 이 진공의 사이는 은폐와 드러남의 사이이기도 하다. 결국, 실재라는 것은 어느 하나의 개체성으로 주어질 수 없으며 사이 즉 중간성과 관계성으로 주어진다는 것이다.

실재에 대한 통합적 이해

지금까지의 여러 내용을 종합하여 실재성에 대해 다시 정리해 보고자 한다. 고전적인 세계의 시공과 물질은 절대적인 실재성이 있으나, 그 차원에만 국한된 것이고 다른 차원에서는 상대성 내지는 그 존재의 뿌리가 실재성을 갖지 못한다. 그래서 그 실재성은 자신의 차원에만 제한된 것으로 볼 수 있다. 그러므로 그 실재성은 본질적인 것이 되지 못한다. 반면에 고차원의 물질과 정보의 존재는 분명하지만, 인간이 사는 고전적인 세계의 관점에서 볼 때, 가능성과 불확정의 정보에다 온전한 물질의 모습을 갖지 못하기에 이를 실재 존재로 인정하기 어렵다. 이 글에서 현대물리학의 근원을 정보로 보았다. 그렇다면 정보는 실재가 될 수 있는 것인가? 초양자의 근원적인 정보가 실재성이 있는가? 물론 있을 수도 있다. 하이데거가 말한 탈근거로서의 존재도 실재성을 가질 수 있다. 그러나 그 세계에서는 그렇게 인정될 수 있을지 모르지만, 인간들이 사는 세계에서는 이를 실재로서 받아드리기는 어렵다. 인간의 언어와 정보로는 허구가 되기 때문이다. 실재 허구와 비실재 허구를 구별할 방법이 전혀 없기 때문에 이를 그대로 받아들일 수 없는 것이다. 그리고 정보로서도 가능성과 불확정 정보이기에 허구적 정보와 구분할 수 없어, 이를 실재로 인정하기 어려운 것이다.

그래서 저차원도 고차원도 그 자체로는 온전한 실재가 되지 못하는 것이다. 이는 현대철학에서도 같은 문제로 제기된다. 과거의 형이상학에서도 과학과 실증적인 세계에서도 실재적인 것을 찾지 못하고 해체되고 있다. 과학도 철학도 같이 실재성에 있어서는 해체되고 있는 것이다. 그 어떠한 것도 그것만으로는 확실한 존재가 되지 못한다는 것이다. 그렇다면 불교에서 말하듯 아무것도 실재하지 않고 그저 가상과 마음으로만 존재하는 것인가? 이러한 허구와 실재의 문제를 극복하고 해결할 방법이 전혀 없는 것인가? 놀랍게도 현대물리학과 현대철학은 서로 연결될 수 없는 극단에 있으면서도 이에 대한 해결 방법은 거의 일치하고 있다.

저차와 고차정보의 관계와 그 연결에서 해답을 찾고 있는 것이다. 각각은 실재로서 불완전하나 서로가 연결되고 관통되면 실재로서 인정될 수 있다는 것이다. 물질과 저차정보는 그 자체로는 실재가 될 수 없으나, 고차정보와 열려있으면 그 뿌리가 살아있는 식물처럼 그 실재를 인정할 수 있다. 그리고 고차정보와 초월세계도 그 자체로는 실재성을 인정하기 어렵지만, 저차정보나 물질과 관통되고 교류되고 있다면 그 실재성도 인정될 수 있다는 것이다. 고차정보의 실재와 허구성을 구별하는 길은 저차정보로 드러날 때만 가능하다. 고차의 뿌리는 알 수 없지만, 그 열매인 저차정보를 보면 보이지 않는 고차성이 허구인지 실재인지를 알 수 있는 것이다. 그래서 두 세계가 열려 연결되고 있는 점이 실재성에 가장 중요한 핵심이 되는 것이다. 이 글에서는 이 연결통로를 관통적 의식과 생명이라고 했다.

물리학자 봄은 고차정보의 세계를 전체와 내포적 접힌 질서로 표현했고 저차정보를 외연적 질서라고 했다. 그리고 접힌 질서로의 접힘과 외연으로의 펼침의 전全운동holomovement이 관통적 의식과 같은 의미를 갖는다.[89] 화이트헤드의 과정철학과 베르그송의 창조적 진화 그리고 샤르댕의 오메가 포인트를 향한 수렴적 진화 등도 같은 흐름의 이야기로 볼 수 있다. 라이프니츠의 단자도 초월세계와 보이는 세계를 관통하는 접힘과 펼침의 주름 운동이 있음으로 실재가 될 수 있다. 그리고 이를 해체철학에 접목한 들뢰즈는 주름운동의 해체적 차이를 통해 새로운 형이상학의 실재와 연결될 수 있는 길을 제시하기도 했다. 그리고 하이데거의 존재와 양자뇌역학과의 결합을 시도한 철학자 그로버스는 탈근거의 은폐된 존재와 열려있으면서, 뇌양자장의 정보조율들 사이에 형성된 진공을 통해 드러난 현존재를 실재로 인정할 수 있다고 하였다. 결국 이러한 연구들의 공통점은 어느 하나의 개체가 실재가 되기보다는 이들을 연결하는 사이와 관통 자체가 실재가 될 수 있다는 것이다. 이는 관계를 양자중력과 물질의 궁극적 실재로 보는 고리양자중력 이론과도 일치한다. 그리고 다양한 막과 차원에 열린 세계를 통해 물질의 실재를 설명하려는 초끈 이론과도 일맥상통하는 이야기로 받아들일 수 있을 것이다.

그런데 사이, 전운동, 주름운동, 매듭과 고리 등을 통해 이루어지는 관통적 관계를 단순히 실재로 받아들이게 되면 새로운 문제가 발생하게 된다. 관통은 고차적인 현상을 포함하는데, 관통이란 개념은 저차적인 정보와 언어이기 때문에 겉으로만 관통이지 실제적으로는 관통이 일어나지 않을 수도 있기 때문이다. 그래서 관통적 관계가 단절되는 것을 방지하기 위해 저차정보와 고차정보의 관통의 열림이라는 전제 조건이 필요하다. 그 열림은 해체철학에서 말하는 해체적 주름운동이나 양자장의 무작위와 우연 등의 혼돈이 반드시 전제되어야 한다. 인간의 세계에서는 고차정보라고 하더라도 고차정보로는 소통할 수는 없다. 저차적 언어와 정보로 표현되어야 이해와 소통이 가능하기에 고차정보라도 저차적 정보로 표상되는 것이다. 처음은 고차적인 관통을 포함한 열림이 있지만, 저차정보의 보존성으로 인해 그 열림이 닫힐 수 있다. 그런데 고차정보의 닫힘을 금방 알아차릴 수 없다. 고차정보의 언어는 희미하고 막연한 울림 같기에 깊이 집중하지 않으면 금방 사라진다. 그래서 겉은 고차라고 하면서 속의 고차는 상실된 뿌리 없는 언어로 남아 있을 수 있다. 이를 알지 못하고 고차정보가 있는 것처럼 착각하고 속일 수 있다. 이런 현상을 가장 현저하게 볼 수 있는 곳이 종교와 철학이다.

고차와 저차정보의 교류와 관통이라 하지만, 사실적 내용에서는 저차정보 사이의 교류일 수가 있다. 관통이 열리기 위해서는 동일한 차원의 정보처리여서는 안 된다. 초월세계를 저차정보로 접촉하면 초월의 고차성은 붕괴되고 파괴된다. 그래서 단자는 저차정보가 들어갈 수 있는 창窓이 없고 양자도 그 어떠한 저차정보가 그 속으로 들어갈 수가 없다. 저차정보가 접촉하면 양자는 즉시 저차정보로 붕괴되는 것이다. 그래서 그 연결이 저차와 고차 이어서는 안 된다. 이를 위해서는 저차정보가 해체되어야 한다. 해체를 통해서만 고차정보와 열려질 수 있다. 그리고 고차정보도 해체를 통해 접촉된다. 그래서 관통의 그 창은 바로 해체와 혼돈의 창이어야 하는 것이다. 그러나 무조건적 해체와 혼돈을 의미하는 것은 아니다. 해체를 통한 공명과 관통이 있어야 한다. 이점을 마지막으로 강조하고 싶은 것이다. 그러나 기본적으로 해체성은 반드시 요구된다. 그래서 해체철학과 양자의 해체성 그리고 양자장의 무작위적 요동은 고차정보의 보존과 진정한 관통을 위해서 필연적인 것이다.

우주 속의 정보인류

　이제 마지막으로 처음 이글을 시작하면서 던진 질문에 대한 답을 찾아보려고 한다. 그동안 양자, 우주, 정보와 인간에 대한 여러 이야기를 늘어놓은 것은 이 질문에 대한 답을 찾아보기 위함이었다. 즉 정보인류의 불투명한 미래를 우주의 정보와의 관계를 통해서 예측해보려는 것이었다. 그래서 정보인류와 우주정보의 연결점을 찾아 어떠한 교류가 가능한지를 알아보려고 했다. 이를 통해서 인류와 우주가 정보라는 관점에서 어떠한 방향으로 나아가야 하는지에 대해서도 생각해 볼 수 있었다. 이와 함께 인문학적인 정보들과의 연결점도 찾아 상호 연결 가능성에 대해서도 알아보았다. 이 모든 것들을 통해서 최종적으로 정보인류가 우주의 정보 속에서 어떻게 하면 지속적으로 진화하고 발전해 나갈 수 있을지를 찾아보려고 하였다.

　답을 찾기에 앞서 다시 한번 정보인류의 문제점을 간략하게 정리해 보자. 인류에게는 자연과 우주 그리고 몸이 있었다. 뇌의 저차정보가 있지만, 자연과 몸속에 있는 고차정보 덕분에 저차와 고차정보의 주름 운동이 계속될 수 있었고, 그래서 선인들은 자연과 몸속에서 인생의 지혜를 얻을 수 있었다. 그런데 언어라는 가상과 인간이 만든 인공적인 세상이 합쳐져 저차정보의 기반을 다져가기 시작하였고 과학과 산업혁명 그리고 자본주의가 발달함에 따라 저차정보의 발달과 그 힘이 더욱 강력해졌다. 그리고 자연과 몸을 저차정보로 이해하고 지배할 수 있다고 믿으면서 이들을 저차화 시키기 시작하였다. 우주까지도 저차정보의 대상이었다. 그러나 과학이 발달함에 따라 자연과 우주가 결코 저차정보로만 모두 이해하고 지배할 수 없다는 것을 깨달아가기 시작하였다. 현대과학이 발견한 이러한 문제점들을 앞서 지적한 바 있다.

    정보인류는 이와 함께 정보만의 인공적인 세계를 만들어 갔다. 즉 사이버 세계이다. 이는 정보가 주인이 되는 세계이다. 이로 인해 인간의 세계는 엄청난 발전을 이루어 갈 수 있게 되었지만, 정보와 인류의 관계를 걱정하지 않을 수 없다. 앞서 말한 대로 주체성과 주인의 문제이다. 누가 주인인가? 하는 것이다. 두 주인일 수는 결코 없다. 결국 힘의 문제이다. 정보가 인류의 지능과 용량을 엄청나게 초월하면서 그 강력한 힘으로 자연스럽게 주인이 되어 가고 있다. 그리고 이와 함께 정보의 세계는 인간을 자연과 몸으로부터 더 차단하여 이를 대신하려고 한다. 즉 인공 자연과 몸이 가능해지는 것이다. 그러나 인공적인 정보와 그 정보의 진화가 과연 우주의 고차정보를 대신할 수 있는가가 가장 핵심적인 문제가 된다.

    물론 인공지능과 정보들이 스스로 만들어 가는 진화가 어디까지인지 알 수는 없다. 양자컴퓨터와 정보가 그 시험대이다. 양자컴퓨터가 양자를 활용할 수는 있지만, 양자 자체를 만들 수는 없을 것이다. 그것은 양자는 창이 없는 단자이기 때문에 결코 인공적으로 외부에서 들어가거나 만들어질 수 없다. 양자가 어려운 정도라면 물질과 시공이 사라지는 양자중력이나 양자가 무작위로 요동치는 진공의 양자장 그리고 초월공간과 막의 초양자적 세계를 인간이 만든 인공지능으로 결코 접근하거나 대신할 수 없을 것이다. 그렇다면 인공적인 정보의 차원의 한계는 분명하다. 저차정보가 주류이면서 약간의 고차정보가 보완되는 정도가 될 것이다. 자연과 우주와 같은 고차정보는 결코 가능할 수는 없을 것이다. 이러한 인공정보의 한계를 인정할 때 그 대안은 결국 인류의 의식과 몸의 고차정보의 회복이 될 것이다. 인류는 이미 인공적 저차정보에 심하게 몰입되어 스스로 벗어나는 것이 어려울 정도로 중독되어 있다. 그러므로 우주라는 거대한 힘에 의존하지 않을 수 없다. 그래서 그 가능성을 앞서 알아본 것이다.

앞서 살펴본 대로 인류는 양자정보를 통해 우주와 충분히 교류할 수 있다는 것과 우주에 인류가 영향을 줄 수 있고 반대로 우주도 인류에 영향을 줄 수 있다는 것을 알 수 있었다. 그리고 우주는 기계적으로만 움직이는 것이 아니라 인류의 인격적 정보와 연결되면서 인격적인 상호관계성 속에서 나아가고 있다. 그중에 가장 중요한 것을 실재가 무엇이냐는 것이었다. 보이는 모든 것이나 영구적이라고 생각해온 모든 것이 실재가 아닐 수도 있고, 그래서 그 존재의 뿌리가 실재하지 않는다면 결코 지속적인 존재로서 살아남을 수 없을 것이기 때문에 우주에 있는 것들 속에 진정한 실재가 무엇인지를 알아보는 것은 무척 중요할 수밖에 없다. 그래서 여러 이론을 통해 실재가 무엇인지를 탐구해 보았다.

인간이 그동안 실재로 추구해온 시공의 물질이나 초월적 세계 모두가 스스로만으로는 실재가 될 수 없음을 과학을 통해 설명하였다. 현대과학과 인문학이 공통적으로 밝힌 내용은 이 두 세계가 열려 지속적으로 교류하고 관통될 때만이 이를 실재로 인정할 수 있다는 것이었다. 그리고 중요한 것은 이를 정보라는 차원으로 이해하고 규명할 때 더 확고한 실재가 될 수 있다는 것이었다. 이를 통해서 볼 때 그동안 정보인류가 추구해온 정보는 알고리즘 중심의 저차정보로서 그 자체로는 결코 실재가 될 수 없다는 것이다. 실재가 되기 위해서는 해체를 통해 고차정보와 연결되어야만 한다. 그 연결통로가 바로 인간의 관통적 의식이라고 했다. 이 의식을 통해서 인간의 저차정보가 해체되면서 양자와 초양자의 우주적 고차정보와 연결될 때 인류는 우주적 실재로서 우주의 진화에 주체적인 위치로서 참여할 수 있다는 것이다. 그래서 정보인류의 나아갈 바는 바로 저차화되어가는 정보들을 어떻게 해체하면서 고차정보와 관통되어 교류될 수 있는 가인 것이다.

이는 과학만이 아니라 철학과 예술 그리고 영성을 통해 가능할 수 있다. 이를 한마디로 말하면 접힘의 주름과 펼침의 운동이다. 이 주름이 중심이 된 총체적인 문화 운동이 필요하다는 것이다. 그러나 정보인류의 중심에 과학이 있듯이 이 운동의 중심에도 과학이 있어야 한다. 그러나 그 과학은 저차적인 정보에 머무는 알고리즘적 과학이 아니라 고차정보에 열린 관통적 과학이어야 한다. 이러한 열린 과학을 중심으로 모든 인문사회 과학과 예술, 종교가 연합적이고 융합적으로 참여하는 전운동적인holomovement 주름의 문화 운동이 전개되어야 한다. 이러한 총체적인 문화 운동을 통해 인류의 미래가 우주와 함께 진화해 나갈 수 있을 것이다. 관통적 의식과 주름의 운동을 통해 우주의 실재와 동행하지 않으면 정보인류의 꿈은 실재가 아닌 환상으로 사라질지도 모른다.

12. 동양사상과 정보이론

1. 불교사상과 정보이론

　불교는 인생을 아픔, 즉 고苦로 봄으로 시작된다. 석가는 모든 아픔에는 원인이 있다고 믿었고 이를 찾아 해결하기 위해 고행을 시작하였다. 그 결과 오온五蘊과 12 연기緣起가 원인이라는 것을 깨달았다.[1] 오온은 놀랍게도 뇌의 기본적인 인지 과정 즉 정보처리 과정을 상세히 설명한다.[2] 그리고 이러한 인지 과정이 어떻게 인생의 고통을 만들어 내는지를 설명한 것이 12 연기이다. 결국, 이 과정도 뇌의 정보처리 과정을 더 구체적으로 설명하는 것이다. 그래서 불교는 본질적으로 정보이론이다. 인생의 고통이 세상에서 실재하는 것이 아니라 뇌의 정보처리에서 발생한다고 본 것이다. 아주 놀라운 발견이다.

　12 연기란 12단계의 자동적이고 중독적인 정보처리 과정을 말한다. 이 뇌 회로의 시작이 무명無明이다. 자동적인 정보처리를 깨닫지 못하게 되면 누구나 이 회로로 들어가 고통에서 빠져나오지 못한다는 것이다. 대신 이를 알게

되면 벗어날 수 있다는 것이다. 무명으로 시작된 회로는 행行으로 들어간다. 이 행은 의도적인 행위와 업을 구성하는 형상인데[3] 이 행들이 축적되어 기억을 형성한다. 아주 깊은 의식(아뢰야식)에 까지 기억된다. 이렇게 깊이 기억된 정보들이 업業을 이룬다. 그런데 단순한 행위에 대한 기억이 아니라 어떠한 선악의 영향을 미치는 기억이다. 선과 악이란 생명에 도움을 주거나 손상을 주었다는 뜻이다. 특히 문제가 되는 것은 생명에 손상을 준 기억 정보이다. 이 정보들은 불안정하고 자기를 보상하고 보존하려는 강한 의도와 힘을 갖게 된다. 그래서 기억 속에 숨어있지 못하고 의식으로 드러난다. 이 과정이 식識이다. 의식 속에서 손상정보는 이를 방어하고 보상할 대상을 추구하고 시뮬레이션한다. 이 과정을 명색名色이라 한다. 명색에서 추구한 대상을 육경六境이라 한다. 그리고 육근六根이라는 내적 자극과 감각을 통해 이 회로를 강화한다. 이 과정을 육처六處라 한다. 그리고 드디어 그림을 그리던 외부의 대상과 접촉한다, 이 과정을 촉觸이라 한다. 그리고 실제로 뇌에서 연습한 대로 좋은 느낌이 가동된다. 이를 통해 그 회로는 더욱 강화된다. 이 과정을 수受라고 한다. 강화된 회로는 갈망과 욕망의 애愛로 전환되고, 이를 집착하고 소유하고 싶어 한다. 이 과정을 취取라고 한다. 그래서 이것이 존재이유와 있음인 유有가 되는 것이다. 이 있음이 생명生을 얻고 살아가게 하는 힘이 된다. 그리고 인생은 이것에 중독되고 지치게 된다. 이를 반복하다 결국 병들고 죽게老死되는 것이다. 12 연기는 업으로부터 한 생명이 태어나는 과정을 의미하기도 하지만, 한 생명이 살아가며 고통의 삶을 살아가는 인지과정을 설명하기도 한다. 이 과정은 결국 뇌의 정보처리 과정이 되는 것이다.

　우리가 실재로 존재有하고 살아있다生고 생각하는 것이 참 생명의 존재라기보다는 무명의 행에서 시작된 것이다. 행은 모든 육체적身行, 언어적語行, 정신적意行 형성의 집합이다.[4] 곧, 모든 축적된 정보의 집합이다. 그래서 기억이 된다. 특히 그중에서 움직임의 힘이 되는 것은 손상된 기억의 정보이다. 생명과 자기가 경험한 손상정보이다. 이 정보는 아프기 때문에 자기를 신속하고 강하게 방어하고 보존하려고 한다. 그래서 그 이후의 뇌의 정보처리를 통해서 세상의 것과 연합한다. 바로 삼각 회로를 형성하는 것이다.[5] 이 삼각 회로는 가장 강력한 회로가 되어 가상의 정보를 실재하는 것처럼 생생하게 만들어 모든 것을 다 걸고 그것을 취하려고 애쓴다. 고생 끝에 이를 얻으면 잠깐 만족을 하지만 다시 허망해진다. 그것은 뇌가 만든 가상의 회로이기 때문에 그렇게 될 수밖에 없다. 그래서 더 크고 강한 것을 다시 추구하며 중독적인 12 연기에 빠지게 되는 것이다. 가상을 실재로 생각하고 반복하기에 인생은 늘 좌절되고 지칠 수밖에 없는 고통에 빠지게 된다. 이를 반복하게 됨으로 결국 인생은 늙고 병들어 죽게 되는 것이다.

이 회로에서 빠져나오는 길은 이 모든 것이 공空이라는 깨달음을 얻는 것이다. 이 깨달음을 三法印이라 한다. 즉 실재라고 생각하는 모든 것이 허상이고 諸行無常 그럴 것이라고 생각하는 모든 것들이 실체가 없고 諸法無我 없는 것을 붙잡으려고 하는 것이 모든 것이 고통인 것이다 一體皆苦는 것을 깨닫는 것이다. 결국, 해탈의 길은 이 모든 고통이 뇌의 허구적인 저차정보의 보존에서 시작하는 것이라는 것을 알고 여기서 벗어나는 것이다. 그리고 공의 해체를 통해 고차정보로 들어가는 것이 열반의 길이라고 말하는 것이다. 이처럼 불교의 가장 핵심을 모든 것이 공이라는 것을 깨닫고 뇌와 세상의 저차정보를 해체하는 것이다. 이를 실천하기 위해 구체적으로 사성제四聖諦와 팔정도八正道와 같은 교법을 만든다. 그런데 제자들은 해체의 법을 다시 저차정보로 종교화하였다. 그래서 진정한 해체와 고차정보의 해탈의 길을 가기보다는 교법의 저차정보에 집착하고 다시 이에 묶여 또다시 뇌의 회로의 고통에서 벗어나지 못하게 되었다.

이를 다시 바로 잡기 위해 나온 것이 반야경의 공空이고 용수龍樹의 중론中論이다.[6] 선불교 역시 교법의 잘못으로부터 벗어나려는 시도 중에 하나이다. 원래 붓다의 가르침은 고차정보이다. 연기는 복잡성의 고차정보이고 무아는 양자의 비개체성과 같은 개념으로서 더 고차적인 정보이다. 그런데 이러한 고차적인 가르침이 종교의 교리가 되면서 저차정보인 2차 언어와 교법이 된 것이다. 그러니 붓다의 가르침에서 한참 멀어지게 되고 오히려 붓다의 가르침을 방해하는 교법이 된 것이다. 그래서 반야경과 중론을 통해 다시 이를 고차적인 정보로 되돌려 놓는 작업을 해야 했다. 특히 중론은 논리를 통해서 언어적 논리를 해체함으로 붓다의 가르침을 고차정보 그대로 보존하는 놀라운 지혜를 보여주고 있다.[7]

불교의 문제는 여기에서 끝나지 않는다. 또 다른 정보의 문제에 부딪히게 된다. 그 첫째가 공이라는 해체에 대한 것이다. 거짓되고 허구적인 것을 해체하는 것은 좋은데, 해체 후에 남는 것이 무엇인가이다. 그냥 무無라면 제법무아로서 모든 것이 무이다. 해탈도, 열반도 없는 것이다. 진리도 열반도 무이다. 아무것도 성립할 수 없다. 거짓도 허상도 진리도 무도 다 같은 것이다. 12 연기도 무명도 아무런 의미가 없다. 고통도 해탈도 의미가 없는 것이다. 석가의 설법과 불교 자체가 성립되지 않는다. 이런 모순을 중첩적인 깊고 오묘한 세계로 받아들일 수도 있겠지만, 중생들에게는 정말 접근하기 어려운 세계가 된다. 해체 이후에 아무런 정보도 남지 않는다. 고차정보의 기능으로서의 해체가 아니고 고차정보 자체도 없다. 그래서 모든 정보는 없는 것이다. 정보의 실체가 없는 허구이다. 그러면 정보로 되어있는 우주도 물질도 없는 것이다. 그래서 허무주의에 빠질 수도 있다.

그래서 특별히 대승불교는 이를 극복하기 위해 해체 후에 더 크고 고차적인 정보의 세계를 인정한다. 그리고 그 고차정보를 부처, 아미타불 혹은 보살 등으로 인격화한다. 그리고 진여眞如, 여래장如來藏, 아뢰야식의 유식唯識 등의 고차정보로 인정한다. 이로써 일단 공과 무의 문제는 극복되었지만, 모든 문제가 다 해결된 것은 아니다. 오히려 새로운 문제가 생긴다. 역시 정보의 문제이다. 공을 넘어선 초월세계가 생기게 되니 기독교와 철학에서처럼 이분법의 문제가 발생하게 되었다. 생멸生滅과 진여, 속세와 출세간, 생사와 열반, 중생과 부처, 공과 색色, 중관과 유식, 교종과 선종 등의 수많은 이분법의 갈등이 생기게 되는 것이다. 고차정보가 저차정보로 붕괴되며 발생하는 이분법이 불교에서도 예외가 될 수 없었던 것이다. 사실 불교사상의 핵심은 바로 이 이분법의 극복에 있다. 색과 공이 하나라는 반야경과 용수의 중관도 이를 극복하기 위한 시도이다. 그러나 해체와 공을 통해서 하나를 추구하다보면 모든 것이 있는 듯 없는 듯 중첩의 세계가 되기에 중생들이 이를 진정으로 받아들이기 쉽지 않다.

이를 더 적극적으로 해결하려는 시도들이 천태千台와 화엄華嚴사상이다.[8] 천태는 한마음의 성性 속에 모든 세계가 이미 다 갖추고 있다는 성구설性具說을 주장한다. 양자와 초양자의 고차성보 속에 있는 어떠한 고차적 정보가 있어 우연과 환경의 선택을 통해 저차정보로 붕괴되는 정보이론과 일치하는 이야기이다. 그래서 붕괴된 저차정보를 통해서 고차정보를 만나고 관통될 수 있다는 것이다. 그리고 저차정보는 서로 평등하게 하나가 되어 고차정보의 천태와 연결될 수 있기에 이분법이 극복될 수 있다는 것이다. 그러나 현실은 이러한 연결과 하나를 이루기에는 너무도 많은 차이와 간극들이 존재하기에 하나의 이상으로 끝날 가능성이 많다. 이상과 환상은 또 다른 가상의 뇌정보가 되어 실제적인 관통 정보가 되지 못할 수도 있다.

그래서 이러한 간극을 극복하려는 시도가 곧 화엄사상이다. 화엄은 성구가 아니라 성기설性起說을 주장한다. 이를 여래장如來藏 사상이라고도 한다. 지금은 속세의 생멸 가운데 있지만 누구에게나 여래장인 부처의 씨가 있어 이를 잘 키우면 부처가 될 수 있다는 것이다. 그래서 진여가 생멸이 하나가 될 수 있는 것이다. 그래서 고차정보와 저차정보가 하나가 될 수 있는 이 사무애理事無碍와 저차정보끼리도 차별 없이 하나가 되는 사사무애事事無 碍를 주장함으로 이분법을 극복한다. 화엄의 성기는 하이데거의 생기生起 Das Ereignis와 유사하다.[9] 은폐된 탈근거der Abgrund는 공空이면서도 진여의 여래장이 숨어있는 존재가 된다.[10] 이 존재는 초양자의 고차정보이고 양자장이다.[11] 여기서 성기 혹은 생기로서 저차정보로 드러나며 현존재와 생멸이 된다.

원효는 이러한 화엄사상을 더 역동적이고 순환적인 관계로 발전시킨다. 진여와 생멸을 순환하는 하나의 고리로 보는 것이다. 그래서 진여와 생멸을 같은 아뢰야식의 표현으로 보는 것이다. 아무리 진여라도 무명 즉 저차정보가 되면 생멸이 되고 아무리 생멸이라도 성불을 스스로 깨우치면 진여인 것이다. 이를 진여와 생멸, 진과 속이 하나가 되는 이문일심二門一心과 화쟁和諍이라 한다. 화쟁은 어떠한 이분법도 화해和解와 회통會通할 수 있는 하나의 법이 된다.[12] 원효의 사상은 천태에서 화엄을 거쳐 이문일심에 이르는 동안 정보의 차원을 더욱 역동적으로 순환하며 관통할 수 있게 해준다. 이는 바로 앞의 11장에서 다룬 현대철학의 주름운동, 저차와 고차정보의 순환적인 관통과 우주적인 전운동holomovement과 같은 맥락의 이야기로 볼 수 있다.

마지막으로 유식사상을 정보이론으로 이해해보려고 한다. 식識이란 의식의 인지를 의미한다. 정보의 핵심적 현상이다. 그래서 이를 정보이론으로 이해하고 설명하는 것은 무척 자연스럽다. 유식唯識이란 일체유심조一切唯心造처럼 마음의 식이 모든 것을 만든다는 뜻이다. 그래서 식 외에는 실체가 없다는 것이다. 결국, 마음의 식만 존재한다는 뜻이다. 이 식은 정보이다. 앞서 현대물리학을 통해서 살펴본 대로 우주의 가장 궁극인 초양자를 정보라고 본다면, 이 식의 정보가 만물의 근본이 되는 것이다. 그런데 이 식도 차원이 있다. 이를 팔식八識이라 한다. 이는 심의식心意識을 분류한 것으로서 심心은 아뢰야식阿賴耶識이라 하고 의意는 말나식末那識이라 하며 식識은 안식眼識, 이식耳識, 비식鼻識, 설식舌識, 신식身識, 의식意識 등 6종의 심체를 말한다.[13]

가장 근본이 되는 정보인 식을 아뢰야식이라 한다. 아뢰야식은 모든 업력을 함장含藏하고 보존한다는 뜻으로 장식藏識이라고 한다. 이는 개체적인 정보로 나타나기 전의 근본정보로 미분화되고 비개체적인 정보가 된다. 그런 뜻에서 초양자나 양자의 미분화나 중첩적 혹은 비개체적 정보와 유사한 면을 보인다. 그리고 주체와 객체가 미분화되고 물질과 정보도 미분화된 초양자 정보의 성격을 닮은 면이 있다.[14] 그다음 차원의 식이 말나식에서는 자기와 객체가 분화되면서 자기의식과 의意가 생기고 또 대상을 개체적인 사량思量과 선악善惡의 정보로 분별하게 된다. 이는 중첩적이고 비개체적인 양자정보에서 개체적이고 자기보존이 가능한 고전적인 정보로 붕괴되는 과정이라 말할 수 있다. 고전적인 정보로 붕괴된 정보는 의식을 통해 오감각을 통해 자신과 세상의 정보를 받아 정보처리를 하며 세상을 살아가게 된다. 이러한 차원의 정보가 그다음의 6식이 되는 것이다. 세상을 살아가며 형성하는 정보는 모두 뇌가 만든 가상정보이다. 이 가상정보를 통해 세상을 인식하는 것이다. 세상 자체도 현대물리학에서 밝힌 대로 정보가 만든 구조물이고 이를 인식하는 과정도 정보이기에 결국 정보인 유식만 남게 되는 것이다.

그렇다면 유식에서는 실체는 없는 것인가? 보이는 것의 실체는 없지만, 근본 뿌리가 되는 고차정보는 실체가 되는 정보가 된다. 말나식 이후의 저차정보가 자기보존에 들어가면 결국 12 연기의 악순환의 고통에 빠지게 된다. 실체가 없는 세상에서 가상정보로 인한 고통의 회로에 빠지게 되는 것이다. 이를 알아채는 것이 깨달음이고 해탈의 길이 된다. 가장 근본식인 아뢰야식 정보와 그 위의 의식의 저차정보과 관통되고 순환하면서 팔식을 정화하여 근본식의 진여를 회복하는 것이 해탈과 열반의 길이 된다.

2. 유학과 정보이론

불교의 사상은 보이는 세계를 허상의 공으로 해체하며 더 깊은 진여의 고차정보를 강조한다. 이를 이루는 것이 열반이다. 그러나 고차정보의 열반이 다시 저차화될 수 있기에 고차정보의 진실된 진여를 어떻게 지속적으로 머물 수 있을 것인가에 집중한다. 그래서 주요관심사가 저차의 세계가 아니라 고차의 열반이다. 그러나 유학은 다르다. 고차정보에 관심을 두지만 고차로부터 저차화된 이 세상에 지대한 관심을 갖는다. 어떻게 하면 이 세상을 바르게 할 것인가에 우선적인 관심을 갖는 것이다. 그러다 보니 어쩔 수 없이 저차정보를 주로 다룬다. 그만큼 세상의 차원에서 보면 필요하지만, 저차정보의 위험이 늘 따라다니지 않을 수 없다. 이것이 불교사상과 유학의 다른 점이다.

그래서 유학은 고차정보가 저차화되는 과정을 자세히 다루게 된다. 유학의 시원은 하늘天이다. 하늘을 상제上帝로 인격화하여 가까이 모시고侍天, 섬기고事天, 받든다奉天.[1] 이 하늘이 인간에게 성性을 부여하여天命之謂性 인간의 생명이 탄생된다生之謂性.[2] 그리고 이 성은 인의예지仁義禮智를 낳는다. 이는 하늘이라는 초고차정보가 점차적으로 성과 인의예지를 통해 저차정보로 붕괴되는 과정이다. 하늘은 초양자정보, 성은 생명으로서 양자정보가 되고 인仁부터는 양자와 복잡성 정보로 점차 붕괴되는 과정이다. 앞서 말한 대로 유학에서는 현실의 정의와 예절을 강조하다 보니 자연히 의義와 예禮 그리고 지智에 집중한다. 그 내용은 고차정보이지만 쉽게 저차정보에 머물 수 있는 정보들이다. 고차정보인 인仁도 저차정보로 되고 의와 예도 저차정보가 된다. 저차정보가 된다는 것은 뇌의 선악의 이분법과 등급정보가 된다는 뜻이다. 공자는 의인예지에 유연함과 현실에 적합한 여유로움을 강조함으로 늘 고차정보에 열려지기를 원하였지만, 후학들에게 오면서 고정된 틀과 등급정보로 경직된다.

이렇게 되면 2차정보의 강한 보존성으로 들어가게 되고 고차정보가 차단되고 고차적인 성이 억압되고 등급에 의해 학대받게 된다. 선악과 등급으로 사람을 판단하고 비판하는 형식적인 유학이 되고 고질적인 분파와 이분법의 자기 보존적 유학이 되는 것이다. 저차정보의 뿌리를 잃은 유학이 되어 오히려 그 뿌리가 상처를 입게 됨으로 반생명적 현상이 발생하게 된다. 반생명은 반성反性적인 정서를 표출하게 된다. 맹자가 주장한 성선실을 더 이상 인정하기 어려울 정도로 성악性惡적 단면을 드러내게 된다. 그래서 선하다고 생각해온 성에서 선하지 않은 반성反性을 가려낼 필요가 있게 된 것이다. 이를 성리학에서는 성性대신 정情이라 하여 이를 분리하는 지知와 수양을 중시하게 되었다.[3]

문제는 지와 수양을 통해 성과 정을 얼마나 분리할 수 있을 것인가이다. 지와 수양이란 저차정보의 계산과 등급에서 벗어나서 자연과 하늘의 본성인 무극과 태극의 고차정보로 들어가 활연관통豁然貫通하는 것이다. 저차원 정보에 지배당하는 의식에서 벗어나 정보의 차원을 관통하는 의식을 회복하는 것이다. 마음은 원래 성으로 하나이다. 그러나 저차정보가 강화되면서 하나의 성이 등급과 이분법에 의해 손상을 받게 됨으로 반성反性적인 정情이 발생하게 된 것이다. 하나에서 나온 두 마음인데, 이를 실제적으로 분리한다는 것도 쉽지 않고 분리한 다음 이를 바르게 처리하는 것도 결코 쉽지 않다. 열정적인 지의 탐구과 수양에도 불구하고 결과적으로 성과 정을 분리하여 마음을 하나로 정화한다는 것이 쉽지만은 않았다. 그래서 개인적인 차이는 있지만, 대부분 성리학은 하나의 마음과 학문으로 자리 잡지 못하고 늘 형식과 이론적인 분파의 갈등에 시달리게 된다. 이는 성리학 자체의 문제라기보다는 마음과 정보의 문제로 보아야 한다. 정보의 원리와 한계가 그렇게 작동할 수밖에 없음을 이해해야 한다.

그렇다면 정보의 문제가 유학, 특히 주자학에 어떠한 영향을 미친 것인가? 이를 생각해보자. 주자학은 하나의 무극과 태극에서 시작하지만, 이理와 기氣, 체體와 용用, 음陰과 양陽으로 나누어진다. 이러한 이분화의 흐름에 따라 성과 정으로 나누어지는 것이다.[4] 미분화된 초양자의 정보에서 물질과 정보로 이분화되어 붕괴되는 과정과 유사하다. 여기서 물질은 기氣가 되고 정보는 이理가 된다. 그런데 자연에서도 이분화가 일어나지만 상호 양극적인 갈등으로 가지 않기 위해서 처음에는 정보가 우세하고 물질이 상대적으로 정보에 의존되어 이분화의 갈등이 발생하지 않는다고 앞의 11장에서 설명했다. 그리고 물질과 정보가 비슷해져서 이중성을 보이는 양자에서도 입자와 파동이 비개체적 중첩을 보여 이분화의 갈등은 발생하지 않는다. 그리고 복잡성 정보에서도 혼돈의 해체성으로 인해 이분화 갈등이 뚜렷하게 나타나지 않는다고 했다. 그런데 본격적인 이분법적 갈등이 시작되는 것인 알고리즘의 2차정보에 이르러서 그렇게 된다.

그렇다면 주자학의 분화와 붕괴과정은 어떻게 될까? 자연처럼 유연하고 점진적인 과정을 통해 일어날까? 그런데 주자학은 자연이 아니다. 유학의 출발은 자연이고 하늘이었지만, 주자학으로 오면서 자연은 인간의 형이상학적 철학으로 변화된다.[5] 철학은 언어와 개념적 사고를 통해서 진행된다. 이과 기, 음과 양은 철학의 인공적 개념과 언어이다. 고차정보가 곧바로 2차정보로 가게 되는 것이다. 이와 기는 개념이고 언어가 되어 마음속에 2차정보로 활동하게 된다. 2차정보는 뇌의 선악과 등급정보이다. 무엇이든 이렇게 판단하고 비판한다. 이해와 공감의 정보가 아니다. 그래서 하나의 성은 더 큰 손상을 받게 되고 손상정보는 앞서 밝힌 대로 세상의 저차정보와 결합하여 삼각 회로를 통해 더 강력한 자기보존으로 간다. 그래서 관통적 정보와 의식을 추구하려던 지와 수양이 저차정보의 보존으로 가게 된다. 그래서 주자학은 고차정보와 단절되고 더욱 비판적인 분파를 형성하게 되는 것이다.

물론 언어와 개념적으로는 관통되고 성과 정이 분리되어 정화된다고 말할 수는 있으나, 실제의 삶은 저차정보의 보존성으로 인해 기대만큼 따라가지 못하는 것이다. 이것이 주자학의 딜레마이다. 이러한 주자학의 문제를 끈질기게 파고들어 문제를 해결하려고 애쓴 사람들이 있었는데 이들이 양명학파이다. 주자학은 성즉리性卽理 즉 성만이 순수한 리라는 것이다. 그리고 마음에서 기氣로부터 나온 정情을 분리하여 성이 주관하도록 정화해야 한다고 생각하였다. 이론적으로는 맞는 말이지만, 실제의 정보처리에서는 그렇게 분리와 정화가 일어나지 않는 딜레마에 부딪히게 된다고 했다. 이를 극복할 수 있는 길은 마음을 저차 정보화하지 않는 길이다. 그래서 양명학에서는 심즉리心卽理를 내세운다. 마음을 성과 정으로 분리하지 않고 마음을 하나의 성으로 인정하는 것이다.[6] 마음에 반생명과 반성적인 현상이 있더라도 이는 한 뿌리인 생명과 한 성에서 나온 것으로 보고 그 성을 하나로 온전히 인정한 것이다. 주자와 다른 양명의 격물치지格物致知와 지행합일知行合一과 치양지설致良知說을 통해 더 마음을 구체적으로 온전한 하나의 상태로 인정한다.[7] 아직 부족하더라도 온전한 것으로 신뢰하고 마음을 온전한 하나로 수용하는 것이다. 이를 통해 마음의 정보는 고차정보와 열리면서 저차정보로 단절되지 않는다.

이는 앞서 설명한 불교의 천태사상의 성구설과 화엄사상의 성기설과도 맥을 같이 하고 또 원효의 이문일심과도 통하는 이야기이다. 마음을 저차정보로 분리하지 않고 서로 수용하고 화해함으로 더 깊은 고차정보와 관통할 수 있게 되는 것이다. 그래서 고차정보에 의해 스스로 정화할 수 있게 되는 것이다. 뇌의 저차정보에 의해서는 더 악순환으로 갈 수밖에 없다. 그래서 마음을 열고 하나로 이해하고 수용함으로 열려진 고차정보에 의해서만 반생명과 반성이 정화되는 것이다. 판단과 비판의 악순환이 아니라 이해와 공감을 통한 저차와 고차정보의 순환이 진정한 관통과 정화를 가능하게 하는 것이다.

3. 도가와 정보이론

자연과 우주의 정보가 병들지 않고 이렇게 유지되고 운행되는 것은 정보의 강력한 해체력이 가동되고 있기 때문이다. 결국, 인간은 머리로는 알고 있다고 하더라도 생명의 본질인 자기보존과 네겐트로피의 강력한 성향을 벗어나기가 어렵다. 그래서 저차정보로 가게 되고 그 강력한 보존력을 의지하여 자신이 보존되려고 하는 욕구에 의해 스스로 블랙홀에 갇히는 모순을 반복한다. 결국, 이것이 인간과 인간이 만든 인공적 정보의 한계이다. 불자들이 속세를 떠나 자연으로 들어가 열반의 고차정보를 추구하지만, 불교라는 종교와 불자들의 공동체라는 인공물을 기반으로 한다. 늘 법경이란 인공적 언어와 개념의 정보를 통해 열반을 추구하다보니 자신도 모르게 저차정보에 오염되고 이를 해체하는 힘이 점진적으로 약화되는 것조차도 인지하지 못할 때도 있다. 물론 개인적인 해체능력에 따라 그 깊이와 관통성에는 차이가 있겠지만, 일반적인 흐름이 그렇다는 것이다.

유학과 양명학도 거의 비슷한 현상을 보일 수밖에 없다. 그래서 뜻있는 학자들은 자신의 언어를 버리고 자연으로 들어가 자연을 언어를 익히며 그 언어로 고차정보에 머무르는 절박한 갈망을 갖게 된다. 그래서 많은 학자들이 자연 속에서 풍류를 즐기며 자연의 흐름과 언어에 자신을 맡기는 시간을 갖는다. 김시습[1]도, 율곡[2]도 그러했다. 특히 말년에 퇴계도 자연에 은둔하며 자연을 우러러보는 경敬의 유학에 집중했다.[3] 결국 인간의 언어와 인공의 세계가 갖는 구조적 한계를 벗어나는 길은 자연과 우주밖에 없음을 깨달은 학자들은 이처럼 자연으로 들어가 자연과 하나 되어 자연의 정보로 자신을 정화하고 관통되려고 하였다. 이러한 노력이 개인적인 차원이 아닌 하나의 집단적이고 학문적인 흐름으로 나타난 것이 바로 도가道家이다. 물론 노장사상은 시대적으로 보면 주자학이나 양명학보다 앞섰다. 그러나 도가가 유학의 문제를 극복하려는 시도로 발생된 깃이기에 이를 같은 유학의 흐름으로서의 주자학과 양명학과 정보 이론적으로 비교해보는 것이 큰 문제는 없을 것으로 생각된다.

자연의 가장 강력한 정보적 해체력은 무엇일까? 좋다고 한군데 머무르지 않는 것이다. 음은 양이 되고 양은 음이 된다. 밤은 낮이 되고 낮은 밤이 된다. 그리고 여름은 가을과 겨울이 되고 겨울은 반드시 봄과 여름이 된다. 이를 일음일양지위도一陰一陽之謂道라고 한다. 음이 되면 양이 되는 것이 바로 도道요 진리라는 것이다. 자연의 해체력을 말하는 것이다. 음은 영원히 음이 아니다. 음이 차면 해체되어 스스로 양이 된다. 그런데 인간과 인간이 만든 인공물은 그렇지 않다. 영원히 스스로 보존되려고 한다. 인공정보와 언어의 양은 자신을 강화하고 반대인 음을 압제함으로 자신의 지배력을 강화하려고 한다. 인간은 순환하는 하나의 자연은 음과 양, 성과 정을 나누어 서로를 판단하고 적대시한다. 그러니 그러한 양극적 성향이 강화되어 악순환에 들어갈 수밖에 없다. 이러한 인간의 언어를 내려놓고 자연의 언어로 생각하고 행동하려는 사람들이 생기게 되고 그들이 바로 도가의 사람들인 것이다. 대표적인 학자가 노자老子와 장자莊子이기에 이를 노장사상이라고도 한다.

도가는 우선적으로 자연의 해체력을 인간의 저차적 언어와 개념에 먼저 도입한다. 대표적인 선언이 바로 도가도道可道 비상도非常道 라고 인간이 말하는 순간 그 도는 이미 도가 아니라는 것이다. 성인불인聖人不仁이라 하여 성인이라고 말하고 생각하는 순간 그는 이미 어질지 않다는 것이다. 인간의 언어와 사고를 송두리째 거부하고 해체한다. 그리고 그 반대에서 그것을 찾는다. 양을 음에서 음을 양에서 찾는다. 상덕부덕上德不德 시이유덕是以有德, 높은 덕은 덕스럽지 않으니 덕이 있다고 한다. 무위무불위無爲無不爲, 아무것도 하지 않는데, 되지 않는 것이 없다고 한다. 해가 중천에 뜨면 이미 밤이 오는 것임을 알고 밤이 깊으면 새벽이 가깝다는 것을 알기에 있는 것을 없다고 하며 없는 것을 있다고 하는 것이다. 무조건 해체하고 역설을 일삼는 허무주의나 염세주의자들의 파괴가 아니다. 진정한 자연의 언어와 질서를 인간 속에 도입하여 진정한 도와 생명을 회복하자는 생명주의자이다.[4]

그래서 그들은 아무것도 하지 않음으로 자연과 하나 되려고 한다. 곧 무위자연無爲自然이다. 물처럼 흘러 낮은 곳으로 가는 것이 최고의 선이라 하여 상선약수上善藥水를 주장한다. 그리고 자연처럼 항상 반대에서 진실을 찾는다. 반자도지동反者道之動이라 하여 되돌아오는 것이 도의 움직임이라 하는 것이다. 그래서 아무것도 하지 않고 고요하게 기다리면 미묘하게 그윽이 통하게 된다고 한다. 치허수정致虛守靜, 현묘현통玄妙玄通이다. 이는 자연에

버금가는 놀라운 해체력이다. 양자의 해체력과 복잡성 정보의 혼돈에 가깝다. 그렇다면 이처럼 그들이 추구하고 바라는 대로 진정한 자연의 질서와 아름다움과 생명이 이 도가의 진리와 삶을 통해서 올 수 있을 것인가?

역시 그들이 추구하는 것과 실제는 적지 않은 차이가 있다. 이것이 다시 문제가 된다. 개인적으로는 그러한 삶을 살았는지 모르지만, 공동체적으로 이러한 삶을 구현하지는 못했다. 그리고 현세의 삶에 도교 사상을 심지 못하고 은둔적 삶으로만 끝난 아쉬움이 있다. 자연처럼 적극적인 모습을 보여주지는 못했다. 자연에서는 그 도가 분명하게 드러나는데, 인간 속의 자연과 도가 자연만큼 분명하게 음양의 조화가 드러나지 못하였다. 그 차이는 무엇일까? 역시 인간과 정보의 문제이다. 도가의 제일주의는 인간의 언어와 사고의 해체이다. 그러나 이 역시 인간의 언어과 개념을 통해 될 수밖에 없는 한계가 있었다. 도교의 대표적인 사상인 일음일양지위도, 도가도비상도, 무위자연도 결국은 인간의 언어이고 개념이다. 뇌의 가상정보요 저차정보가 될 수 있는 소지가 여전히 있다.

그렇게 되면 결국 도교도 가상언어를 통한 자신들의 환상적인 세계로의 도피가 될 수 있다. 진정한 자연과의 만남이 차단되고 자연 속의 고차정보와 단절됨으로 관통적 정보가 상실될 수 있다. 그렇다면 그들의 주장대로 반자도지동이나 상선약수를 아무리 주장하고 실천하다고 해도 자연처럼 밤이 변하여 아침이 되지 않는다. 가상세계는 순환되지 않고 보존되고 정체된다. 그래서 변화되지 않는다. 자연의 생명력을 잃게 되는 것이다. 그래서 세상을 변화시킬 만큼의 생명의 힘을 얻지 못하는 것이다. 해체와 무질서라는 혼돈에 머물 수밖에 없는 것이다.

그래서 그들은 세상에서 그냥 도피주의자 허무주의자라는 비판을 받을 수밖에 없었던 것이다. 그래도 긍정적이라면 혼자로 만족하고 연명할 수 있는 자연의 생명 정도는 분명히 있었다고 자위할 수 있을 것이다. 그러나 골리앗과 같은 사회를 자연으로 변화시킬 만큼의, 다윗의 생명력은 얻지 못했다는 것이다. 그리고 그들은 너무도 현세를 거부하고 자연으로 들어갔기 때문에 불교에서 있었던 정도로 중생들을 변화시키려는 최소한의 의지나 의도조차도 없었다고 보아야 할 것이다. 물론 그들이 세상으로 나오지는 않았더라도 분명 그들이 진정한 자연의 생명력을 보여주면 더 많은 사람들이 그들을 추종했을 것이고 자연히 세상이 자연화될 수 있었을지도 모른다. 그러나 이러한 도가들의 사상으로 좀 더 세상으로 나온 사람들의 부류가 있었다. 이제 그들에 대해 마지막으로 생각해보려고 한다.

4. 주역과 동양의학의 정보이론적 이해

주역은 다른 사상보다 가장 먼저 시작되었다. 그래서 어떻게 보면 주역의 근원적인 자연과 우주관이 유학과 도가에 영향을 주었다고 볼 수 있다. 그러나 그 이후부터는 상호적으로 영향을 주면서 발전해왔다. 주역에 공자가 깊이 관심을 가지고 계사를 저술한 계기로 주역을 유학의 경전으로 보기도 하지만,[1] 내용적으로 보면 오히려 도가의 영향을 받은 점도 무시할 수 없다.[2] 동양의학도 이러한 동양의 자연과 우주관에서 인간의 몸과 건강을 보는 것이기 때문에 이러한 동양사상에서 출발하였다고 볼 수 있다. 그러나 이 글에서는 동양사상의 정보이론적인 이해를 도모해보기 위한 것이므로, 동양사상의 역사적인 흐름이나 상호 인과관계를 뛰어넘어 공시적인 관계성에 더 초점을 맞추어 설명해보려고 한다.

우주의 근원은 무극이다. 음과 양이 분화되기 전의 근원이다. 정보이론으로 보면 정보와 물질이 분화되기 전의 하나의 미분화 정보로 초양자정보에 해당한다고 볼 수 있다. 무극에서 태극이 발생한다. 태극은 음과 양이 있으나 하나로 늘 운행한다. 음이 차면 양이 되고 양이 차면 음이 되어 양극이 하나로 움직이는 상태이다. 입자와 파동이 음과 양처럼 양극적으로 존재하나 개체적이지 않고 하나가 되어 중첩적으로 움직이는 양자와 같은 정보로 볼 수 있다. 이제 양자가 보이는 물질과 정보로 분화되어 붕괴되듯 태극은 보이는 음과 양을 붕괴된다. 땅과 하늘 그리고 밤과 낮이 가장 대표적인 음양으로 분화된 현상이다. 음양이 다시 음양으로 분화하여 사상四象을 낳는다. 태음太陰(==), 소양小陽(==), 소음少陰(==)과 태양太陽(=)이 사상이 된다. 대표적으로 자연의 동서남북과 4계절, 아침, 낮, 저녁과 밤 그리고 목화금수木火金水 등이 사상의 모습이다. 그런데 자연이 음양으로 분화되면 태극처럼 하나가 되어 자동으로 순환하기보다는 자기보존으로 인해 정체되어 양극화되기도 한다. 그래서 태극과 무극의 하나와 연결하여 상극을 완화하고 잘 순환하게 하는 중재 역할이 필요하다. 음양에 이어 3재才가 등장하는데 이 3재가 바로 이 역할을 한다. 천지인天地人에서 사람이 바로 그 역할을 한다. 그리고 사상에서는 토土가 그 역할을 한다. 그래서 사상이 오행五行이 된다.[3]

　자연은 여기에 머물지 않고 더 분화하기 시작하는데 음양과 삼재가 결합하며 8괘卦를 낳는다. 주역에서는 삼재를 삼효爻라 한다. 이 팔괘가 주역의 기초가 된다. 팔괘와 음양이 다시 결합하여 64괘가 되어 만물의 모든 현상을 주역으로 풀이하게 되는 것이다. 이글에서는 주역 자체를 설명하려는 것은 아니다. 주역을 정보이론적으로 이해하고 설명해보려는 의도에서 주역 이야기를 펼쳐보는 것이다. 동양사상의 시원은 모두 무극과 태극이다. 그리고 음양의 순환이다. 이 자연을 인간과 그 삶에 적용하여 자연과 같이 공평하고 평등한 순환의 삶을 살아보려고 한 것이 동양사상이다. 그런데 실제적으로는 그렇게 되지 못했다. 이는 사상적 내용의 문제라기보다는 정보의 문제라고 했다. 특히 인간의 언어와 사고가 가진 2차적 정보의 보존성 때문이라고 했다. 그리고 인간 속의 손상정보와 세상의 2차정보와의 삼각회로의 강력한 보존성 때문이라고 했다. 그 보존성의 출발이 인간의 언어이다. 인간 언어의 효율성이 주는 막강한 장점과 함께 어쩔 수 없는 한계로 볼 수 있다.

무극은 만물이 미분화된 근본이고 태극은 음양으로 분화되었지만 하나로 움직인다. 그다음이 음양의 분화인데, 음양의 해석은 다양하지만, 가장 보편적인 설명이 음이 물질이 되고 양이 에너지가 되는 것이다. 아인슈타인의 $E=mC^2$ 와도 통하는 개념이다.[4] 음은 물질로 에너지가 응축되어있는 상태이고 양이 되면 마치 초가 녹아 빛과 열이 되듯이 에너지로 바뀌는 것이 양으로 본다. 그런데 자연은 엔트로피가 증가하는 방향으로 가기에 한번 에너지와 열로 변하게 되면 물질로 되돌아갈 수 없다. 그러나 자연은 전체로 보면 그러한 방향이지만 순환한다. 즉 음이 양이 되고 양이 음이 되는 것을 반복한다. 이것이 밤낮이고 겨울과 여름이다. 그런데 한꺼번에 변하지 않고, 그 사이에 경계선이 있다. 그것이 소양과 소음, 가을과 봄, 저녁과 아침이 된다. 음양에다 이 경계를 합친 것인 사상四象이다.

변화의 경계는 불안정하다. 환절기와 같다. 마치 겨울과 봄 사이에 시샘 추위가 있듯, 하루아침에 봄이 오는 것은 아니다. 겨울은 자기를 보존하려 하고 봄으로 팽창하려는 두 힘의 갈등이 있게 된다. 그러나 변화의 어떤 원리가 있다. 이 원리가 자연과 주역의 원리인 것이다. 이 경계를 잘 이해하고 순리대로 변화해가는 것이 복이 되고 그렇지 못한 것이 화가 된다. 겨울인 태음에서 여름인 태양으로 넘어갈 때 봄인 소음을 거치는데 먼저 밑의 바탕 즉 속에서 먼저 양으로 변한다.(☲) 그다음 겉이 양으로 변하여 태양(☰)이 된다. 태양이 소양(☵)을 거쳐 태음(☷)이 되는 과정도 속이 먼저 음으로 변한 다음 겉까지 변하는 것이다. 소음이라고 하는 것은 양을 바탕으로 하여 겉이 음의 작용을 한다는 뜻에서 부쳐진 이름이다.[5] 소양은 그 반대이다.

그런데, 8괘에서 3효가 될 때는 비슷한 원리이나 다소 다른 면이 있다. 8괘에서 3효가 음인 것을 곤坤(☷)이라 한다. 겨울이다. 겨울이 여름이 되는 과정은 사상보다 2단계 늘어난 4단계이다. 진震(☳), 이離(☲), 태兌(☱), 건乾(☰)의 순서이다. 3효의 모든 것이 음인 곤에서 양으로 변해갈 때 가장 먼저 변하는 것이 아래의 속이다. 그다음인 이離에서는 가운데가 아니고 가장 위인 겉이 양으로 변한다. 균형이다. 그다음인 태兌에서는 아래 두 효가 양으로 변한다. 이처럼 점진적으로 아래와 위가 교대로 변하면서 균형을 잡아주면서 변하는 것이다. 일방적인 직선적인 변화가 아니다. 순환적인 균형으로 이루며 변하는 것이다. 건에서 손巽(☴), 감坎(☵), 간艮(☶), 곤坤(☷)으로 변해가는 과정도 동일하다.

음양의 변화는 물질과 에너지의 균형으로 조절된다고 했는데, 그렇다면 정보는 어떻게 될까? 물질의 3대 요소가 질량, 에너지, 정보이기 때문에 음양의 변화에도 반드시 정보의 변화가 수반하게 될 것이다. 물리현상의 가장 중심에 정보가 있듯이 음양의 변화에도 가장 주도적인 힘이 사실 정보가 된다. 물질이 가장 응집되어 있는 곤이 가장 고차정보의 상태이다. 빅뱅에서 물질이 가장 응집되어 있고 또 가장 내적인 에너지와 정보도 가장 고차적인 상태인 것과 같은 현상이다. 물질이 붕괴되면서 에너지와 정보가 유출되는 것이 우주의 진화의 과정이다. 8괘의 변화도 작은 우주의 순환처럼 움직인다. 물질이 붕괴되면서 유출된 에너지가 양의 기운이 된다. 동시에 정보도 고차에서 저차로 붕괴된다. 곤에서 진, 이, 태를 거치며 물질은 분화되며 정보도 분화되면서 처음에는 엔트로피가 증가되지만 곧 질서도가 높아지면서 엔트로피가 안정된다.

겨울은 작은 응집된 씨앗 속에 생명도 응집되어 있다. 이 생명의 정보는 양자의 고차정보이다. 그러다가 봄을 맞으며 뿌리에서 올라오는 고차정보의 영향으로 줄기, 가지와 잎을 다양하게 형성해 가는 것처럼 물질과 정보가 분화되어 간다. 정보의 엔트로피가 증가되면서 복잡성의 정보가 된다. 이를 중차中次 정보라 할 수 있을 것이다. 그러다가 여름이 되면 더 이상 생명으로부터 오는 고차정보는 중단되고 복잡성의 정보는 자기조직화를 통해 질서의 저차정보로 안정을 찾는다. 이를 저차정보라 할 수 있다.

이것이 세상의 모습이기도하다. 세상은 이러한 질서의 저차정보를 강력하게 보존하려고 한다. 그러나 자연은 해체를 통해 다시 고차정보인 음을 향해 내려간다. 양의 열과 아래의 뿌리로부터 오는 고차정보와 자유에너지의 단절로 인해 해체력이 증가된다. 자연에서는 낙엽이 지고 나무가 말라가는 현상으로 이를 볼 수 있다. 그리고 외적 에너지가 점차 줄어들고 다시 물질과 정보가 응집되기 시작한다. 그래서 다시 겨울이 오고 물질과 정보가 응집되면서 고차화되는 순환으로 간다. 이것이 물질, 에너지와 정보의 순환 과정이다. 그런데 현실에서는 이보다 더 복잡하다. 현실은 4행이나 8괘보다 더 많이 분화되어 있기에 8괘를 다시 음양으로 분화되면 64괘의 주역이 되는 것이다. 그래서 주역은 64괘로 자연, 세상과 인간의 모든 변화의 문제를 설명한다.

64괘에서는 6효가 된다. 음양을 조절하는데 경계가 되는 소음과 소양이 중요하듯, 음인 곤과 양인 건의 경계가 되는 진, 이, 태와 손, 감, 간이 중요하다. 그런데 이러한 경계의 변화에 중요한 역할을 하는 것은 3효의 경계인 중효中爻이다. 3효를 천인지天人地로 본다면 인人에 해당한다. 진, 이, 태에서 진정 양인 건으로 넘어가려면 중효가 양이 되어야 한다. 이離의 중효가 양이 되어야 태가 되고 또 태에서 건으로 넘어가는 것이다. 건에서 곤으로 넘어가는 과정에서도 간艮의 중효가 음이 되어야 곤으로 넘어갈 수 있다. 이처럼 자연과 세상의 흐름과 변화의 중심에 결국 인간이 경계에 있고 인간이 하는 것에 따라 변화가 일어난다는 것이다. 그래서 인간의 정보가 변화의 중심에 서 있어서 아주 중요하다고 볼 수 있다. 이는 우주와 인간이 양자를 통해 접촉하고 소통한다는 11장의 내용과도 통하는 이야기이다.

6효가 되면 6효의 의미가 어떻게 될지 이에 대한 다양한 해석이 있다. 3효씩 겉과 속이 될 수 있다. 겉은 세상이나 자연이 될 수도 있고 속은 인간이 될 수도 있다. 겉이 세상이 되고 속이 자연이 될 수도 있다. 또 3효처럼 천인지가 되면서 2효씩 겉과 속이 될 수 도 있다. 즉 천天이 겉과 속이 있고 인人도 겉과 속, 지地도 겉과 속이 될 수도 있다. 그리고 6효 모두가 인간이 될 수도 있다. 3효이든 6효이든 인간이 될 때에는 가장 위가 머리가 되고 아래가 배가 되고 가운데가 가슴이 될 수 있다. 6효가 되면 각각에서 다시 겉과 속이 있을 것이다. 이러한 인간의 구분은 정보에 따라 된다. 머리는 뇌의 정보로서 저차정보가 되고 배는 고차정보가 되고 가슴은 정서로서 복잡성의 중차中次정보가 된다. 가슴의 정서정보가 아래위의 정보를 조절하고 새로운 변화로 넘어가는데 중요한 역할을 하게 된다. 이를 통해서 8괘를 인간 정보의 변화로서 충분히 이해할 수 있을 것이다. 뇌. 배. 그리고 가슴정보가 어떻게 유기적으로 상호영향을 주면서 인간의 정보의 관통과 순환을 이루어갈 수 있는지를 주역을 통해 이해해 볼 수도 있을 것이다. 주역 이야기는 이 정도로 일단 마무리하고 동양의학의 정보에 대한 이야기를 계속해보려 한다.

동양의학에 대한 이론은 학자에 따라 조금씩 차이가 있지만, 그 기초적인 바탕은 앞서 주역에서 자세히 다룬바 있는 동양철학의 우주와 자연관에서 나온다. 즉 태극의 음양과 사상 그리고 오행이 가장 중요한 기초가 된다. 서양의학의 기초는 물질이다. 그리고 에너지가 부수적이다. 몸의 구조와 기능의 이상에 초점을 맞춘다. 그래서 물질이 중심이다. 그리고 영양과 기능적인 에너지가 부수적인 관심사가 된다. 서양의학에서는 몸의 정보에 대해서는 거의 다루지 않는다. 그러나 동양의학은 몸의 정보가 우선되고 그다음이 에너지의 흐름이고 가장 부수적인 것인 물질로 구성된 기관의 구조와 기능이다. 그래서 동양의학은 정보가 가장 우선으로 중요하다. 몸을 정보적 의미로 먼저 이해하는 것이다. 몸을 음양의 순환으로 본다. 음양은 정보를 의미한다. 음은 응축된 물질이면서 고차정보이다. 양은 발산된 에너지이면서 저차정보이다. 그리고 사상과 오행도 음양에서 확장된 정보의 개념이다. 인간의 체질을 사상에 기초하여 분류하기도 한다. 그리고 오행도 체질에 활용된다. 그리고 각종 식물과 음식을 음양, 사상과 오행으로 분류하여 체질에 맞는 식물과 음식을 섭취해야 한다. 그렇지 않으면 서로 간에 음양의 충돌이 있게 되면 기의 흐름이 깨어져 질병이 생긴다고 본다.[6]

동양의학에서는 몸의 주요 장기를 현상적 기능으로 분석하기보다는 내재된 기능의 의미로 설명한다. 즉 서양의학은 장기의 겉의 기능을, 동양의학은 속의 기능인 정보를 중시한다. 서양의학에서는 간을 에너지 생산 공장으로 보지만 동양의학에서는 목木과 태양으로 본다. 봄과 같이 에너지의 기운을 상승시키는 장기로 보는 것이다. 서양의학에서는 심장을 피를 전신에 순환시키는 동력으로 보지만 동양의학에서는 화火와 소양이라 하여 여름처럼 에너지와 열의 기운을 분산시키는 장기로 본다. 위장을 서양의학에서는 소화기관으로 보지만 동양의학에서는 토土로서 다른 것들을 수용하고 조화시키는 뿌리의 역할로 본다. 계절적으로 보면 여름에서 가을로 넘어가는 환절기로 본다. 폐는 공기가 물로 수렴되어 열매로 응축되는 수렴의 기능으로 본다. 이는 가을의 기능이다. 신장은 소변을 재활용하고 배설하는 기능이지만 동양의학에서는 기운이 뿌리인 음으로 하강하여 이를 다시 키우고 보전하는 소음과 겨울의 기능으로 본다. 그리고 이 다섯 장기는 서로 상생적인 관계와 상극적인 관계를 맺게 되는데 이를 잘 알아 음식을 조절하는 것이 중요하다. 그리고 이러한 장기의 특성이 체질에도 반영이 될 수 있어 각 장기를 음양으로 나누어 목양, 목음, 토양, 토음, 금양, 금음, 수양, 수음 등의 8체질로 나누어 이에 따라 음식과 환경을 잘 조절하도록 하고 있다.[7]

서양의학이 물질 중심이지만, 정보를 다루지 않는 것은 아니다. 그런데 정보의 내용과 차원이 다를 뿐이다. 즉 서양의학은 표면적인 기능의 정보를 다루지만, 동양의학은 몸의 내재적인 정보를 다룬다. 표면적 정보는 대부분 합리적인 알고리즘적 2차정보이다. 그래서 서양의학은 철처히 합리성을 추구한다. 그것이 장점이면서도 단점이 될 수 있다. 그러나 동양의학은 알고리즘 정보가 아니다. 복잡성 이상의 고차정보를 다룬다. 그래서 모든 언어와 기술이 다소 명확하지 않고 모호하다. 목화토금수木火土金水란 오행의 언어의 뜻도 아주 모호하다. 상황과 사람의 해석에 따라 많이 달라질 수 있다. 이것이 동양의학의 장점이자 단점이 된다. 이러한 서양의학과 동양의학의 장단점을 보완하고 통합할 수 있는 길이 정보이론에 있다고 생각한다. 서양의학은 2차 알고리즘적 정보를 벗어나 더 고차적인 정보의학으로 발전할 필요가 있고 동양의학은 고차적인 모호한 기술들을 좀 더 정합적인 정보이론으로 재기술할 필요가 있는 것이다. 그래서 하나의 정보이론으로 정립되면 동양과 서양의 의학이 통합될 수 있는 길이 열릴 수 있다고 생각한다.

주역과 동양의학은 기본적으로 고차정보를 다룬다. 그런데 세상을 사는 현대인들은 고차정보보다 알고리즘적 저차정보에 익숙하다. 주역과 동양의학은 다른 동양사상보다 세상을 사는 사람들에게 실제적으로 가장 가까이 도움을 주고 있다. 사람들이 어려움을 당하면 주역을 잘 아는 사람을 찾고 몸이 아프면 한의사를 찾아 도움을 청한다. 도움을 청하는 내용과 이에 대한 처방도 아주 실제적이다. 실제적이란 모호하지 않고 2차정보적인 내용이라는 뜻이다. 서양의학은 알고리즘적 정보로서 실제적이다. 그런데 동양의학과 주역은 2차정보가 아니다. 그 이상의 고차정보이다. 그런데 사람들은 구체적인 2차정보를 원한다. 그리고 처방하는 사람도 그렇게 대응한다. 여기에서 주역과 동양의학의 딜레마가 있다.

주역은 일반 언어가 아니고 기호이다. 그리고 언어로 설명하지만 아주 모호하고 상징적인 고차적인 언어이다. 적어도 복잡성 이상의 언어들이다. 동양의학도 마찬가지이다. 고차정보를 저차로 축약해야 한다. 여기서 많은 문제가 발생할 수 있다. 원칙적으로 고차정보는 고차정보로만 이해하고 공명할 수 있다. 고차는 고차로 풀어야 한다. 그런데 고차정보에서 사람들은 저차정보를 원한다. 이는 종교와 철학에서도 동일하게 발생하는 문제라고 했다. 거기에다 주역과 동양의학의 상업화로 인한 교묘한 저차정보가 고차정보의 참뜻을 차단하고 오류에 빠지게 하는 문제가 생길 수 있다. 이러한 차원의 문제를 극복하기 위해서라도 정보이론의 도입이 필요하다고 생각한다.

이를 위해서 철학과 현대물리학에서는 이러한 차원의 문제를 어떻게 극복하였는지 살펴볼 필요가 있다. 고차정보와 저차정보의 장단점이 있다. 앞서 3장의 '정보의 차원'에서 저차정보는 명확하지만, 그 보존성과 용량의 한계 때문에 더 크고 깊게 보지 못하는 문제가 있고, 반대로 고차정보는 국소적으로는 불분명할 수 있지만, 전체적으로는 더 명확한 정보를 줄 수 있다고 했다. 그래서 어느 한 정보만을 의존하는 것이 아니라 전체 차원의 정보를 관통하는 융합적 정보가 필요하다고 했다. 펼침과 접힘의 주름 운동이 바로 이 관통적 결합이 될 수 있다고 11장에서 설명한 바 있다. 펼침은 고차정보의 저차화와 분화과정이다. 동양철학으로는 음에서 양으로 변해가는 과정이다. 동양철학도 고차의 모호한 정보를 더 분화된 과학적 정보로 표현할 필요가 있다. 그러나 고차정보는 저차정보의 정밀성을 통해 어느 정도 그 실재성을 증명할 수는 있지만, 결코 그 저차정보에 갇혀서는 고차적인 힘을 잃을 수밖에 없다. 그래서 다시 양에서 음으로 움직여야 한다. 이 과정이 접힘이다. 다시 고차정보를 고차화하는 과정이 필요하다. 그래서 이러한 순환을 통해서 고차정보의 실재성을 살릴 수 있는 것이다. 그렇지 않으면 고차정보는 저차정보에 의해 그 뜻과 힘을 상실하고 왜곡될 수 있다. 이것이 동양의 학과 주역의 참 의미일 것이다. 음에서 양이 되고 양이 음이 되는 일음일양지위도一陰一陽之謂道가 진정한 살아있는 관통적 정보가 되는 것이다. 일음일양이 펼침과 접힘의 주름운동이고 어느 한 차원에 정보에 머물지 않고 순환하는 생명의 정보가 되는 것이다. 이는 물리학자 봄Bohm이 말한 전운동 holomovement가 될 것이다. 이를 통해 동양사상과 서양사상이 만날 수 있는 길이 열려질 수 있다. 그런데 더욱 놀라운 것은 이를 400년 전에 라이프니츠가 이미 밝혀내었다는 것이다.[8,9]

각주와 참고문헌

1. 정보와 인문학

1. 유발 하라리, 『호모 데우스』, 김명주 옮김, 김영사. 2017,
2. C.E. Shannon, collected Papers, edited by N.J.A. Sloane and A.D. Wyner (New York: IEEE Press,1933)
3. W. Weaver, "Mathematics of Communication", Scientific American, 1949, 181(1), 11-15.
4. Luciano Floridi, The Philosophy of Information (New York: Oxford, 2011).
5. Luciano Floridi, Information, (New York: Oxford, 2010).
6. P.B. Checkland, J. Scholes, Soft Systems Methodology in Action(New Yokk:John Wiley &Sons, 1990), p303.
7. G.B. Davis, M.H. Olson, Management Information Systems: Conceptual Foundations, Structure, and Development, 2nd ed. (New York:McGraw-Hill, 1985), p 200.
8. Luciano Floridi, The Philosophy of Information (New York: Oxford, 2011). p84.
9. Seth Lloyd, Programing The Universe (New York: Vintage Books, 2007)
10. 한스 크리스천 폰 베이어, 『정보』, 정대호 옮김, 승산, 2007. p8-15.
11. R. Landauer, "Information is Physical", Physics Today, May 1991, p23.
12. Luciano Floridi, Information, (New York: Oxford, 2010). p30-32.
13. David Bohm, Quantum Theory (London: Constable, 1951) p169.
14. Danah Zohar, The Quantum Self (New York: William Morrow, 1990) p76.

2. 정보의 과학

1. 찰스 세이프, 『만물해독』, 김은영 옮김, 지식의 숲, 2008. p103-106.

2. C.E. Shannon, W. Weaver, Mathematical Theory of Communication (University of Illinois press,1948)
3. Seth Lloyd, Programing The Universe (New York: Vintage Books, 2007) p79-82.
4. James Gleick, The information (New York: Vintage Books, 2011) p228.
5. 의외성 척도 measure of unexpectedness H=-Σ, 는 정보의 확률을 의미한다.
6. 볼츠만 맥스웰은 1871년 열 이론이란 논문에서 엔트로피의 역행하는 영구기관을 만들 수 있다고 했다. 이는 열역학 제2의 법칙을 벗어나는 마술 같은 사건이었다. 원자가 무작위로 존재하는 두 공기상자 가운데 도깨비 같은 것이 있어 원자를 뜨거운 것과 찬 것으로 나눈다면 일이 없이도 엔트로피가 낮은 상태로 환원할 수 있다는 것이었다. 그런데 결국 이 도깨비는 정보라는 존재였고 정보는 엔트로피를 역행시키는 네겐트로피의 역할을 하는 것으로 밝혀졌다.

3. 정보의 차원성

1. 김대식, 『인간 vs 기계, 인공지능은 무엇인가』 동아시아, 2016. 2.
2. E.R. Kandel, Processing of Form and Movement in the Visual System, In Principles of Neural Science 2nd ed. E.R. Kandel and J.H. Schwartz (New York:Elsvier, 1985) p366-383.
3. R. Clay Reid, W and N. Martin Usley, Vision, In Fundamental Neuroscience, 4th ed. L.R. Squire, et. al.(New York: Elsevier, 2013), p577-595.
4. 제럴드 에델만, 『신경과학과 마음의 세계』, 황희숙 옮김, 범양사, 1998, p126-203.
5. 제프리 새티노버, 『퀀텀 브레인』, 김기웅 옮김, 시스테마, 2010, p103-136.
6. 안토니오 다마지오, 『스피노자의 뇌』, 임지원 옮김, 사이언스북스, 2007.
7. 에머런 메이어, 『더 커넥션』, 김보은 옮김, 브레인월드, 2017.
8. David Meunier, Renaud Lambiotte, Alex Fornito, Karen D. Ersche and Edward T. Bullmore, "Hierarchical modulariry in human brain functional networks" Frontiers in Neuroinformatics October (2009) Vol.3, 37, 1-12.

4. 정보의 보존성

1. 리처드 파넥, 『4퍼센트 우주』, 김혜원 옮김, 시공사, 2013.
2. J. Piaget, Structuralism, C. Maschler(trans.) (London: Routledge and Kagan Paul, 1973)
3. 리언 레더먼, 크리스토퍼 힐, 『대칭과 아름다운 우주』, 안기연 옮김, 승산, 2012.
4. R. Clay Reid, W and N. Martin Usley, Vision, In Fundamental Neuroscience, 4th ed. L.R. Squire, et. al.(New York: Elsevier, 2013), p578.
5. Vernon B. Mountcastle, "The columnar organization of the neocortex", Brain (1997)120, 701-722.
6. 이성훈, "구조와 의식" 현상과 인식. (1981) 5:1, 195-223.
7. Olaf Sporns, Network of the Brain(Cambridge, Massachusetts, the MIT Press, 2011) p14-16.
8. K.J. Friston, C.D. Frith, "Schizophrenia: A disconnection syndrome?" Clinical Neuroscience (1995) 3:89-97.
9. 김용운, 『카오스의 날갯짓』, 김영사, 1999, p20-26.
10. 수전 블랙모어, 『밈』, 김명남 옮김, 바다출판사, 2010. 도킨스는 생물학적 유전자 외에도 문화를 전달하는 유전자와 비슷한 역할을 하는 것을 Gene과 비슷한 Meme이란 용어를 사용하였다. 인간의 뇌가 밈을 운반한다고 하였다. 결국 밈은 정보를 의미한다고 볼 수 있다.

5. 정보의 해체성

1. 사이먼 싱, 『우주의 기원』, 곽영직 옮김, 영림카디널, 2015, p161-178.
2. 위의 책, p183-280.

6. 정보이론으로 본 정신병리

1. Louis Cosolino, 『정신치료의 신경과학』, 강철민, 이영호 공역, 학지사, p26-27.

2. D.J. Stein and J. Ludik ed. Neural Networks & Psychopathology(Cambridge: Cambridge University Press, 1998)
3. 기존 정신면역학은 정신이 뇌하수체 hypothalamus 등을 통해 자율신경, 내분비 그리고 면역기능에 영향을 준다는 개념이다. 이를 정신신경내분비학 Psychoneuroendocrinoimmunology이라한다. 그리고 에델만Gerald Edelman은 면역에 대한 연구로 노벨생리의학상을 수상한 바 있는데, 그 이후 면역계의 선택이론을 신경에 적용하여 신경다윈주의 와 신경면역학 이론을 발전시켰다. 제럴드 에델만, 『신경과학과 마음의 세계』, 황희숙 옮김, 범양사, 1998. 참고.
4. R. Snowden,P. Thomson, T. Troscianko, 『시각심리학의 기초』, 오상주역, 학지사, p360-368.
5. J.W. Rudy, The Neurobiology of Learning and Memory, 2nd ed.(Sunderland: Sinauer Associates, 2014), p306-309.
6. 위의 책, p309-324.
7. R. Miller, Cortico-hippocampal interplay, (Berlin:Spriger-Verlag, 1991)
8. 타다 토미오, 『면역의 의미론』, 황상익 옮김, 한울, 1998, p91-103.
9. M. S. Clair, 『대상관계 이론과 자기 심리학』, 안석모 옮김, 시그마프레스, 2009, p243-281.
10. Roger Penrose, Stuart Hameroff, "Consciousness in the Universe: Neuroscience, Quantum Space-Time Geometry and Orch OR Theory" Journal of Cosmology, (2011), vol.14, 223-262.
11. 이부영, 『자기와 자기실현』, 한길사, 2002.
12. A. M. Seigel, 『하인츠 코헛과 자기 심리학』, 권명수 옮김, 한국치료심리 연구소, 2002.
13. J. F. Masterson, 『참자기』, 임혜련 옮김, 한국치료심리 연구소, 2000.
14. 최영민, 『쉽게 쓴 자기 심리학』, 학지사, 2011, p57-63.
15. H.R. Maturana and F.J. Varela, The Tree of Knowledge, The Biological Roots of Human Understanding, (Bosten:Shambhala, 1988)
16. I. Feinberg, "Schizophrenia: caused by a fault in programmed synaptic elimination during adolescence?", J Psychiatr Res 17:319-334.
17. 신구 가즈시게, 『라캉의 정신분석』, 김병준 옮김, 은행나무, 2007, p107-214.

18. S.E. Arnold, Hippocampal pathology. In P.J. Harrison, G.W. Roberts,ed. The neuropathology of schizophrenia. Progress and interpretation. Oxford University Press; Oxford: 2000. p57-80.
19. E.Y. Chen, "A neural network model of cortical information processing in schizophrenia. II : role of hippocampal-cortical interaction: a review and a model." Canadian Journal of Psychiatry, 40, 21-6.
20. K.J. Friston, C.D. Frith, "Schizophrenia : A disconnection syndrom?" Clinical Neuroscience (1995) 3: 89-97.
21. D.L. Braff and N.R. Sweardlow, "Neuroanatomy of Schizophrenia" Schizophrenia Bulletin, Vol. 23, No. 3, 1977, 509-512.
22. Valeria Mondelli, Paola Dazzan and Carmine M. Pariante, "Immune abnormalities across psychiatric disorders: clinical relevance" BJ Psych Advances, Vol 21, Issue 3, May 2015, 150-156

7. 정보의학으로 본 신체질환

1. Yuna Cha, Christopher J. Murray and Judith Klinman, "Hydrogen tunneling in enzyme reactions," Science, vol. 243: 3896(1989), 1325-30.

8. 철학과 정보이론

1. Luciano Floridi, The Philosophy of Information (New York: Oxford, 2011)
2. 스티븐 L. 빈데만, 『하이데거와 비트겐슈타인, 침묵의 시학』, 황애숙 옮김, 부산대학교 출판사, 2011, p66-98.
3. R. Landauer, "Information is Physical", Physics Today, May 1991, p23.
4. 김종주, 『하이데거의 존재와 현존재』, 새물결플러스, 2014, p383-391.
5. 11장에서 초양자 혹은 양자장, 양자, 복잡성, 고전물리, 블랙홀과 같은 물질의 진화과정에서 정보가 어떻게 진화되어 가는지를 자세히 설명하였다. 초양자에서 정보와 물질이 미분화된 하나의 상태로 시작되어 물질과 정보가

각기 분화되어간다. 진화 초기에는 정보가 고차성으로 인해 우세하지만, 진화를 계속해 나가면서 특히 고전물리로 오면서 정보가 물질에 의존되는 저차성을 보이면서 물질이 정보를 지배하게 되는 현상을 보인다. 이처럼 정보가 고차에서 저차로 이행하는 과정이 존재가 현존재로 드러나는 과정이면서 또한 사고와 언어를 통한 철학의 과정이기도 하다.

6. 박치환, 『이데아로부터 시뮬라크르까지』, 휴인, 2016, p21-85.
7. 이상인, 『진리와 논박』, 도서출판길, 2011, P189-215.
8. 플라톤, 『플라톤의 대화편』, 최명관 옮김, 창, 2008.
9. 질 들뢰즈, 『차이와 반복』, 김상환 옮김, 민음사, 2004, P149-160.
10. 스털링, P. 렘프레이트, 『서양철학사』, 김태길, 윤명로, 최명관 옮김, 을유문화사, 1992, p87-95.
11. 위의 책, P238-273.
12. 르네 데카르트, 『방법서설, 성찰, 데카르트 연구』, 최명관 옮김, 창, 2010.
13. 손기태, 『고요한 폭풍, 스피노자』, 글항아리, 2016, p170-212.
14. G.W. 라이프니츠, 『모나드론 외』, 배신복 옮김, 책세상, 2007.
15. 이준호, 『흄의 자연주의와 자아』, UUP, 1999.
16. 아네트 C. 버이어, 『데이비드 흄』, 김규태 옮김, 지와 사랑, 2015.
17. 최인숙, 『칸트』, 살림 출판사, 2005, p14-17.
18. 한자경, 『칸트 철학에의 초대』, 서광사, 2006, p40-66.
19. 랄프 루드비히, 『정신 현상학』, 이동희 옮김, 이학사, 2012, p20-27.
20. 위의 책, p103-129.
21. 스털링, P. 렘프레이트, 『서양철학사』, 김태길, 윤명로, 최명관 옮김, 을유문화사, 1992, p522-525.
22. 김상환 외, 『니체가 뒤흔든 철학 100년』, 민음사, 2000.
23. 김상환, 『니체, 프로이트, 맑스 이후』, 2002.
24. 송효섭, 『인문학, 기호학을 말하다』, 이숲, 2013, p54-68.
25. 손 호머, 『라캉 읽기』, 은행나무, 2006, p65-95.
26. 위의 책, p150-178.
27. 김상환, 『니체, 프로이트, 맑스 이후』, 2002. p74-75.
28. 마단 사럽, 『후기구조주의와 포스트모더니즘』, 정영백 옮김, 조형교육, 2005.
29. A.R. 루리아, 『비고츠키와 인지발달의 비밀』, 배희철 옮김, 살림터, 2013.

30. 박동섭, 『비고츠키, 불협화음의 미학』, 에튜니티, 2013.
31. 박영욱, 『데리다&들뢰즈, 의미와 무의미의 경계에서』, 김영사, 2009.
32. 장 보드리야르, 『시뮬라시옹』, 하태환 옮김, 민음사, 2001.
33. 박이문, 『현상학과 분석철학』, 지와 사랑, 2007, p101-139.
34. G. Globus, "Heideggerian dynamics and the monadological role of the 'between':A crossing with quantum brain dynamics" Progress in Biophysics and Molecular Biology, 2015, 119, 324-331.

9. 기호, 단자 그리고 양자정보

1. 김치수, 김성도, 박인철, 박일우, 『현대기호학의 발전』, 서울대학교출판문화원, 1996, p v.
2. R. Landauer, "Information is Physical", Physics Today, May 1991, p23.
3. 손기태, 『고요한 폭풍, 스피노자』, 글항아리, 2016, p170-212.
4. G.W. 라이프니츠, 『모나드론 외』, 배신복 옮김, 책세상, 2007.
5. 안토니오 다마지오, 『스피노자의 뇌』, 임지원 옮김, 사이언스북스, 2007.
6. 라이프니츠는 철학과 수학의 역사에서 중요한 위치를 차지한다. 아이작 뉴턴과는 별개로 무한소 미적분을 창시하였으며, 라이프니츠의 수학적 표기법은 아직까지도 널리 쓰인다. 라이프니츠는 기계적 계산기 분야에서 가장 많은 발명을 한 사람 중 한 명이기도 하다. 1685년에 핀 톱니바퀴 계산기를 최초로 묘사했으며, 최초로 대량생산 된 기계적 계산기인 라이프니츠 휠을 발명했다. 또한, 라이프니츠는 모든 디지털 컴퓨터의 기반이 되는 이진법 수 체계를 다듬었다. 라이프니츠는 물리학과 공학에 많은 공헌을 했고, 생물학, 의학, 지질학, 확률론, 심리학, 언어학, 정보과학 분야에서 나중에 나올 개념들을 예견했다.(위키백과)
7. 이정우, 『접힘과 펼쳐짐, 라이프니츠와 현대』, 그린비, 2012.
8. 에르빈 슈뢰딩거, 『생명이란 무엇인가?』, 전대호 옮김, 궁리, 2007.
9. 양자의 역시간적인 현상으로서 '지연된 선택 delayed choice'를 휠러가 1978년에 처음으로 보고하였다. 현재의 측정에 의해서 과거의 입자와 파동의 성격이 바뀔 수 있다는 실험이다. 그래서

양자에서 현재가 과거에 영향을 주는 역시간적인 현상이 발생할 수 있다는 것이다. 이는 그 이후로 여러 실험에서 재연되었다.
John Archibald Wheeler, "'The Past' and the 'Delayed Choice' Double-Slit experiment," which appeared in 1978 and has been reprinted is several locations, e.g. Lisa M. Dolling, Arthur F. Gianelli, Glenn N. Statilem, Readings in the Development of Physical Theory, p. 486ff. Mathematical Foundations of Quantum Theory, edited by A. R. Marlow, Academic Press, 1978. P. 39 lists seven experiments: double slit, microscope, split beam, tilt-teeth, radiation pattern, one-photon polarization, and polarization of paired photons. (in Wikipedia encyclopedia)

10. 루이자 길더, 『얽힘의 시대』, 노태복 옮김, 부키, 2012. 광자와 같은 어떠한 물질의 매개가 없이도 양자 상태의 한 스핀을 측정하면 아무리 멀리 떨어져 있어도 다른 한 쪽의 스핀의 방향이 측정과 동시에 결정된다는 것이다. 이는 시간과 공간을 초월하여 정보가 전달된다는 뜻이기에 양자는 시공을 초월하는 현상인 것이다.

11. 데이비드 봄, 『전체와 접힌 질서』, 이정민 옮김, 시스테마, 2010. p101-149. 대표적인 학자로서 봄Bohm을 들 수 있다. 고전적인 이론으로 이해하고 설명하기 어려운 양자의 미분화되고 중첩적인 현상 배후에 양자 포텐셜 같은 숨은 변수가 있어 이를 가능하게 한다고 주장히고 있다. 그는 이 변수가 작용하는 숨어있는 세계를 아양자subquantum라고 했지만, 이 글에서는 초양자라고 부른다.

12. 이정우, 『접힘과 펼쳐짐』, 그린비, 2012, p95-126.

13. 장대익, 『다윈의 식탁』, 김영사, 2008.

14. W. Wang, H. W. Hellings and L. S. Beese, "Structural evidence for the rare tautomer hypothesis of spontaneous mutagenesis," Proceedings of the National Academy of Science, vol.108:43(2011), 17644-8.

15. 질 들뢰즈, 『주름, 라이프니츠와 바로크』, 이찬웅 옮김, 문학과 지성사, 2004.

10. 기호, 언어, 상징과 정보이론

1. 윤사순, 『이황과 사단칠정 논쟁』, 한국사상 연구소편, 자료와 해설, 한국의 철학사상, 예문서원, 2001, p453-484. 이황과 기대승은 사단칠정四端七情에 대한 해석으로 논쟁을 벌였다. 이황은 이기호발설理氣互發說에 입각하여 칠정을 기발氣發로 사단을 이발理發로 해석하였다. 그러나 기대승은 이와 기를 분리하는데 반발하여 이도 승반기초인 기가 없이는 스스로 발현될 수 없다고 했다.
2. 김용헌, 『퇴율학파의 대립과 절충』, 한국사상 연구소편, 자료와 해설, 한국의 철학사상, 예문서원, 2001, p529-558. 이황은 이가 주도적인 역할을 하며 이가 드러날 때, 기가 수반되는 리발이기수지理發而氣隨之를 주장하는 반면에 율곡은 기가 있어야 이가 발현된다는 기발이승지氣發理乘之를 주장하였다.
3. 김종문, 『율곡의 리기 철학 체계에 대한 연구』, 황의동 편저, 율곡 이이, 예문서원, 2002, p191-234. 율곡의 기발이승을 잘못 이해하면 기를 강조라는 일원론적 유물론으로 볼 수 있으나, 존재적으로는 이기가 하나이고 분리되지 않지만 드러날 때는 기발이승이라는 것이다. 그래서 기발이승일도氣發理乘一途가 되는 것이다. 이는 초양자에서 정보와 물질이 미분화 상태로 있다가 양자와 물질로 드러나질 때 물질에 의존해서 정보가 드러나는 과정과 유사하게 볼 수 있다. 이를 정보에 적용하면 초양자에서는 정성과 정량이 하나였다가 정량이 점진적으로 분화하면서 정성이 같이 분리되어 나타나는 이원적 일원론이라고 볼 수 있다.
4. 중국 사서四書의 하나인 대학大學에 나오는 말로서 격물格物 ·치지致知 · 성의誠意 ·정심正心 ·수신修身 ·제가齊家 ·치국治國 ·평천하平天下의 8조목으로 된 내용 중, 처음 두 조목을 가리키는데, 주자는 모든 사물의 이치理致를 끝까지 파고 들어가면 앎에 이른다致知고 해석하였다.(두산백과)
5. 김상환, 『니체, 프로이트, 맑스 이후』, 2002. p234-236.
6. 월터 J. 옹, 『구술문화와 문자문화』, 이기우, 임명진 옮김, 문예출판사, 2009.
7. 김상환, 『니체, 프로이트, 맑스 이후』, 2002. p251.
8. 김슬옹, 『28자로 이룬 문자혁명, 훈민정음』, 아이세움, 2007.
9. 김상환, 『니체, 프로이트, 맑스 이후』, 2002. p287-299.
10. 송효섭, 『인문학, 기호학을 말하다』, 이숲, 2013, p69-81.

11. R. Snowden, P. Thomson, T. Troscianko, 『시각심리학의 기초』, 오상주 옮김, 학지사, p60-80.
12. 노엄 촘스키, 미셸 푸코, 『촘스키와 푸코, 인간의 본성을 말하다』, 이종인 옮김, 시대의 창, 2010.
13. 코르넬리스 드발, 『퍼스철학의 이해』, 이윤희 옮김 HUINE, 2016, p121-148.
14. 에른스트 카시르, 『인문학의 구조 내에서 상징형식 개념 외』, 오향미 옮김, 책세상.
15. 질 들뢰즈, 『주름, 라이프니츠와 바로크』, 이찬웅 옮김, 문학과 지성사, 2004.
16. 김상환, 『해체론 시대의 철학』, 문학과 지성사, 1996, p105-123.

11. 양자, 우주, 정보 그리고 인간

1. Seth Lloyd, Programing The Universe (New York: Vintage Books, 2007) p149-175.
2. Subhash Kak, "The Universe, Quantum Physics, and Consciousness" Journal of Cosmology, (2009), vol.3, 500-510. 과학사에서 같은 과학적인 사실이 선형적으로 일어나지 않고 전혀 무관한 시공에서 동시적으로 일어나는 경우도 적지 않다.
3. D. Lamb, S.M. Easton, Multiple Discovery, (Trowbridge, U. J.:Avebury 1984).
4. 토머스 S. 쿤, 『과학혁명의 구조』, 김명자 옮김, 까치, 1999. 과학의 발전은 논리의 축적을 통해 연속적으로 일어나기보다는 불연속적인 패러다임과 사회와 심리적인 공유성을 통해 발전된다고 한다.
5. A. Goswami, The Self-Aware Universe (New York: Jeremy P. Tarcher/Penguin) p163.
6. 마틴 리스, 『여섯 개의 수』, 김혜원 옮김, 사이언스북스, 2006.
7. S. Hameroff, "How quantum brain biology can rescue conscious free will" Frontiers in integrative Neuroscience, October (2012) vol.6 article 93, 10.
8. H.P. Stapp, Mindful Universe, Quantum Mechanics and the Participating Observer (Springer, Heidelberg, 2011)

9. 이성훈, 『정보인류, 뇌와 몸 정보』 6장 '관통적 의식'에서 마지막 절 '의식과 양자'를 참고하기.
10. 리 스몰린, 『양자중력의 세가지 길』, 김낙우 옮김, 사이언스북스, 2007.
11. 한스 크리스천 폰 베이어, 『정보』, 전대호 옮김, 승산, 2007, p8-15.
12. 카를로 로벨리, 『보이는 세상은 실재가 아니다』, 김정훈 옮김, 쌤앤파커스, 2018, p233-260.
13. 정보의 정량적인 면은 물리학적으로 치환이 될 수 있고 또 물리학적인 대상이 되지만 정보의 정성적인 면은 물리학적으로 치환하기가 어려우므로 물리학에서 정보를 연구하는 것은 반쪽에만 국한된다. 이러한 어려움 때문에 물리학에서 정보를 다루기가 어려운 것이다. 이 글은 정보에 차원을 도입하여 정보의 정성적인 면까지 물리학적인 대상이 될 수 있음을 시도하고자 하였다.
14. P. Halpern, The Great Beyond (New Jersey: John Wiley and Sons, 2004)
15. 로렌스 M. 크라우스, 『거울 속의 물리학』, 곽영직 옮김, 영림카디널, 2007.
16. 리사 랜들, 『숨겨진 우주』, 김연중, 이민재 옮김, 사이언스북스, 2008, p484-485.
17. 안톤 차일링거, 『아인슈타인의 베일』, 전대호 옮김, 승산, 2007. p 84-228.
18. R. Penrose, The Large, the Small and the Human Mind (Cambridge: Cambridge University Press, 1997) p73.
19. 카를로 로벨리, 『모든 순간의 물리학』, 김현주 옮김, 쌤앤파커스, 2016, p72-108.
20. 리처드 파인만, 『파인만의 QED 강의』, 박병철 옮김, 승산, 2000, p186-191.
21. 리사 랜들, 『숨겨진 우주』, 김연중, 이민재 옮김, 사이언스북스, 2008, p59-61.
22. 리처드 파인만, 『파인만의 QED 강의』, 박병철 옮김, 승산, 2000, p117-123.
23. R. Penrose, The Large, the Small and the Human Mind (Cambridge: Cambridge University Press 1997) p72-92.
24. J. Bub, "Why the Quantum?" Studies in History and Philosophy of Modern Physics, (2004) 35, 241-266.
25. 안톤 차일링거, 『아인슈타인의 베일』, 전대호 옮김, 승산, 2007. p261-294.
26. 한스 크리스천 폰 베이어, 『정보』, 전대호 옮김, 승산, 2007, p305-321.
27. 이중원, "서울해석이란 무엇인가?" 양자, 정보, 생명, 장회익 외, 2015, 한울아카데미, p88-122.

28. 장회익, 『과학과 메타과학』, 지식산업사, 1990.
29. 이중원, "동역학의 인식론적 구조에 기초한 양자이론 해석" 박사학위 논문, 1997.
30. 김재영, "메타동역학의 얼개와 성격" 박사학위 논문, 2001.
31. '서울해석'이란 명칭이 처음 사용한 것은 2012년 [물리학과 첨단기술]에 실린 논문들의 총괄 제목인 "양자 역할의 대안적 해석들과 서울 해석"에서다.
32. 이중원, "서울해석이란 무엇인가?" 양자, 정보, 생명, 장회익 외, 2015, 한울아카데미, p104.
33. 이중원, 앞의 책, p103.
34. 안톤 차일링거, 『아인슈타인의 베일』, 전대호 옮김, 승산, 2007. p286.
35. 카를로 로벨리, 『모든 순간의 물리학』, 김현주 옮김, 쌤앤파커스, 2016, p13.
36. 카를로 로벨리, 『보이는 세상은 실재가 아니다』, 김정훈 옮김, 쌤앤파커스, 2018, p147-195.
37. 카를로 로벨리, 앞의 책, p160-195.
38. 리사 랜들, 『숨겨진 우주』, 김연중, 이민재 옮김, 사이언스북스, 2008, p361-447.
39. 리언 레더먼, 크리스토퍼 힐, 『대칭과 아름다운 우주』, 안기연 옮김, 승산, 2012,
40. R. Landauer, "Information is Physical", Physics Today, May 1991, p23.
41. 리 스몰린, 『양자중력의 세가지 길』, 김낙우 옮김, 사이언스북스, 2007, p26-27.
42. 리 스몰린, 앞의 책, p212-229 이를 윌슨 Kenneth Wilson의 격자lattice 혹은 고리loop라 한다.
43. 리 스몰린, 앞의 책, p248-264.
44. 카를로 로벨리, 앞의 책, p156-157
45. Seth Lloyd, Programing The Universe (New York: Vintage Books, 2007) p174.
46. 레너드 서스킨드, 『블랙홀 전쟁』, 이종필 옮김, 사이언스 북스, 2011, p192-200.
47. 데이비드 봄, 『전체와 접힌 질서』, 이정민 옮김, 시스테마, 2010. p101-149.
48. 리사 랜들, 『숨겨진 우주』, 김연중, 이민재 옮김, 사이언스북스, 2008, p497-517.
49. 프랭크 클로우스, 『보이드』, 이충환 옮김, MID, 2014, p173-270.
50. 리사 랜들, 『숨겨진 우주』, 김연중, 이민재 옮김, 사이언스북스, 2008, p521-

533.
51. 카를로 로벨리, 『모든 순간의 물리학』, 김현주 옮김, 쌤앤파커스, 2016, p72-87.
52. 레너드 서스킨드, 『블랙홀 전쟁』, 이종필 옮김, 사이언스 북스, 2011, p455-490.
53. '정보인류' 6장 '관통적 의식'에서 '관통적 의식과 신경망', '의식과 양자' 그리고 14장 뇌와 몸의 조화에서 '의식의 뇌과학', '정보통합 이론과 파이이론', '의식의 해체성'을 참고하기.
54. '정보인류' 8장 양자생물학, 9장 양자 유전과 진화, 10장 몸의 초고속 정보망, 11장 열린 정보망을 참고하기 바란다. 특히 Johnjoe Mcfadden, Jim Al-Kahalili, Life on the Edge: the Coming of Age of Quantum Biology, (New York:Broadway Book, 2014) p289-323.에서 양자생물학이 잘 소개되어 있다.
55. J.A. Wheeler, Mathematical Foundations of Quantum Theory. (New York: Academic Press 1978). 이 책의 9장의 주9 참고하기.
56. H.P. Stapp, Mind, Matter and Quantum Mechanics (Springer, Heidelberg, 2009) p289-290.
57. 스튜어트 카우프만, 『다시 만들어진 신성』, 김명남 옮김, 사이언스 북스, 2012, p 319-364.
58. 로저 펜로즈, 『마음의 그림자』, 노태복 옮김, 승산, 2014, p123-336.
59. D. J. Chalmers, The conscious mind In search of a fundamental theory. (New York: Oxford University Press, 1996)
60. H.P. Stapp, Mind, Matter and Quantum Mechanics (Springer, Heidelberg, 2009) p225-226.
61. H.P. Stapp, 앞의 책, p245.
62. Roger Penrose, Stuart Hameroff, "Consciousness in the Universe: Neuroscience, Quantum Space-Time Geometry and Orch OR Theory" Journal of Cosmology, (2011), vol.14, 223-262.
63. H.H. Kornhuber and L. Deecke, Hirnpotential andrugen bei Willkurbeqegungen und passiven Bebungungen des Menschen:bereitschaftspotential und reafferente potentiale. Pflug. Arch. 1965, 284, 1-17.
64. D. C. Dennett and M. Kinsbourne, Time and the Observer: the where and

when of consciouness. Behav. Brain sci. (1992) 15, 183-247.
65. B. Libet, The timing of mental events:Libet's experimental findings and their implications. Conscious. Cogn. (2002)11, 291-299.
66. B. Libet, Mind Time: The Temporal Factor in Consciouness. Cambridge, MA: Harvard University Press 2004.
67. D. J. Bierman and H. S. Scholte, A fMRI brain imaging study of presentiment. BMC Neurosci. 2002, 5, 42.
68. D.I. Radin, Electrodermal presentiments of future emotions. J. Sci. Explor. (2004) 11, 163-180.
69. Henry P. Stapp, "Quantum Reality and Mind" Journal of Cosmology,(2009), vol.3, 570-579.
70. A. Goswami, The Self-Aware Universe (New York: Jeremy P. Tarcher/Penguin)
71. 정연홍, 『화이트헤드의 과정철학』, 충남대학교출판부, 2004.
72. H.P. Stapp, Mindful Universe, Quantum Mechanics and the Participating Observer (Springer, Heidelberg, 2011) p85-98.
73. 황수영, 『베르그송』, 이룸, 2003, p12-13.
74. 로버트 페리시, 『떼이야르 드 샤르댕의 신학사상』, 이홍근 옮김, 분도 출판사, 2001.
75. M. S. Clair, 『대상관계 이론과 자기 심리학』, 안석모 옮김, 시그마프레스, 2009, p243-281.
76. 타다 토미오, 『면역의 의미론』, 황상익 옮김, 한울, 1998.
77. 데이비드 봄, 『전체와 접힌 질서』, 이정민 옮김, 시스테마, 2010.
78. 위의 책, p219-263.
79. G.W. 라이프니츠, 『모나드론 외』, 배신복 옮김, 책세상, 2007.
80. 이정우, 『접힘과 펼쳐짐』, 그린비, 2012.
81. 카를로 로벨리, 『보이는 세상은 실재가 아니다』, 김정훈 옮김, 쌤앤파커스, 2018, p160-174.
82. 리사 랜들, 『숨겨진 우주』, 김연중, 이민재 옮김, 사이언스북스, 2008, p415-447.
83. 질 들뢰즈, 『주름, 라이프니츠와 바로크』, 이찬웅 옮김, 문학과 지성사, 2004.

84. 김상환, 『해체론 시대의 철학』, 문학과 지성사, 1996, p105-123.
85. G. Globus, "Heideggerian dynamics and the monadological role of the 'between':A crossing with quantum brain dynamics" Progress in Biophysics and Molecular Biology, 2015, 119, 324-331.
86. G. Globus, "Cosciousness and Quantum Physics: A Deconstruction of the Topic" J of Cosmology, 2011, 14, 126-132.
87. M. Jibu, K. Yasue, Quantum brain dynamics and quantum field theory. In: Brain and being, G. Globus, K. Probram, G. Vitello, eds. (Amsterdam:John Benjamins, Amsterdam. 2004)
88. G. Vitiello, The dissipate brain. In: Brain and being, G. Globus, K. Probram, G. Vitello, eds. (Amsterdam:John Benjamins, Amsterdam. 2004)
89. 데이비드 봄, 『전체와 접힌 질서』, 이정민 옮김, 시스테마, 2010. p183-218.

12. 동양사상과 정보이론

1. 불교사상과 정보이론

1. 케네스 첸, 『불교의 이해』, 길희성, 윤해영 옮김, 분도출판사, p47-81.
2. 오온五蘊은 색色, 수受, 상想, 행行, 식識을 말한다. 색은 물질이고, 수는 물질의 대상을 지각하는 것이고, 상은 지각에 대한 마음의 표상이다. 행은 이에 대한 마음의 능동적 의지와 욕구를 말한다. 식은 대상을 종합적으로 인식하는 것을 말한다.(위키백과) 그래서 이는 뇌에서 대상을 지각하고 그 정보를 처리하는 과정으로 볼 수 있는 것이다.
3. 월풀라 라홀라, 『붓다의 가르침과 팔정도』, 전재성 옮김, 한국빠알리성전협회, 2009, p163.
4. 위키백과.
5. 앞의 4장 '정보의 보존성'을 참고
6. 김성철, 『중론』, 불교시대사, 2015, p20-30.
7. 김성철, 『중관사상』, 민족사, 2006

8. 한자경, 『불교철학의 전개』, 예문서원, 2010, p153-176.
9. 김형효, 『하이데거와 화엄의 사유』, 청계, 2004, p66-83.
10. 박찬국, 『원효와 하이데거의 비교연구』, 서강대학교 출판부, 2010, p263-307.
11. G. Globus, "Heideggerian dynamics and the monadological role of the 'between':A crossing with quantum brain dynamics" Progress in Biophysics and Molecular Biology, 2015, 119, 324-331.
12. 고익진, "원효의 『기신론소,별기』를 통해 본 진속원융무애관과 그 성립 이론", 원효, 예문서원, 예문동양사상연구원. 고영섭 편저, 2011, p60-109.
13. 한국 민족문화 대백과사전
14. G. Smethan, 『양자역학과 불교』, 박은영 옮김, 홍릉과학출판사, 2012, p201-243.

2. 유학과 정보이론

1. 배옥영, 『주대의 상제의식과 유학사상』, 상생출판, 2005.
2. 풍우란, 『중국철학사 상』, 박성규 옮김, 까치, 1999, p210-211.
3. 금장태, 『유학사상의 이해』, 한국학술정보, 2007, p134-146.
4. 진래, 『주희의 철학』, 이종란외 옮김, 2002.
5. 풍우란, 『중국철학사 하』, 박성규 옮김, 까치, 1999, p533.
6. 시마다 겐지, 『주자학과 양명학』, 김석근, 이근우 옮김, 까치, 2001, P128-142.
7. 위의 책, p149-176. 주자는 격물치지를 통해 내적인 성性을 보충하고 완성해야 하지만, 양명은 이미 마음속에 완전한 양지良知가 있기 때문에 격물치지는 사물의 의미를 발견하고 양지를 실현하는 것이라고 한다. 그래서 지가 먼저가 아니라 행함 속에서 지를 일치시켜 실현하는 지행합일을 이루는 것이다.

3. 도가와 정보이론

1. 김시습은 유학을 공부하였지만, 도가와 불교의 유불선을 통섭하며 전국을 유랑하며 자연 속에서 진정한 풍류와 관통적 삶을 살았다. 심경호. 『김시습

평전』, 돌베개, 2003 참고.
2. 율곡은 어려서 유학을 공부하였지만, 16세에 어머니 신사임당을 잃고 상심하여 불교에 관심을 가지게 된다. 금강산으로 입산하여 자연 속에서 유람과 함께 불교의 진리를 탐구한다. 금장태, 『율곡평전』, 지식과 교양, 2011 참고.
3. 퇴계는 임금의 만류에도 49세에 벼슬을 버리고 고향으로 내려가 자연 속에서 유람하고 수양하며 경敬의 유학을 실천하였다. 그리고 후학들을 가르쳤다. 퇴계退溪라는 호도 자연으로 물러난다는 뜻에서 지은 것이다. 금장태, 『퇴계평전』, 지식과 교양, 2011 참고.
4. 왕방웅, 『노자, 생명의 철학』, 천병돈 옮김, 작은 이야기, 2007.

4. 주역과 동양의학의 정보이론적 이해

1. 공자는 주역의 십익十翼을 저술함으로 자신의 사상과 경륜을 그 곳에 담았다. 그래서 주역은 유학의 경전의 하나로 받아드린다. 그러나 진시황의 분서갱유에서 살아남기 위해 주역을 점서형태로 만들어 살아남게 하는 바람에 유교 경전보다는 점서로 오해를 받는 경향이 생기게 되었다. 김석진, 『대산 주역강해, 상경』, 대유학당, 1993, p19 참고.
2. 진고응, 『주역, 유가의 사상인가 도가의 사상인가』, 최진석 외 옮김, 예문서원, 1996.
3. 송재국, 『주역풀이』, 예문서원, 2000, p50-148.
4. 이성환, 김기현, 『주역의 과학과 도』, 정신세계사, 2002.
5. 김석진, 『대산 주역강해, 상경』, 대유학당, 1993, p28.
6. 고바야시 산고, 『우주와 인체의 생성원리』, 조기호외 옮김, 집문당, 2000.
7. 위키백과.
8. 이정우, 『접힘과 펼쳐짐, 라이프니츠와 현대』, 그린비, 2012, p398-413,
9. 라이프니츠, 『라이프니츠가 만난 중국』, 이동희 편역, 이학사, 2003.

정보과학과 인문학

1판 1쇄 발행 2019년 9월 2일
지은이 이성훈
발행처 도서출판 성인덕
발행인 이의영
디자인 이의영
편집 김용덕

주소 (062-41) 서울시 강남구 테헤란로4길 46, 100동 118호(역삼동, 쌍용플래티넘밸류)
전화 02-564-0602
팩스 02-564-0602
출판등록 2019년 3월 25일 제2019-000115호
ISBN 979-11-966783-3-3 94400

성인덕性仁德은 생명을 돌보고 사랑하는 집이라는 뜻으로
'도서출판 성인덕'은 이러한 문화를 창출하고 공유하기 위한 출판사입니다.
'성인덕' 휘호는 故신영복 선생께서 친히 써주신 것입니다.

책값은 뒤표지에 있습니다.
이 책의 일부 또는 전부를 재사용하시려면 반드시 도서출판 성인덕의 동의를 얻어야 합니다.
잘못 만들어진 책은 구입하신 서점에서 교환해 드립니다.